工业控制系统信息安全
（第 2 版）

肖建荣　编著

电子工业出版社

Publishing House of Electronics Industry

北京·BEIJING

内 容 简 介

随着现代社会发展的迅速工业化和信息化，工业控制系统越来越多地采用信息技术和通信技术，工业控制系统信息安全面临严峻的挑战。本书简洁、全面地介绍了工业控制系统信息安全的概念和标准体系，系统地介绍了工业控制系统架构与漏洞分析，并且系统地阐述了工业控制系统信息安全的技术与方案部署、风险评估、生命周期、管理体系、项目工程、产品认证，工业控制系统的入侵检测与防护、补丁管理，工业控制系统信息安全软件与监控。本书以工业控制系统信息安全应用为导向，内容阐述深入浅出，问题分析清晰透彻，除系统地介绍相关技术与理论外，还有具体的工业控制系统信息安全应用举例，并且对未来进行了展望，可进一步加深读者对内容的理解和掌握。

本书可作为广大从事工业控制系统信息安全管理工程设计、应用开发、部署与管理工作的高级技术人员的参考书，也可作为高等院校工业自动化、计算机科学与技术、信息安全等相关专业的本科高年级学生、研究生的参考书。

图书在版编目（CIP）数据

工业控制系统信息安全 / 肖建荣编著． —2 版．—北京：电子工业出版社，2019.10

ISBN 978-7-121-37494-4

Ⅰ. ①工… Ⅱ. ①肖… Ⅲ. ①工业控制系统—信息安全 Ⅳ. ①TP273

中国版本图书馆 CIP 数据核字（2019）第 212664 号

策划编辑：陈韦凯
责任编辑：康　霞
印　　刷：北京虎彩文化传播有限公司
装　　订：北京虎彩文化传播有限公司
出版发行：电子工业出版社
　　　　　北京市海淀区万寿路 173 信箱　邮编 100036
开　　本：787×1 092　1/16　印张：15.75　字数：403.2 千字
版　　次：2015 年 9 月第 1 版
　　　　　2019 年 10 月第 2 版
印　　次：2023 年 7 月第 3 次印刷
定　　价：65.00 元

凡所购买电子工业出版社图书有缺损问题，请向购买书店调换。若书店售缺，请与本社发行部联系，联系及邮购电话：（010）88254888，88258888。

质量投诉请发邮件至 zlts@phei.com.cn，盗版侵权举报请发邮件至 dbqq@phei.com.cn。

本书咨询联系方式：chenwk@phei.com.cn。

第 1 版前言

工业控制系统信息安全事件的频繁发生，吸引了全球人的目光，因为现代工业控制系统普遍采用数据采集与监控（SCADA）系统、分布式控制系统（DCS）、可编程逻辑控制器（PLC）系统，以及其他控制系统等，并且已广泛应用于电力、水利、石化、钢铁、医药、食品、汽车、航天等工业领域，成为国家关键基础设施的重要组成部分，其是否能够安全、稳定运行，已经关系到国家的战略安全。

世界各国政府、专家都在积极开展广泛合作，已经制定出一些相关的国际标准和规范，也在组织本国的人力、物力，制定相应的国家标准和规范，做到未雨绸缪，竭尽全力地做好工业控制系统信息安全工作。

工业控制系统信息安全工作刚刚走过十几年，还处在发展过程中。建立一套全面的知识和应用体系是我们的当务之急，这正是编写本书的出发点。虽然对其中的内容有些争议，但是我们希望在各方的共同参与下，积极推进工业控制系统信息安全工作，做到在争论中不断发展，在实践中不断推进。因此，本书将给广大工业控制系统用户一个全面和正确的指导，给广大从事工业控制系统设计、施工、调试和服务的用户以强有力的支撑，同时也可以给工业控制系统供应商提供参考，对政府相关职能部门的工作也有一定的参考价值。

本书分为 12 章。第 1 章介绍工业控制系统信息安全现状、威胁与发展趋势、定义与要求，以及标准体系；第 2 章介绍工业控制系统架构与漏洞分析；第 3 章介绍工业控制系统信息安全技术与部署中的工业防火墙技术、虚拟专用网技术、控制网络逻辑分隔、网络隔离，以及纵深防御架构；第 4 章介绍工业控制系统信息安全风险评估的系统识别、区域与管道的定义、信息安全等级、风险评估过程，以及风险评估方法；第 5 章介绍工业控制系统生命周期、信息安全程序成熟周期，以及信息安全等级生命周期；第 6 章介绍工业控制系统信息安全管理体系的安全方针、组织与合作团队、资产管理、人力资源安全、物理与环境管理、通信与操作管理、访问控制、信息获取与开发维护、信息安全事件管理、业务连续性管理，以及符合性；第 7 章介绍工业控制系统信息安全项目工程的规划设计、初步设计、详细设计、施工调试、运行维护，以及升级优化；第 8 章介绍工业控制系统信息安全产品认证机构、产品认证，以及产品认证趋势；第 9 章介绍工业控制系统入侵检测与防护；第 10 章介绍工业控制系统补丁定义、补丁管理系统设计、补丁管理程序，以及补丁管理实施；第 11 章介绍工业控制系统信息安全软件与监控的两个常见应用实例，即工厂信息管理系统和远程访问系统；第 12 章介绍工业发展趋势、工业控制系统发展趋势，以及工业控制系统信息安全展望。

本书在编写过程中，除引用了作者多年的工作实践和研究内容之外，还参考了一些国内外优秀论文、书籍，以及互联网上公布的相关资料，虽已尽量在书后的参考文献中列出，但由于互联网上资料数量众多、出处引用不明确，可能无法将所有文献一一注明出处，对这些资料的作者表示由衷的感谢，同时声明，原文版权属于原作者。

本书是一本工业控制系统信息安全前沿技术专业书，可作为广大从事工业控制系统和网络安全管理工程设计、应用开发、部署与管理工作的高级技术人员的参考书，也可作为高等院校工业自动化、计算机科学与技术、信息安全等相关专业的本科高年级学生、研究生的参考书。

工业控制系统信息安全是一门应用性很强的跨专业学科，在工业技术和信息技术大规模发展的今天迅速发展，本书尝试对此领域的理论和技术做了一些归纳，与广大同行和关心工业控制系统信息安全的人士分享。由于工业控制系统信息安全技术在快速发展，加之作者的水平有限，书中难免有缺点和错误，真诚希望读者不吝赐教，以期修订时更正。

编著者

2015 年 4 月

第 2 版前言

本书第 1 版自 2015 年出版以来，其系统性、实用性和前瞻性得到了电力、水利、石化、钢铁、医药、食品、交通、航天等工业领域从事工业控制系统信息安全技术管理和从事工业控制系统信息安全服务、建设、研发等的专业人员的广泛关注。同时，作为国内工业控制系统信息安全领域第一本系统、实用、先进的专业图书，本书被多家培训机构选为工业控制系统信息安全专业培训的首选教材，受到相关读者的一致好评。

随着国家网络安全战略规划建设的大力推进和社会各界从事工业控制系统信息安全工作人士的共同参与，工业控制系统信息安全在法律法规、标准规范、信息安全技术、行业应用等方面正在快速发展，结合工业控制系统信息安全专业培训经验与建议，本书的再版势在必行。

在本书编写过程中，主要对第 1 版第 1 章中的工业控制系统信息安全标准体系和第 3 章工业控制系统信息安全技术与部署进行了补充和修改，并将第 11 章改编为工业控制系统信息安全软件与监控。近年来，国际上通用的工业控制系统信息安全标准陆续发布，国内的工业控制系统信息安全法律法规、标准规范也在不断制定和发布。因此，本书第 1 章中的工业控制系统信息安全标准体系必须紧跟行业步伐。此外，近些年出现的工业控制系统信息安全技术对目前工作有很好的指导作用，因此，第 1 版第 3 章工业控制系统信息安全技术与部署需要进行补充和修改。再有，近些年涌现出的工业控制系统信息安全软件与监控是工业控制系统信息安全的重要组成部分，因此，将本书第 11 章改编为工业控制系统信息安全软件与监控。另外，对一些章节中的有关部分也进行了修改，使之更贴近工业控制系统信息安全应用和研究指导。

工业领域是国家关键基础设施的重要组成部分，工业控制系统信息安全关系着国家的战略安全。因此，从事工业控制系统信息安全相关工作的人员应担负其重任，不断补充工业控制系统信息安全知识，努力做好工业控制系统信息安全工作。

本书可作为广大从事工业控制系统和网络安全管理工程设计、应用开发、部署与管理工作的高级技术人员的参考书，也可作为高等院校工业自动化、计算机科学与技术、信息安全等相关专业的本科高年级学生、研究生的参考书。

工业控制系统信息安全是一门快速发展的跨专业学科。在工业技术和信息技术大规模发展的今天，通过广大专业同行和关心工业控制系统信息安全人士的不懈努力，工业控制系统信息安全技术已取得了一定的成效。由于工业控制系统信息安全技术还在飞速发展，加之作者的水平有限，书中难免存在错漏和不足之处，请广大读者批评指正，以便不断完善。

编著者

2019 年 8 月

目　　录

第 1 章　工业控制系统信息安全简介

1.1　工业控制系统信息安全现状、威胁与发展趋势

随着现代社会发展的迅速工业化和信息化，工业控制系统产品越来越多地采用以信息技术为基础的通用协议、通用硬件和通用软件，并广泛应用于电力、冶金、安防、水利、污水处理、石油天然气、化工、交通运输、制药，以及大型制造等行业中。同时，为了满足当前工业控制的需求，提高工厂或公司管理的运作效率，工业控制系统通过各种方式与互联网等公共网络连接，使病毒、木马等威胁向工业控制系统扩散有了可乘之机。由于工业控制系统的产品特性及网络连接，工业控制系统正面临巨大的威胁，因此工业控制系统信息安全受到越来越多的关注。

1.1.1　工业控制系统信息安全现状

2001 年后，通用开发标准与互联网技术的广泛使用使针对工业控制系统的攻击行为出现大幅增长，工业控制系统信息安全形势变得日益严峻。

据权威工业安全事件信息库（Repository of Industrial Security Incidents，RISI）统计，截止 2011 年 10 月，全球已发生 200 余起针对工业控制系统的攻击事件。据美国 ICS-CERT 报告，2012 年工业控制安全事件 197 起，2013 年工业控制（简称工控）安全事件 248 起，其统计图如图 1-1 所示。

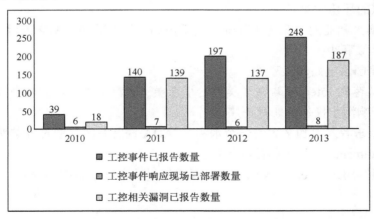

图 1-1　ICS-CERT 工业控制系统信息安全事件统计图

由此可见，近几年工业控制系统信息安全事件呈明显增多趋势。同时，ICS-CERT 安全报告指出，工业控制系统信息安全事件主要集中在能源、关键制造业、交通、通信、水利、核能等领域，而能源行业的安全事故超过一半。

近年来，典型工业控制系统入侵事件出现在能源、水利与水处理、交通运输、制造等行业。

1. 能源行业

1994 年，美国亚利桑那州 Salt River Project 被黑客入侵。

2000 年，俄罗斯政府声称黑客成功控制了世界上最大的天然气输送管道网络（属于 GAzprom 公司）。

2001 年，黑客侵入了监管加州多数电力传输系统的独立运营商。

2003 年，美国俄亥俄州 Davis-Besse 的核电厂控制网络内的一台计算机被微软的 SQL Server 蠕虫病毒感染，导致其安全监控系统停机将近 5 小时。

2003 年，龙泉、政平、鹅城换流站控制系统发现病毒，后发现是由外国工程师在系统调试中用笔记本电脑上网所致。

2007 年，在美国国土安全局的"Aurora"演习中，针对电力控制系统进行渗透测试，一台发电机在其控制系统受到攻击后被物理损坏。

2010 年，"网络超级武器"Stuxnet 病毒有针对性地入侵工业控制系统，严重威胁到伊朗布什尔核电站核反应堆的安全运营。

2012 年，美国国土安全局下属的 ICS-CERT 称，自 2011 年 12 月以来，已发现多起试图入侵几大输气公司的黑客活动。

2012 年 4 月 22 日，伊朗石油部和国家石油公司的内部计算机网络遭病毒攻击，为安全起见，伊朗方面暂时切断了海湾附近哈尔克岛石油设施的网络连接。

2. 水利与水处理行业

2000 年，一个工程师在应聘澳大利亚的一家污水处理厂被多次拒绝后，远程入侵该厂的污水处理控制系统，恶意造成污水处理泵站故障，导致超过 $1000m^3$ 的污水被直接排入河流，造成了严重的环境灾难。

2001 年，澳大利亚的一家污水处理厂由于内部工程师的多次网络入侵而发生了 46 次控制设备功能异常事件。

2005 年，美国水电站溢坝事件。

2006 年，黑客从 Internet 攻破了美国哈里斯堡一家污水处理厂的安全措施，在其系统内植入了能够影响污水操作的恶意程序。

2007 年，攻击者入侵加拿大的一个水利 SCADA 控制系统，通过安装恶意软件破坏了用于控制从 Sacramento 河调水的控制计算机。

2011 年，黑客通过 Internet 操纵美国伊利诺伊州城市供水系统 SCADA，使得其控制的供水泵损坏。

3．交通运输行业

1997 年，一个十几岁的少年入侵纽约 NYNES 系统，干扰了航空与地面通信，导致马萨诸塞州的 Worcester 机场关闭 6 小时。

2003 年，CSX 运输公司的计算机系统被病毒感染，导致华盛顿特区的客货运输中断。

2003 年，19 岁的 Aaron Caffrey 入侵 Houston 渡口的计算机系统，导致该系统停机。

2008 年，攻击者入侵波兰某城市地铁系统，通过电视遥控器改变轨道扳道器，导致四节车厢脱轨。

4．制造行业

2005 年，在 Zotob 蠕虫安全事件中，尽管在 Internet 与企业网、控制网之间部署了防火墙，但还是有 13 个美国汽车厂由于被蠕虫感染而被迫关闭，50 000 生产线上的工人被迫停止工作，预计经济损失超过 1 400 000 美元。

2010 年我国某石化、2011 年某炼油厂的某装置控制系统分别感染 Conficker 病毒，都造成了控制系统服务器与控制器通信不同程度的中断。

2014 年，某钢铁厂遭到攻击，攻击者的行为导致工控系统的控制组件和整个生产线被迫停止运转，造成重大损失。

5．跨行业

2011 年，微软公司警告称，最新发现的 Duqu 病毒可从工业控制系统制造商那里收集情报数据。

2012 年，发现攻击多个中东国家的恶意程序——Flame 火焰病毒，能收集各行业的敏感信息。

1.1.2　工业控制系统信息安全威胁

工业控制系统信息安全威胁主要来自敌对因素、偶然因素、系统结构因素和环境因素。

1．敌对因素

敌对因素可以是来自内部或外部的个体、专门的组织或政府，通常采用包括黑客攻击、数据操纵、间谍、病毒、蠕虫、特洛伊木马和僵尸网络等进行攻击。

黑客攻击通过攻击自动化系统的要害或弱点，使得工业网络信息的保密性、完整性、可靠性、可控性、可用性等受到伤害，从而造成不可估量的损失。

来自外部的攻击包括非授权访问，是指一个非授权用户的入侵；拒绝服务（Denial of Service，DoS）攻击，即黑客想办法让目标设备停止提供服务或资源访问。这样一来，一个设备不能执行它的正常功能，或者它的动作妨碍了其他设备执行正常功能，从而导致系统瘫痪，停止运行。

近年来，高级持续威胁（Advanced Persistence Threat，APT）不断出现。攻击者有一个基于特定战略的缜密计划，其攻击对象是大中型企业、政府、重要机构。攻击者使用社会上的工程技术和/或招募内部人员来获取有效登录凭证。选择使用何种工具主要取决于他们的攻击目标是什么，以及其网络配置和安全状况。攻击者经常利用僵尸网络，因为僵尸网络能够给他们提供更多资源来发动攻击，并且很难追踪到攻击的源头。

2．偶然因素

偶然因素可以来自内部或外部的专业人员、运行维护人员或管理员。由于技术水平的局限性及经验不足，这些人员可能会出现各种意想不到的操作失误，势必对系统或信息安全产生较大影响。

3．系统结构因素

系统结构因素可以来自系统设备、安装环境和运行软件。由于设备老化、资源不足或其他情况造成系统设备故障、安装环境失控及软件故障，从而对系统或信息安全产生较大影响。

4．环境因素

环境因素可以来自自然或人为灾害、非正常的自然事件（如太阳黑子等）和基础设施破坏。这些自然灾害、人为灾害、非正常的自然事件和基础设施破坏对工业控制系统信息安全产生较大影响。

1.1.3　工业控制系统信息安全发展趋势

工业控制系统信息安全发展趋势主要有 3 个：全行业覆盖趋势、经济越发达安全事件越多趋势和日益增多趋势。

1．全行业覆盖趋势

目前，工业控制系统广泛应用于我国电力、冶金、安防、水利、污水处理、石油天然气、化工、交通运输、制药，以及大型制造等行业中，据不完全统计，超过 80%涉及国计民生的关键基础设施是依靠工业控制系统来实现自动化作业的，工业控制系统已是国家安全战略的重要组成部分。因此，工业控制系统信息安全有全行业覆盖的趋势。

2．经济越发达安全事件越多趋势

国家经济越发达，工业控制系统应用越广泛；国家经济越发达，工业管理要求越高，工厂信息化建设越多。因此，工业控制系统信息安全有国家经济越发达工业控制系统安全事件就越多的趋势。

3．日益增多趋势

新技术新应用层出不穷，云计算、移动互联网、大数据、卫星互联网等领域的新技术新应用带来了新的信息安全问题。因此，工业控制系统信息安全有日益增多的趋势。

1.2　工业控制系统信息安全的定义

工业领域的安全通常可分为功能安全、物理安全和信息安全三类。

功能安全是指为了实现设备和工厂安全功能，受保护的安全相关部分和控制设备的安全相关部分必须正确执行其功能。当失效或故障发生时，设备或系统必须仍能保持安全条件或进入安全状态。

物理安全是指减小由电击、着火、辐射、机械危险、化学危险等因素造成的危害。

信息安全的范围较广，大到国家军事政治等机密安全，小到防范企业机密的泄露、个人信息的泄露等。在 ISO/IEC 27002 中，信息安全的定义是"保持信息的保密性、完整性、可用性，也可包括真实性、可核查性、不可否认性和可靠性等"。

1.2.1　IEC 对工业控制系统信息安全的定义

工业控制系统信息安全是工业领域信息安全的一个分支，是最近几年发展起来的一个热点名词。事实上，工业控制系统信息安全早就存在，只是当时人们并没有意识到。

工业控制系统信息安全与通用信息技术（IT）安全有一定的区别，有一定的共性，也有一定的交集，取决于工业控制系统的架构。

在 IEC 62443 中对工业控制系统信息安全的定义：①保护系统所采取的措施；②由建立和维护保护系统的措施所得到的系统状态；③能够免于对系统资源的非授权访问和非授权或意外的变更、破坏或损失；④基于计算机系统的能力，能够保证非授权人员和系统既无法修改软件及其数据又无法访问系统功能，却可以保证授权人员和系统不被阻止；⑤防止对工业控制系统的非法或有害入侵，或者干扰其正确计划的操作。

1.2.2　工业控制系统信息安全的需求

工业控制系统信息安全是针对工业控制系统的信息保护而言的，其信息安全的 3 个基本需求如下。

1．可用性

工业控制系统信息安全必须确保所有控制系统部件可用。

工业控制系统的过程是连续的，工业控制系统不能接受意外中断。如果需要人为中断，必须提前计划和安排。具体实施前的测试是必需的，以确保工业控制系统的高可用性。除了意外中断，为了保证生产连续，许多控制系统不允许随便停止和启动。在某些情况下，生产的产品或使用的设备比信息的中断更重要。因此，采用典型的 IT 策略，如重新启动一个组件，通常在工业控制系统中是不能被接受的，因为会对系统的可用性、可靠性和可维护性产生不利影响。有些工业控制系统采用冗余组件，并行运行，在主组件出问题时可以切换到备份组件。

2．完整性

工业控制系统信息安全必须确保所有控制系统信息的完整性和一致性。工业控制系统信息的完整性和一致性分为如下两个方面：

（1）数据完整性，即未被未授权篡改或损坏。

（2）系统一致性，即系统未被非法操纵，按既定的目标运行。

3．保密性

工业控制系统信息安全必须确保所有控制系统的信息安全，配置必要的授权访问，防止工业信息盗取事件的发生。

除上面介绍的 3 个基本需求外，工业控制系统信息安全还有其他方面的需求，这些需求将在第 2 章介绍。

1.2.3　工业控制系统信息安全与信息技术系统安全的比较

与工业控制系统信息安全相比较，信息技术系统安全也有上面提到的 3 个需求。两者对这些需求的优先级是有区别的，其区别如图 1-2 所示。

图 1-2　工业控制系统信息安全与信息技术系统安全的比较图

1.3　工业控制系统信息安全的要求和标准体系

目前，工业控制系统信息安全已引起国际社会的广泛关注，成立了专门工作组，相互协作，共同应对工业控制系统信息安全问题，对工业控制系统信息安全提出要求，建立相关国际标准。

我国也正在抓紧制定工业控制系统关键设备信息安全规范和技术标准，明确设备安全技术要求。

1.3.1　国家部委、行业的通知

2011 年 9 月，工业和信息化部发布《关于加强工业控制系统信息安全管理的通知》（〔2011〕451 号），明确了工业控制系统信息安全管理的组织领导、技术保障、规章制度等方面的要求，并对工业控制系统的连接、组网、配置、设备选择与升级、数据、应急管理 6 个方面提出了明确的要求。明确指出："全国信息安全标准化技术委员会抓紧制定工业控制系统关键设备信息安全规范和技术标准，明确设备安全技术要求。"

2012 年 6 月 28 日，在国务院《关于大力推进信息化发展和切实保障信息安全的若干意见》（国发〔2012〕23 号）中明确要求：保障工业控制系统安全。加强核设施、航空航天、先进制造、石油石化、油气管网、电力系统、交通运输、水利枢纽、城市设施等重要领域工业控制系统，以及物联网应用、数字城市建设中的安全防护和管理，定期开展安全检查和风险评估。重点对可能危及生命和公共财产安全的工业控制系统加强监管。对重点领域使用的关键产品开展安全测评，实行安全风险和漏洞通报制度。

2013 年 8 月 12 日，在国家发改委《关于组织实施 2013 年国家信息安全专项有关事项的通知》中，工控安全成为四大安全专项之一，国家在政策层面给予工控安全大力支持。

电力行业已陆续发布《电力二次系统安全防护规定》、《电力二次系统安全防护总体要求》等一系列文件。

2016 年 10 月 17 日，工业和信息化部发布《工业控制系统信息安全防护指南》，明确指出：工业控制系统应用企业应从安全软件选择与管理、配置和补丁管理、边界安全防护、物理和环境安全防护、身份认证、远程访问安全、安全监测和应急预案演练、资产安全、数据安全、供应链管理、落实责任 11 个方面做好工业控制安全防护工作。

2016 年 11 月 7 日，第十二届全国人大常委会第二十四次会议表决通过了《中华人民共和国网络安全法》，并于 2017 年 6 月 1 日起实行。该网络安全法共有七章 79 条，内容十分丰富，大概归纳总结了六方面突出亮点：明确了网络空间主权的原则；明确了网络产品和服务提供者的安全义务；明确了网络运营者的安全义务；进一步完善了个人信息保护规则；建立了关键信息基础设施安全保护制度；确立了关键信息基础设施重要数据跨境传输的规则。

2017 年 5 月 31 日，工业和信息化部印发《工业控制系统信息安全事件应急管理工作指南》的通知，对工业控制安全风险监测、信息报送与通报、应急处置、敏感时期应急管理等工作提出了一系列管理要求，明确了责任分工、工作流程和保障措施。

2017 年 7 月 31 日，工业和信息化部印发《工业控制系统信息安全防护能力评估工作管理办法》的通知，明确了评估管理组织、评估机构和人员要求，评估工具要求，评估工作程序，监督管理和工业控制系统信息安全防护能力评估方法。

1.3.2 国际标准体系

1. IEC/ISA

1）IEC 62443《工业过程测量、控制和自动化网络与系统信息安全》

IEC 62443 一共分为 4 个系列共 14 个标准，第一系列是通用标准，第二系列是策略和规程，第三系列提出系统级的措施，第四系列提出组件级的措施。14 个标准中的 8 个标准已完成，其他 6 个标准在投票或制定过程中，其详细架构如图 1-3 所示。各系列的各个标准简要介绍如下：

IEC 62443-1 是第一系列，描述了信息安全的通用方面，是 IEC 62443 其他系列的基础。

IEC 62443-1-1 是术语、概念和模型，主要介绍安全目标、深度防御、安全上下文、威胁风险评估、安全程序成熟度、安全等级生命周期、参考模型、资产模型、区域和管道模型，以及模型之间的关系，还包括 7 个基本要求（FR）的安全保障等级（SAL）。

IEC 62443-1-2 是主要的术语和缩略语，包含该系列标准中用到的全部术语和缩略语列表。

IEC 62443-1-3 是系统信息安全符合性度量，包含建立定量系统信息安全符合性度量体系所必要的要求，提供系统目标、系统设计和最终达到的信息安全保障等级。

IEC 62443-1-4 是系统信息安全生命周期和使用案例。

IEC 62443-2 是第二系列，主要针对用户的信息安全程序，包括整个信息安全系统的管理、人员和程序设计方面，是用户在建立其信息安全程序时需要考虑的。

IEC 62443-2-1 是创建工业控制系统安全规程，描述了建立网络信息安全管理系统所要求的元素和工作流程，以及针对如何实现各元素要求的指南。

IEC 62443-2-2 是运行工业控制系统安全规程，描述了在项目已设计完成并实施后如何运行安全规程，包括测量项目有效性度量体系的定义和应用。

IEC 62443-2-3 是工业控制系统环境补丁管理。

IEC 62443-2-4 是工业控制系统解决方案供应商要求。

IEC 62443-2-5 是工业控制系统资产用户实施指南。

IEC 62443-3 是第三系列，包括针对系统集成商保护系统所需的技术性信息安全要求，主要是系统集成商在把系统组装到一起时需要处理的内容，具体包括将整体工业控制系统设计分配到各个区域和通道的方法，以及信息安全保障等级的定义和要求。

IEC 62443-3-1 是工业控制系统安全技术，提供了对当前不同网络信息安全工具的评估和缓解措施，可有效地应用于基于现代电子的控制系统，以及用来调节和监控众多产业和关键基础设施的技术。

IEC 62443-3-2 是安全风险评估和系统设计，描述了定义所考虑系统的区域和通道要求，用于工业控制系统的目标信息安全保障等级要求，并为验证这些要求提供信息性的导则。

IEC 62443-3-3 是系统安全要求和安全保障等，描述了与 IEC 62443-1-1 定义的 7 个基本要求相关的系统信息安全要求，以及如何分配系统信息安全保障等。

IEC 62443-4 是第四系列，是针对制造商提供的单个部件的技术性信息安全要求，包括系统的硬件、软件和信息部分，以及当开发或获取这些类型的部件时需要考虑的特定技术性信息安全要求。

IEC 62443-4-1 是产品开发要求，定义了产品开发的特定信息安全要求。

IEC 62443-4-2 是工业控制系统组件技术安全要求，描述了对嵌入式设备、主机设备、网络设备等产品的技术要求。

IEC 62443 涵盖了所有的利益相关方，即资产所有者、系统集成商、组件供应商，以尽可能地实现全方位的安全防护。为了避免标准冲突，IEC 62443 同时涵盖了业内相关国际标准的内容，例如，来自荷兰石油天然气组织的 WIB 标准和美国电力可靠性保护协会的 NERC-CIP 标准，它们包含的附加要求也被整合在 IEC 62443 系列标准中。因此，该标准是工业控制系统信息安全通用且全面的标准。该标准的建立和实施是工业控制系统信息安全的里程碑，将对工业控制系统信息安全产生深远的影响。

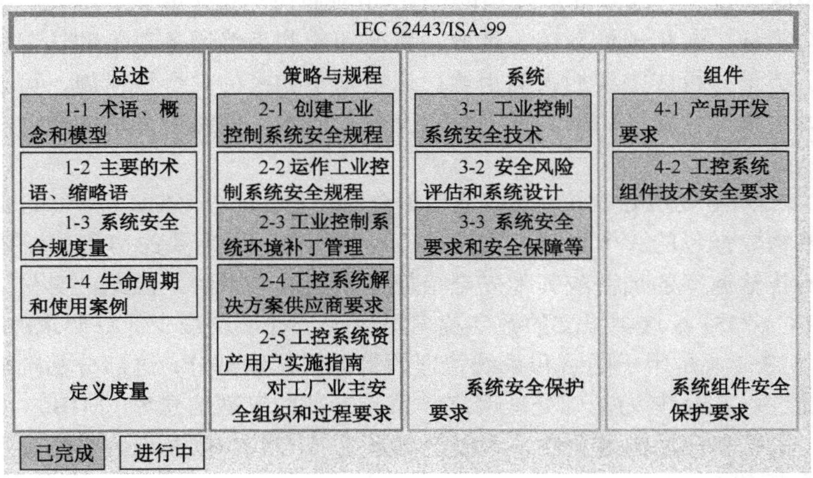

图 1-3　IEC 62443/ISA-99 架构图

2）IEC 62351《电力系统管理与相关信息交互数据和通信信息安全》

IEC 62351 是 IEC 第 57 技术委员会 WG15 工作组为电力系统安全运行针对有关通信协议（IEC 60870-5、IEC 60870-6、IEC 61850、IEC 61970、IEC 61968 系列和 DNP 3）而开发的数据和通信安全标准。IEC 62351 标准的全名为电力系统管理及关联的信息交换-数据和通信安全性（Power Systems Management and Associated Information Exchange - Data and Communications Security），它由 8 个部分组成，现对该标准各部分做简要介绍：

（1）IEC 62351-1 是介绍部分，包括电力系统运行安全的背景，以及 IEC 62351 安全性系列标准的导言信息。

（2）IEC 62351-2 是术语部分，包括 IEC 62351 标准中使用的术语和缩写语的定义。这些定义将建立在尽可能多的现有安全性和通信行业标准定义上，所给出的安全性术语广泛应用于其他行业及电力系统中。

（3）IEC 62351-3 是 TCP/IP 平台的安全性规范部分，提供任何包括 TCP/IP 协议平台的安全性规范，包括 IEC 60870-6 TASE.2、基于 TCP/IPACSI 的 IEC 61850 ACSI 和 IEC

60870-5-104，其指定了通常在互联网上包括验证、保密性和完整性安全配合的传输层安全性（TLS）的使用。该部分介绍了在电力系统运行中有可能使用的 TLS 参数和整定值。

（4）IEC 62351-4 是 MMS 平台的安全性部分，提供了包括制造报文规范（MMS）（9506标准）平台的安全性，包括 TASE.2（ICCP）和 IEC 61850。它主要与 TLS 一起配置和利用其安全措施，特别是身份认证，它也允许同时使用安全和不安全的通信，所以在同一时间并不是所有的系统都需要使用安全措施升级。

（5）IEC 62351-5 是 IEC 60870-5 及其衍生规约的安全性部分，对该系列版本的规约（主要是 IEC 60870-5-101，以及部分 102 和 103）和网络版本（IEC 60870-5-104 和 DNP 3.0）提供不同的解决办法。具体来说，运行在 TCP/IP 上的网络版本，可以利用在 IEC 62351-3中描述的安全措施，其中包括由 TLS 加密提供的保密性和完整性。因此，唯一的额外要求是身份认证。串行版本通常仅能与支持低比特率通信媒介，或与受到计算约束的现场设备一起使用。因此，TLS 在这些环境使用的计算和/或通信会过于紧张。因此，提供给串行版本的唯一安全措施，包括地址欺骗、重放、修改和一些拒绝服务攻击的认证机制，但不尝试解决窃听、流量分析或需要加密的拒绝。这些基于加密的安全性措施，可以通过其他方法来提供，如虚拟专用网（VPN）或"撞点上线"技术，依赖于采用的通信和有关设备的能力。

（6）IEC 62351-6 是 IEC 61850 对等通信平台的安全性部分，IEC 61850 包含变电站 LAN的对等通信多播数据包的 3 个协议，它们是不可路由的。所需要的信息传送要在 4ms 内完成，采用影响传输速率的加密或其他安全措施是不能被接受的。因此，身份认证是唯一的安全措施，IEC 62351-6 这类报文的数字签名提供了一种涉及最少计算要求的机制。

（7）IEC 62351-7 是用于网络和系统管理的管理信息库部分，这部分标准规定了指定用于电力行业通过以 SNMP 为基础处理网络和系统管理的管理信息库（MIB）。它支持通信网络的完整性、系统和应用的健全性、入侵检测系统（IDS），以及电力系统运行所特别要求的其他安全性/网络管理要求。

（8）IEC 62351-8 是基于角色的访问控制部分，这 1 部分提供了电力系统中访问控制的技术规范。通过本规范支持的电力系统环境是企业范围内的部分，以及超出传统边界的部分，包括外部供应商、供应商和其他能源合作伙伴。本规范精确地解释了基于角色的访问控制（RBAC）在电力系统中企业范围内的使用。它支持分布式或面向服务的架构，这里的安全性是分布式服务的，而应用来自分布式服务的消费者。

IEC 62351 中所采用的主要安全机制包括数据加密技术、数字签名技术、信息摘要技术等，其常用的标准有先进的加密标准（AES）、数据加密标准（DES）、数字签名算法（DSA）、RSA 公钥密码、MD5 信息摘要算法、D-H 密钥交换算法、SHA-1 哈希散列算法等。当有新的更加安全、可靠的算法出现时，也可以引入 IEC 62351 标准中。

该标准的建立和实施对电力系统数据和通信信息安全产生了深远的影响。

3）IEC 62278《轨道交通可靠性、可用性、可维修性和安全性规范及示例》

本标准定义了 RAMS 各要素（可靠性、可用性、可维修性和安全性）及其相互作用，规定了一个以系统生命周期及其工作为基础、用于管理 RAMS 的流程，使 RAMS 各个要素间的矛盾得以有效地控制和管理。

本标准不规定轨道交通特定应用中的 RAMS 指标、量值、需求或解决方案，不指定保证系统安全的需求。这些应在各类特定应用的 RAMS 子标准中规定。

2．ISO/IEC

ISO/IEC 27000 《信息安全管理系统》包含了信息安保标准，由国际标准化组织（ISO）和国际电工委员会（IEC）共同颁布。

下面是 ISO/IEC 的安保系列标准，可以用于实施安保蓝图中的项目：

ISO/IEC 27000——信息安保管理系统-概述和词汇。

ISO/IEC 27001——信息安保管理系统-要求。

ISO/IEC 27002——用于信息安保管理实践的规则。

ISO/IEC 27003——信息安保管理系统实施指南。

ISO/IEC 27004——信息安保管理-测量。

ISO/IEC 27005——信息安保危险管理。

ISO/IEC 27006——对信息安保管理系统提供审计和认证机构的要求。

ISO/IEC 27011——基于 ISO/IEC 27002 电信组织的信息安保管理指南。

ISO/IEC 27033《信息技术 安全技术 网络安全》系列技术规范专注于网络信息安全方面，对网络信息安全的设计、实施、管理和运营提供指导。该系列技术规范路线图如图 1-4 所示，各部分标准分别如下：

ISO/IEC 27033-1——信息技术.安全技术 网络安全 第 1 部分 概述和概念。

ISO/IEC 27033-2——信息技术.安全技术 网络安全 第 2 部分 网络安全设计和实施指南。

ISO/IEC 27033-3——信息技术.安全技术 网络安全 第 3 部分 参考网络场景-威胁、设计技术和控制问题。

ISO/IEC 27033-4——信息技术.安全技术 网络安全 第 4 部分 使用安全网关保护网络之间通信。

ISO/IEC 27033-5——信息技术.安全技术 网络安全 第 5 部分 使用虚拟专用网络保护跨网络通信。

ISO/IEC 27033-6——信息技术.安全技术 网络安全 第 6 部分 无线 IP 网络接入保护。

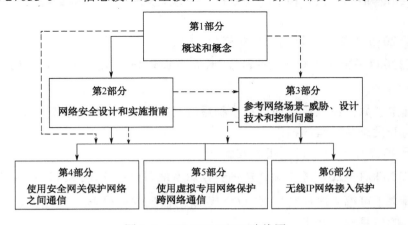

图 1-4　ISO/IEC 27033 路线图

1.3.3　国内标准体系

我国工业控制系统信息安全标准体系正在建立过程中，分为国家标准和行业标准，有些已经发布，有些正在制定、审批或计划过程中，敬请关注。

这些标准的建立，对我国工业控制系统信息安全具有极其重要的指导和规范作用，将大力推动我国工业控制系统信息安全建设。

目前，已发布与工业控制系统信息安全有关的标准介绍如下，具体内容请查阅相关标准。

1．全国工业过程测量和控制标准化技术委员会

1）GB/T 30976.1—2014《工控系统信息安全　第1部分：评估规范》

该规范规定了工业控制系统（SCADA、DCS、PLC、PCS等）信息安全评估的目标、评估的内容、实施过程等。

该规范适用于系统设计方、设备生产商、系统集成商、工程公司、用户、资产所有人，以及评估认证机构等对工业控制系统的信息安全进行评估时使用。

该规范包括术语、定义和缩略语，工业控制系统信息安全概述，组织机构管理评估，系统能力（技术）评估，评估程序，工业控制系统生命周期各阶段的风险评估，以及评估报告的格式要求等内容。

该规范于2015年2月1日起正式实施。

2）GB/T 30976.2—2014《工控系统信息安全　第2部分：验收规范》

该规范规定了对实施安全解决方案的工业控制系统信息安全能力进行验收的流程、测试内容、方法及应达到的要求。这些测试是为了证明工业控制系统在增加安全解决方案后满足对安全性的要求，并且保证其主要性能指标在允许范围内。

该规范的各项内容可作为实际工作中的指导，适用于各种工艺装置、工厂和控制系统。

该规范包括术语和定义、概述、验收准备阶段、风险分析与处置阶段，以及能力确认阶段等内容。

该规范于2015年2月1日起正式实施。

3）GB/T33007—2016《工业通信网络　网络和系统安全　建立工业自动化和控制系统安全程序》

该规范规定了如何在工业自动化和控制系统（IACS）中建立网络信息安全管理系统，并提供了如何开发这些元素的指南。

该规范于2017年5月1日起正式实施。

4）GB/T33008.1—2016《工业自动化和控制系统网络安全　可编程序控制器（PLC）》

该规范规定了可编程序控制器（PLC）系统的信息安全要求，包括PLC直接或间接与其他系统通信的信息安全要求。

该规范于2017年5月1日起正式实施。

5）GB/T33009.1—2016《工业自动化和控制系统网络安全　集散控制系统（DCS）　第

1 部分：防护要求》

该规范规定了集散控制系统在维护过程中应具备的安全能力、防护技术要求和安全防护区的划分，并对监控层、现场控制层和现场设备层的防护要点、防护设备及防护技术提出了具体的要求。

该规范于 2017 年 5 月 1 日起正式实施。

6）GB/T33009.2—2016《工业自动化和控制系统网络安全 集散控制系统（DCS） 第 2 部分：管理要求》

该规范规定了集散控制系统信息安全管理体系及其相关安全管理要素的具体要求。

该规范于 2017 年 5 月 1 日起正式实施。

7）GB/T33009.3—2016《工业自动化和控制系统网络安全 集散控制系统（DCS） 第 3 部分：评估指南》

该规范规定了集散控制系统的安全风险评估等级划分、评估的对象及实施流程，以及安全措施有效性测试。

该规范于 2017 年 5 月 1 日起正式实施。

8）GB/T33009.4—2016《工业自动化和控制系统网络安全 集散控制系统（DCS） 第 4 部分：风险与脆弱性检测要求》

该规范规定了集散控制系统在投运前、后的风险和脆弱性检测，对 DCS 软件、以太网网络通信协议与工业控制网络协议的风险和脆弱性检测提出具体要求。

该规范于 2017 年 5 月 1 日起正式实施。

2．全国信息安全标准化技术委员会

1）GB/T 32919—2016《信息安全技术 工业控制系统安全控制应用指南》

该规范包括前言与引言、范围、规范性引用文件、术语和定义、缩略语、安全控制概述、基线及其设计、选择与规约、选择过程应用、工业控制系统面临的安全风险、工业控制系统安全控制列表、工业控制系统安全控制基线等部分，可指导工业控制系统建设、运行、使用、管理等相关方开展工业控制系统安全的规划和落地，也可供进行工业控制系统安全测评与检查工作时参考。

该规范于 2017 年 3 月 1 日起正式实施。

2）GB/T 36323—2018《信息安全技术 工业控制系统安全管理基本要求》

本标准规定了工业控制系统安全管理基本框架及该框架包含的各关键活动，并提出为实现该安全管理基本框架所需的工业控制系统安全管理基本控制措施，在此基础上，给出了各级工业控制系统安全管理基本控制措施对应表，用于对各级工业控制系统安全管理提出安全管理基本控制要求。

本标准适用于工业控制系统建设、运行、使用、管理等相关方进行工业控制系统安全管理的规划和落实，也可供进行工业控制系统安全测评与检查工作时参考。

该规范于 2019 年 1 月 1 日起正式实施。

3）GB/T 36324—2018《信息安全技术 工业控制系统信息安全分级规范》

该规范规定了以工业控制系统风险影响为基准的工业控制系统信息安全等级划分规则和定级方法，提出了等级模型和定级要素，明确了各个等级工业控制系统所具备的潜在风险影响、信息安全威胁、信息安全能力和信息安全管理方面的特征。本标准适用于工业自动化生产企业及相关行政管理部门，为工业控制系统信息安全等级的划分提供指导，为工业控制系统信息安全的规划、设计、实现、运维及评估和管理提供依据。

该规范于2019年1月1日起正式实施。

4）GB/T 36466—2018《信息安全技术 工业控制系统风险评估实施指南》

本标准对工业控制系统安全的定义、目标、原则和工业控制系统资产面临的风险进行了描述，同时规定了对工业控制系统安全进行风险评估的要素及要素间的关系、实施过程、工作形式、遵循原则、实施方法，在工业控制系统生命周期不同阶段的不同要求及实施要点。

本标准适用于指导第三方检测评估机构在工业控制系统现场的风险评估实施工作，也可供工业控制系统业主单位进行自评估时参考。

该规范于2019年1月1日起正式实施。

5）GB/T 36470—2018《信息安全技术 工业控制系统现场测控设备通用安全功能要求》

本标准规定了工业控制系统现场测控设备的通用安全功能要求。

本标准适用于指导设备的安全设计、开发、测试与评估。

该规范于2019年1月1日起正式实施。

3. 全国电力系统管理及其信息交换标准化技术委员会

1）GB/Z 25320.1—2010《电力系统管理及其信息交换 数据和通信安全 第1部分：通信网络和系统安全 安全问题介绍》

本部分包括电力系统控制运行的信息安全，主要目的是"为IEC TC57制定的通信协议的安全，特别是IEC 60870-5、IEC 60870-6、IEC 61850、IEC 61970和IEC61968的安全，承担标准的制定；承担有关端对端安全的标准和技术报告的制定"。

2）GB/Z 25320.2—2013《电力系统管理及其信息交换数据和通信安全 第2部分：术语》

本部分包括了在GB/Z 25320中所使用的关键术语，然而并不意味着这是一个由它定义的术语列表。用于计算机安全的大多数术语已由其他标准组织正式定义，在这里只是通过对原始定义术语出处进行引用。

3）GB/Z 25320.3—2010《电力系统管理及其信息交换 数据和通信安全 第3部分：通信网络和系统安全 包括TCP/IP的协议集》

本部分规定如何为SCADA和用TCP/IP作为信息传输层的远动协议，提供机密性、篡改检测和信息层面认证。

虽然对TCP/IP的安全防护存在许多可能的解决方案，但本部分的特定范围是在端通信

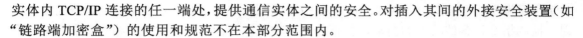

实体内 TCP/IP 连接的任一端处，提供通信实体之间的安全。对插入其间的外接安全装置（如"链路端加密盒"）的使用和规范不在本部分范围内。

4）GB/Z 25320.4—2010《电力系统管理及其信息交换 数据和通信安全 第 4 部分：包含 MMS 的协议集》

为了对基于 GB/T 16720（ISO 9506）制造业报文规范（Manufacturing Message Specification，MMS）的应用进行安全防护，本部分规定了过程、协议扩充和算法。其他 IEC TC57 标准如需要以安全的方式使用 MMS，则可以引用本部分作为其规范性引用文件。

本部分描述了在使用 GB/T 16720（ISO/IEC 9508）制造业报文规范时应实现的一些强制的和可选的安全规范。

为了保护使用 MMS 传递的信息，本部分包含一组由这些引用标准所使用的规范，其建议是基于为传送 MMS 信息所使用的特定通信协议集的协议。

5）GB/Z 25320.5—2013《电力系统管理及其信息交换 数据和通信安全 第 5 部分：GB/T 18657 及其衍生标准的安全》

为了对基于或衍生于 IEC 60870-5（GB/T 18657《远动设备及系统-第 5 部分：传输规约》）的所有协议的运行进行安全防护，本部分规定了所用的信息、过程和算法。

根据 IEC 第 57 委员会第 3 工作组的指令，IEC 62351 的本部分仅关注应用层认证和由此认证所产生的安全防护问题。安全防护涉及的其他问题，特别是通过加密的使用来防止窃听和中间人攻击，被认为超出本部分范围。通过本部分和其他规范一起使用，可以增加加密功能。

6）GB/Z 25320.6—2011《电力系统管理及其信息交换 数据和通信安全 第 6 部分：IEC61850 的安全》

为了对基于或派生于 IEC61850 的所有协议的运行进行安全防护，本文件规定了相应的信息、过程与算法。

4. 全国电力监管标准化技术委员会

GB/T 36047—2018《电力信息系统安全检查规范》

该规范包括前言与引言、范围、规范性引用文件、术语和定义、检查工作流程、检查内容和检查方法等部分，适用于行业网络与信息安全主管部门开展电力信息系统安全的检查工作和电力企业在本集团（系统）范围内开展相关信息系统安全的自查工作。

该规范于 2018 年 10 月 1 日起正式实施。

5. 全国核电行业管理及其信息交换标准化技术委员会

1）GB/T 13284.1—2008《核电厂安全系统 第 1 部分 设计准则》

GB/T 13284.1—2008 是为代替旧版本的 GB/T 13284—1998 而制定的国家标准，该标准提供了有关核电厂安全设计应遵循的准则。标准中规定了核电厂安全系统动力源、仪表和控制部分最低限度的功能和设计要求，适用于为防止或减轻设计基准事件后果、保护公众健康和安全所需要的系统，同样适用于保护整个核电厂安全所需的所有与安全有关的系统、构筑物及设备。标准主要引用了 GB/T 及 EJ/T 系列标准和准则，主要从安全系统的设计准则、检测指令设备的功能和要求、执行装置的功能和设计要求及对动力源的要求几个方面对核工厂安全系统设计进行了较为详细的规范。

2）GB/T 13629—2008《核电厂安全系统中数字计算机的适用准则》

GB/T 13629—2008 准则是 2008 年 7 月 2 日发布的，主要针对核电厂安全系统中数字计算机适用性制定的，用于代替原有 GB/T 13629—1998《核电厂安全系统中数字计算机的适用准则》。该准则主要参考 IEEE Std 7-4.3.2—2003《核电厂安全系统中数字计算机的适用准则》进行修改，将其中的美国标准改为相应的中国标准，规定了计算机用作核电厂安全系统设备时的一般原则，规范主要引用了 GB/T、EJ/T、HAF 及 IEEE 的相关标准。

6．行业标准和导则

1）JB/T 11960—2014 《工业过程测量和控制安全网络和系统安全》（IEC/TR62443-3：2008）

本标准建立了在工厂生命周期中的运行阶段来保障工业过程测量和控制系统的信息和通信技术方面的框架，包括其网络及这些网络中的设备。本标准提供了对工厂运行的安全要求指南，主要用于自动化系统所有者/操作者（负责 ICS 运行）。

此外，本标准的运行要求可能会引起 ICS 相关方的兴趣，如自动化系统设计者，设备、子系统和系统的制造商（供应商），子系统和系统的集成商。

本标准考虑以下几点：

（1）适当地移植或改进现有系统。

（2）使用现有的 COTS 技术和产品来满足安全目标。

（3）保证安全通信服务的可靠性/可用性；对于各种规模和风险系统的适用性（可扩展性）。

（4）兼顾功能安全、法律法规及符合信息安全要求的自动化功能要求。

2）JB/T 11961—2014《工业通信网络　网络和系统安全术语、概念和模型》（IEC/TS62443-1-1：2009）

本标准是技术规范，定义了用于工业自动化和控制系统（IACS）信息安全的术语、概念和模型，是系列标准中其他标准的基础。为了全面、清晰地表达本标准的系统和组件，可以从以下几个方面定义和理解覆盖的范围：

（1）所含功能性的范围。

（2）特定的系统和接口。

（3）选择所含活动的准则。

（4）选择所含资产的准则。

3）JB/T 11962—2014 《工业通信网络　网络和系统安全 工业自动化和控制系统信息安全技术》（IEC/TR62443-3-1：2009）

本标准提供了对不同网络信息安全工具、缓解对抗措施和技术的评估，可有效地用在基于现代电子的 IACS 中，以调整和监视数量众多的工业关键基础设施。本标准描述了若干不同种类的控制系统网络信息安全技术、这些种类中可用的产品类别、在 IACS 环境中使用这些产品的正面和反面理由，相对于预期的威胁和已知的网络脆弱性，更重要的是，对于使用这些网络信息安全技术产品和/或对抗措施的初步建议和指南。

在本标准中所用到的 IACS 网络信息安全的概念是，最大可能地在所有工业关键基础设施中包含所有类型的部件、工厂、设施和系统。IACS 包括但不限于硬件（如历史数据服务器）和软件系统（如操作平台、配置、应用），如分布式控制系统（DCS）、可编程序控制器（PLC）、数据采集与监控（SCADA）系统、网络化电子传感系统，以及监视、诊断和评估系统，包含在此硬件和软件范围内的是必要的工业网络，以及任何相连的或相关的信息技术（IT）设备和对成功运行整个控制系统关键的链路。就这点而言，此范围也包括但不限于防火墙、服务器、路由器、交换机、网关、现场总线系统、入侵检测系统、智能电子/终端设备、远程终端单元（RTU），以及有线和无线远程调制解调器。用于连续的、批处理的、分散的或组合过程的相关内部人员、网络或机器接口，用来提供控制、数据记录、诊断、（功能）安全、监视、维护、质量保证、法规符合性、审计和其他类型的操作功能。类似的，网络信息安全技术和对抗措施的概念也广泛用于本标准，并包括但不限于如下技术：鉴别和授权，过滤、阻塞和访问控制，加密，数据确认，审计，措施，监视和检测工具，操作系统。此外，非网络信息安全技术，即物理信息安全控制，对于网络信息安全的某些方面来说也是一个基本要求，并在本标准中进行了讨论。

本标准的目的是分类和定义网络信息安全技术、对抗措施和目前可用的工具，为后续技术报告和标准提供一个通用基础。本标准中的每项技术从以下几方面进行讨论：此技术、工具和/或对抗措施针对的信息安全脆弱性，典型部署，已知问题和弱点，在 IACS 环境中使用的评估，未来方向，建议和指南，信息源和参考材料。本标准旨在记录适用于 IACS 环境的信息安全技术、工具和对抗措施的已知技术发展水平，明确定义目前可采用哪种技术，并定义了需要进一步研究的领域。

4）HAD102-16 《核电厂基于计算机的安全重要系统软件》

HAD102-16 于 2004 年 12 月 8 日批准发布，主要是在核电厂计算机重要系统软件在各个周期进行安全论证时，为其提供收集证据和编制的指导文件。该指导文件从计算机系统各个方面（如技术考虑、安全管理要求及项目计划等方面）入手，详细列举了系统软件设计的各个阶段和方面应符合的要求建议，包括软件需求、设计、实现及验证等各个环节，对与软件系统关联的计算机系统，从集成、系统确认、调试、运行及修改等方面应遵循的要求建议进行了详细叙述。该指导文件对计算机重要软件安全涉及的方方面面进行了较为详细的分析及建议，对核电厂信息安全防护体系的建立具有重要的参考意义。

第2章 工业控制系统架构与漏洞分析

2.1 工业控制系统架构

一个典型的工业控制系统（简称工控系统）通常由检测环节、控制环节、执行环节和显示环节组成。

经过这么多年的发展，工业控制系统在控制规模、控制技术和信息共享方面都有了巨大的变化。在控制规模方面，工业控制系统由最初的小系统发展成现在的大系统；在控制技术方面，工业控制系统由最初的简单控制发展成现代的复杂或先进控制；在信息共享方面，工业控制系统由最初的封闭系统发展成现在的开放系统。

企业根据自身生产或运行流程搭建各自不同的工业控制系统。

2.1.1 工业控制系统的范围

按照 ANSI/ISA-95.00.01 企业分层模型，可绘制企业典型分层架构图，如图 2-1 所示。

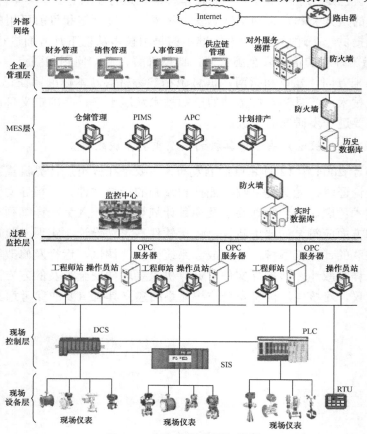

图 2-1 企业典型分层架构图

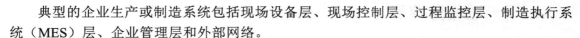

典型的企业生产或制造系统包括现场设备层、现场控制层、过程监控层、制造执行系统（MES）层、企业管理层和外部网络。

由图 2-1 可以看出，以制造执行系统层分界，向上为通用 IT 领域，向下为工业控制系统领域。

下面对工业控制系统领域制造执行系统层、过程监控层、现场控制层、现场设备层进行详细介绍。

2.1.2　制造执行系统层

制造执行系统（MES）层包括工厂信息管理系统（PIMS）、先进控制系统、历史数据库、计划排产、仓储管理等。

1．工厂信息管理系统（PIMS）

工厂信息管理系统是根据企业在信息化时代生产过程中的实际需求而推出的一款管理软件。工厂信息管理系统（PIMS）以"生产管理实用化"作为生产信息管理系统建设的出发点和最终目标，提供了一套先进的现代企业生产管理模式，帮助企业在激烈的市场竞争中全方位地迅速了解自己、对市场的快速变化做出符合自身实际情况的物流调整和决策，提升企业在同行业中的竞争能力。

工厂信息管理系统已经在各个应用控制系统的流程工业领域获得成功实施，在系统集成、生产调度、能源管理、企业危险源管理等领域得到广泛应用，为用户的企业信息化建设提供了良好的数据管理平台。

2．先进控制系统

先进控制系统就是以先进过程控制（Advanced Process Control，APC）技术为核心的上位机监控系统。

先进过程控制技术是具有比常规单回路 PID 控制更好效果的控制策略统称，专门用来处理那些采用常规控制效果不好，甚至无法控制的复杂工业过程控制问题。

先进过程控制技术采用科学、先进的控制理论和控制方法，以工艺控制方案分析和数学模型计算为核心，以计算机和控制网络为信息载体，充分发挥 DCS 和常规控制系统的潜力，保证生产装置始终运转在最佳状态，以获取最大的经济效益。

先进过程控制技术可分为 3 大类。

（1）经典的先进控制技术：变增益控制、时滞补偿控制、解耦控制、选择性控制等。

（2）现今流行的先进控制技术：模型预测控制（MPC）、统计质量控制（SQC）、内模控制（IMC）、自适控制、专家控制、神经控制器、模糊控制、最优控制等。

（3）发展中的先进控制技术：非线性控制及鲁棒控制等。

2.1.3 过程监控层

过程监控层包括数据采集与监控（SCADA）系统、分散型控制系统（DCS）、安全仪表系统（SIS）、可编程逻辑控制（PLC）系统的工程师站、操作员站、OPC 服务器、实时数据库、监控中心等。

1. 数据采集与监控（SCADA）系统

数据采集与监控（Supervisory Control and Data Acquisition，SCADA）系统是以计算机为基础的生产过程控制与调度自动化系统，它可以对现场的运行设备进行监视和控制。

SCADA 系统涉及组态软件、数据传输链路（如数传电台、GPRS 等）、工业隔离安全网关，其中工业隔离安全网关用于保证工业信息网络的安全，工业上大多要用到这种安全防护性网关，防止病毒入侵，以保证工业数据、信息的安全。

SCADA 系统的应用领域很广，可以应用于电力、冶金、安防、水利、污水处理、石油天然气、化工、交通运输、制药，以及大型制造等领域的数据采集与监视控制及过程控制等。

这些应用领域对 SCADA 的要求不同，由此导致这些不同应用领域的 SCADA 系统的发展也不完全相同。

在电力系统领域中，SCADA 系统的应用最广泛，技术发展也最成熟。SCADA 作为能量管理系统（Energy Management System，EMS）的一个最主要的子系统，有着信息完整、效率提高、正确掌握系统运行状态、加快决策、能帮助快速诊断出系统故障状态等优势，现已经成为电力调度不可缺少的工具。同时，SCADA 在对提高电网运行的可靠性、安全性与经济效益，减轻调度员的负担，实现电力调度自动化与现代化，提高调度的效率和水平方面有着不可替代的作用。

在交通运输系统领域中，SCADA 在铁道电气化远动系统上的应用较早，在保证电气化铁路的安全可靠供电、提高铁路运输的调度管理水平方面发挥了很大作用。在铁道电气化 SCADA 系统的发展过程中，随着计算机的发展，不同时期有不同的产品，同时我国也从国外引进了大量 SCADA 产品与设备，这些都带动了铁道电气化远动系统向更高的目标发展。

SCADA 系统一般为客户/服务器体系结构。在这个体系结构中，服务器与硬件设备通信，进行数据处理和运算，而客户用于人机交互，如用文字、动画显示现场的状态，并可以对现场的开关、泵、阀门等进行操作。

2. 分散型控制系统（DCS）

分散型控制系统（Distributed Control System，DCS）是由过程控制级和过程监控级组成的以通信网络为纽带的多级计算机系统，综合了计算机（Computer）、通信（Communication）、显示（CRT）和控制（Control）4C 技术，其基本设计思路是分散控制、集中操作、分级管理、配置灵活、组态方便。

该系统主要由现场控制站（I/O 站）、数据通信系统、人机接口单元、操作员站、工程师站、机柜、电源等组成。系统具备开放的体系结构，可以提供多层开放数据接口。

硬件系统在恶劣的工业现场具有高度的可靠性，维修方便，工艺先进。多数 DCS 提供底层汉化的软件平台，具备强大的处理功能，并提供方便组态复杂控制系统的能力与用户自主开发专用高级控制算法的支持能力，易于组态，易于使用，支持多种现场总线标准以便适应未来的扩充需要。

系统的主要特点如下：

（1）系统的参数、报警、自诊断及其他管理功能高度集中在 CRT 上显示和在打印机上打印，控制系统在功能和物理上实现真正分散。

（2）系统的设计采用合适的冗余配置和诊断至模件级的自诊断功能，具有高度的可靠性。系统内任一组件发生故障，均不会影响整个系统的工作。

（3）整个系统的可利用率至少为 99.9%；系统平均无故障时间为 10 万小时，实现了对核电、火电、热电、石化、化工、冶金、建材等诸多领域的完整监控。

（4）采用"域"的概念，把大型控制系统用高速实时冗余网络分成若干相对独立的分系统，一个分系统构成一个域，各域共享管理和操作数据，而每个域内又是一个功能完整的 DCS，以便更好地满足用户的使用。

（5）网络结构具有很好的可靠性、开放性及先进性。在系统操作层，采用冗余的100Mbps 工业以太网；在控制层，采用冗余的 100Mbps 工业以太网，保证系统的可靠性；在现场信号处理层，采用专用控制总线或采用 12Mbps 的 Profibus 总线连接中央控制单元和各现场信号处理模块。

（6）采用标准的 Client/Server 结构。有些 DCS 的操作层采用 Client/Server 结构。

（7）采用开放且可靠的操作系统。系统的操作层采用 Windows NT 操作系统；控制站采用成熟的嵌入式实时多任务操作系统 QNS，以确保控制系统的实时性、安全性和可靠性。

（8）采用标准的控制组态软件。系统采用标准的控制组态工具，可以实现任何监测及控制要求。

（9）系统具有可扩展性和可裁剪性，并可以保证经济性。

3．安全仪表系统（SIS）

安全仪表系统（Safety Instrumented System，SIS）有时称为安全联锁系统（Safety Interlocking System，SIS），主要是为了实现工厂控制系统中报警和安全联锁，对控制系统中检测的结果实施报警动作、调节或停机控制，是工厂企业自动化控制中的重要组成部分。

安全仪表系统（SIS）的主要特点如下：

（1）基于 IEC 61508 标准，符合国际安全协会规定仪表的安全标准规定。

（2）采用容错性的多重冗余系统。SIS 一般采用多重冗余结构以提高系统的硬件故障裕度，单一故障不会导致 SIS 的安全功能丧失。

（3）覆盖面广、安全性高、有自诊断功能，能够检测并预防潜在的危险。

（4）自诊断覆盖率高，工人维修时需要检查的点数比较少。

（5）应用程序容易修改，可根据实际需要对软件进行修改。

（6）实现从传感器到执行元件所组成的整个回路的安全性设计，具有 I/O 短路、断线等监测功能。

（7）响应速度快。从输入变化到输出变化的响应时间一般在 10～50ms 之间，一些小型 SIS 的响应时间更短。

SIS 的主流系统结构主要有三重化（TMR）和四重化（2004D）两种，下面对这两种结构简单介绍如下。

（1）TMR 结构：这种结构将三路隔离、并行的控制系统（每路称为一个分电路）和广泛的诊断集成在一个系统中，用三取二表决提供高度完善、无差错、不会中断的控制。

目前，市场上常见的 TRICON、ICS 等 SIS 均采用 TMR 结构。

（2）2004D 结构：这种结构由两套独立并行运行的系统组成，通信模块负责其同步运行，当系统自诊断发现一个模块发生故障时，CPU 将强制其失效，确保其输出的正确性。同时，安全输出模块中的 SMOD 功能（辅助去磁方法）可确保在两套系统同时故障或电源故障时，系统输出一个故障安全信号。一个输出电路实际上是通过 4 个输出电路及自诊断功能实现的，从而确保了系统的高可靠性、高安全性及高可用性。

目前，市场上常见的 HONEYWELL、HIMA 等 SIS 均采用 2004D 结构。

安全仪表系统（SIS）的基本功能和要求如下：

（1）实现安全联锁报警，对于一般的工艺操作参数均有设定的报警值和联锁值。

（2）保证生产的正常运转、事故的安全联锁，控制系统 CPU 的扫描时间一定要达到毫秒等级。

（3）联锁动作和投运显示。

安全联锁系统的附加功能和要求如下：

（1）安全联锁延时。

（2）安全联锁的预报警功能。

（3）安全联锁系统的投入和切换。

（4）第一事故原因区别。

（5）手动紧急停车。

（6）分级安全联锁。

（7）安全联锁复位。

4. 可编程逻辑控制器（PLC）

可编程逻辑控制器（Programmable Logic Controller，PLC）是一种采用一类可编程的存储器，用于其内部存储程序，执行逻辑运算、顺序控制、定时、计数与算术操作等面向用户的指令，并通过数字或模拟式输入/输出控制各种类型的机械或生产过程的控制设备。

从实质上来看，可编程逻辑控制器是一种专用于工业控制的计算机，其硬件结构基本上与微型计算机相同，外形如图 2-2 所示。

图 2-2　可编程逻辑控制器外形

1）PLC 的基本构成

（1）电源部分。

可编程逻辑控制器的电源部分在整个系统中起着十分重要的作用。没有一个良好的、可靠的电源，系统是无法正常工作的，因此，可编程逻辑控制器的制造商对电源部分的设计和制造非常重视。一般交流电压波动在+10%～+15%范围内时，可以不采取其他措施而将 PLC 直接连接到交流电网中。

（2）中央处理单元（CPU）部分。

中央处理单元（CPU）部分是可编程逻辑控制器的控制中枢。

CPU 按照可编程逻辑控制器系统程序赋予的功能接收并存储从编程器输入的用户程序和数据，检查电源、存储器、I/O，以及警戒定时器的状态，并能诊断用户程序中的语法错误。当可编程逻辑控制器投入运行时，首先以扫描的方式接收现场各输入装置的状态和数据，并分别存入 I/O 映像区，然后从用户程序存储器中逐条读取用户程序，经过命令解释后按指令的规定执行逻辑或算术运算，将结果送入 I/O 映像区或数据寄存器内。等到所有的用户程序执行完毕之后，将 I/O 映像区的各输出状态或输出寄存器内的数据传送到相应的输出装置，如此循环，直到停止运行为止。

此外，为了进一步提高可编程逻辑控制器的可靠性，对大型可编程逻辑控制器采用双 CPU 构成冗余系统，或采用三 CPU 的表决式系统，从而即使某个 CPU 出现故障，整个系统仍能正常运行。

（3）存储器部分。

存储器部分分为两种，存放系统软件的存储器称为系统程序存储器，存放应用软件的存储器称为用户程序存储器。

（4）输入/输出接口电路部分。

现场输入接口电路部分通常由光耦合电路和微机的输入接口电路组成，其作用是作为可编程逻辑控制器与现场控制接口界面的输入通道。

现场输出接口电路部分通常由输出数据寄存器、选通电路和中断请求电路组成，其作用是可编程逻辑控制器通过现场输出接口电路向现场的执行部件输出相应的控制信号。

（5）功能模块部分。

功能模块部分是为适应现场某些特殊控制需要而设计的相应智能模块，如高速计数模块、定位模块、PID 调节模块等。

（6）通信模块部分。

通信模块部分是基于计算机技术和通信技术的发展要求而设计的模块，通常用于包括上位机和 PLC 之间、PLC 和 PLC 之间、PLC 和远程 I/O 之间及 PLC 和传动设备之间的通信。

2）PLC 的工作原理

当可编程逻辑控制器投入运行后，其工作过程一般分为输入采样、用户程序执行和输出刷新三个阶段。可编程逻辑控制器完成上述三个阶段的过程称为一个扫描周期。在整个运行期间，可编程逻辑控制器的 CPU 以一定的扫描速度重复执行上述三个阶段。

（1）输入采样阶段。

在输入采样阶段，可编程逻辑控制器通过扫描方式依次读入所有输入状态和数据，并将它们存入 I/O 映像区中的相应单元内。在输入采样结束后，转入用户程序执行阶段和输出刷新阶段。在用户程序执行阶段和输出刷新阶段，即使输入状态和数据发生变化，I/O 映像区中相应单元的状态和数据也不会改变。因此，对于输入信号是脉冲信号，则该脉冲信号的宽度必须大于一个扫描周期，以保证在任何情况下，该输入信号均能被读入。

（2）用户程序执行阶段。

在用户程序执行阶段，可编程逻辑控制器总是按由上而下的顺序依次扫描用户程序，如梯形图、STL 语言等。以梯形图为例，在扫描每一条梯形图时，又总是先扫描梯形图左边由各触点构成的控制线路，并按先左后右、先上后下的顺序对由触点构成的控制线路进行逻辑运算，然后根据逻辑运算的结果，刷新该逻辑线圈在系统 RAM 存储区中对应位的状态，或者刷新该输出线圈在 I/O 映像区中对应位的状态，或者确定是否要执行该梯形图所规定的特殊功能指令。

在用户程序执行过程中，输入点在 I/O 映像区内的状态和数据不会发生变化，而其他输出点和软设备在 I/O 映像区或系统 RAM 存储区内的状态和数据都有可能发生变化，并且排在上面的梯形图，其程序执行结果会对排在下面的凡是用到这些线圈或数据的梯形图起作用；相反，排在下面的梯形图，其被刷新的逻辑线圈的状态或数据只能到下一个扫描周期才能对排在其上面的程序起作用。

在用户程序执行过程中，如果使用立即 I/O 指令，则可以直接存取 I/O 点，但是输入过程映像寄存器的值不会被更新，因为程序直接从 I/O 模块取值，而输出过程映像寄存器会被立即更新，这与立即输入是有区别的。

（3）输出刷新阶段。

在扫描用户程序结束后，可编程逻辑控制器就进入输出刷新阶段。在此期间，CPU 按照 I/O 映像区内对应的状态和数据刷新所有的输出锁存电路，再经输出电路驱动相应的外部设备。此时，才是可编程逻辑控制器的真正输出。

5. OPC 服务器

OPC 的全称是 Object Linking and Embeding（OLE）for Process Control，它的出现为基于 Windows 的应用程序和现场过程控制应用建立了桥梁。过去为了存取现场设备的数据信息，每一个应用软件开发商都需要编写专用的接口函数。现场设备的种类繁多且产品不断升级，给用户和软件开发商带来了巨大的工作负担且不能满足工作的实际需要，系统集成商和开发商急切需要一种具有高效性、可靠性、开放性、可互操作性的即插即用的设备驱动程序。在这种情况下，OPC 标准应运而生。OPC 标准以微软公司的 OLE 技术为基础，它的制定是通过提供一套标准的 OLE/COM 接口完成的，在 OPC 技术中使用的是 OLE 2 技术，OLE 标准允许多台微机之间交换文档、图形等对象。

通过 DCOM 技术和 OPC 标准，完全可以创建一个开放的、可互操作的控制系统软件。OPC 采用客户/服务器模式，把开发访问接口的任务放在硬件生产厂家或第三方厂家，以 OPC 服务器的形式提供给用户，从而解决了软硬件厂商的矛盾，完成了系统的集成，提高了系统的开放性和可互操作性。

2.1.4　现场控制层

现场控制层包括数据采集与监控（SCADA）系统、分散型控制系统（DCS）、安全仪表控制系统（SIS）、可编程逻辑控制系统的控制器或控制站。

这些控制器或控制站已在上一节中详细介绍，在此不做介绍。

2.1.5　现场设备层

现场设备层包括现场仪表和其他控制设备。

现场仪表通常包括温度、压力、流量、液位、电量、位移等仪表，特种检测仪表如成分分析仪，以及控制阀、电动阀等执行机构。

远程终端装置（Remote Terminal Unit，RTU）是用于监视、控制与数据采集的应用控制设备，具有遥测、遥信、遥调、遥控等功能。

目前，远程终端装置尚无统一的行业标准，一般来说符合下列技术特征的控制设备均称为 RTU，其主要特点如下。

（1）标准的编程语言环境。

（2）极强的环境适应能力，工作温度为-40～70℃，环境湿度为 5%～95%RH。

（3）丰富的通信接口，支持多种通信方式，通信距离长。

（4）多种标准通信协议。

（5）大容量存储能力。

（6）实时多任务操作系统。

（7）灵活且互相兼容的开放式接口。

（8）极强的抗电磁干扰能力。

RTU 的主要功能如下：

（1）直接采集系统工频电量，实现对电压、电流、有功、无功的测量并向远方发送，可计算正/反向电度。

（2）采集脉冲电度量并向远方发送，带有光电隔离。

（3）采集状态量并向远方发送，带有光电隔离，遥信变位优先传送。

（4）接收并执行遥控及返校。

（5）程序自恢复。

（6）设备自诊断，故障诊断到插件级。

（7）接收并执行遥调。

（8）接收并执行校时命令。

（9）与两个及两个以上的主站通信。

（10）采集事件顺序记录并向远方发送。

（11）提供多个数字接口及多个模拟接口。

（12）可对每个接口特性进行远方/当地设置。

（13）提供若干种通信规约，每个接口可以根据远方/当地设置传输不同规约的数据。

（14）接收远方命令，选择发送各类信息。

（15）支持与扩频、微波、卫星、载波等设备的通信。

（16）选配及多规约同时运行。

（17）可通过电信网和电力系统通道进行远方设置。

（18）设备自调。

（19）通道监视。

（20）可转发多个子站远程信息。

（21）当地显示功能，当地接口有隔离器。

与常用的 PLC 相比，RTU 通常具有优良的通信能力和更大的存储容量，适用于更恶劣的温度和湿度环境，可提供更多的计算功能。

经过几代产品的开发和应用，RTU 产品在核设施、钢铁、化工、石油石化、电力、天然气、水利枢纽、环境保护、铁路、交通运输、民航、城市供水供气供热、市政调度等领域的控制系统中已获得广泛应用。

2.2　工业控制系统的漏洞分析

自从工业控制系统（ICS）问世以来，一直采用专用的硬件、软件和通信协议。由于是封闭系统或称为"信息孤岛"，具有较强的专用权，所以这些系统受外来影响较小，从而其信息安全问题未受到足够重视。

由于信息技术的迅猛发展，信息化在企业中的应用也取得了飞速发展，互联网技术的出现，使得工业控制系统网络中大量采用通用 TCP/IP 技术，工业控制系统网络和企业管理网的联系越来越紧密，工业控制系统也由封闭系统演变成现在的开放系统，其设计上基本没有考虑互联互通所必须考虑的通信安全问题。企业管理网与工业控制系统网络的防护功能都很弱甚至几乎没有隔离功能，因此，在工业控制系统开放的同时，也减弱了控制系统与外界的隔离，工业控制系统的安全隐患问题日益严峻。工业控制系统中任何一点受到攻击都有可能导致整个系统瘫痪。

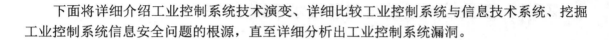

　　下面将详细介绍工业控制系统技术演变、详细比较工业控制系统与信息技术系统、挖掘工业控制系统信息安全问题的根源，直至详细分析出工业控制系统漏洞。

2.2.1　工业控制系统技术演变

　　在 20 世纪 90 年代中期之前，由于 Internet 技术尚未成熟，当时的 IT 技术不能完全满足工业自动化实时性和环境适应性等要求，于是各家公司都利用自己掌握的计算机技术开发具有专有权操作系统的工业自动化装置、专有权协议的网络及其自动化系统。

　　最近几年，这种情况发生了急剧变化，传统自动化技术与 IT 技术加速了融合的进程，工业自动化系统已广泛采用微软 Windows 操作系统和 TCP/IP 标准网络协议，工业实时以太网已经被工业自动化领域广泛接受，IT 技术快速进入工业自动化系统的各个层面，改变了自动化系统长期以来不能与 IT 技术同步增长的局面。工厂企业的信息化，可以实现智能工厂中从管理层、控制层到现场层的信息无缝集成，使得过程控制系统（PCS）与制造执行系统（MES），以及企业管理信息系统（ERP）有机地融为一体，并能通过 Internet 完成远程维护与监控。这种不可阻挡的发展趋势随之也带来了工业网络的安全问题，如何保证工业网络的机密性、完整性和可用性成为工业自动化系统必须考虑的一个重要问题。

　　过去几年，由于各行各业工业控制系统安全事故频发，导致工业经济损失，甚至扰乱社会公共秩序。这些事实和危害已在第 1 章中提到。因此，许多行业内外人士开始密切关注工业控制系统信息安全。工业控制系统厂商为了解决此类问题而不断改进自身系统，努力面对将来的挑战，工业控制系统的信息安全经历了迅猛发展。

　　由此可见，在短短几十年中，工业控制系统经历了跨越式发展，在系统方面、通信网络方面、运营方面、安全机制方面、服务方面等都发生了巨大变化，这些变化如图 2-3 所示。

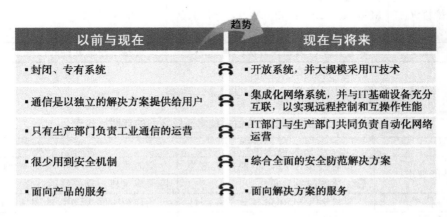

图 2-3　工业控制系统技术演变对比图

2.2.2　工业控制系统与信息技术系统的比较

第 1 章中已针对工业控制系统与信息技术系统在可用性、完整性、保密性 3 个基本需求方面进行了比较。

工业控制系统与信息技术系统相比有许多不同的特点，包括不同的风险和优先事项，其中包括员工生命的健康与安全、生态环境的保护、生产设备的运行，以及对国民经济的影响。工业控制系统有不同的性能和可靠性要求，所使用的操作系统和应用程序与典型的信息技术系统也不一样。此外，控制系统的设计和操作有时会形成安保与效率的冲突。

用于工业控制系统的网络通信技术来源于信息技术系统的办公自动化网络技术，但是又不同于办公环境使用的计算机网络技术，这是因为信息技术系统通信以传递信息为最终目的，而工业控制系统网络传递信息以引起物质或能量的转移为最终目标。众所周知，在办公应用环境中，计算机病毒和蠕虫往往会导致公司网络故障，因而办公网络的信息安全越来越受到重视，通常采用杀毒软件和防火墙等软件方案解决安全问题。在工业应用环境，恶意软件的入侵将会造成生产线停顿，从而导致严重后果。因此，工业控制系统安全有更高的要求，信息技术系统信息安全的解决方案已不能满足这些需要。

工业控制系统与信息技术系统在系统结构方面有明显的差别，具体如表 2-1 所示。

表 2-1　工业控制系统与信息技术系统之间的结构比较表

	工业控制系统	信息技术系统
体系结构	主要由传感器、PLC、RTU、DCS、SCADA 等设备及系统组成	通过互联网协议组成
操作系统	广泛使用嵌入式系统 VxWorks、uCLinux、winCE 等，并根据功能及需求进行裁剪与定制	使用通用操作系统，如 Windows、Linux、UNIX 等，功能强大
数据交换协议	专用的通信协议或规约（OPC、Modbus TCP、DNP3 等），一般直接使用或作为 TCP/IP 的应用层	TCP/IP 协议
系统升级	兼容性差、软硬件升级困难	兼容性好、软件升级频繁

此外，这两种系统之间的典型不同点如表 2-2 所示。

表 2-2　工业控制系统与信息技术系统之间的典型比较表

	工业控制系统	信息技术系统
系统性能要求	实时性要求高，不能停机或重启，适度的吞吐量	实时性要求不高，允许传输延迟，可停机或重启，需要高吞吐量
可用性需求	要求 24h/7d/365d 模式的可用性	允许短时间/周期性的间断或维护
时间敏感性	要求实时响应	允许一定延时
系统生命周期	5～20 年	3～5 年
信息安全意识及准备	没有基础	较好

	工业控制系统	信息技术系统
架构安保	主要保护服务器、工作站、过程控制器和现场设备	主要保护 IT 资产和存储或传输的信息。中央服务器需要更多保护
风险管理需求	人员安全至关重要，其次是过程的保护。 容错是必要的，不能接受暂时停机。 主要风险的影响是环境、生命、设备和产品的损失	数据的机密性和完整性至关重要。 容错不那么重要，暂时停机不是主要风险。 主要风险的影响是业务操作的延时
资源限制	系统按照预期的工业工程设计，可能没有足够的存储和计算资源支持增加的安保功能	系统具有足够的资源支持，可增加第三方应用，如安保解决方案等
管理支持	由各系统供应商提供服务支持	允许多元化的支持风格
设备类型	较多	较少
无线技术应用	刚刚起步	很多

2.2.3　工业控制系统信息安全问题的根源

工业控制系统信息安全问题的根源是缺乏本质安全。

工业控制系统信息安全问题的根源：在设计之初，由于资源受限，非面向互联网等原因，为保证实时性和可用性，系统各层普遍缺乏安全性设计。

尽管目前已有工业控制产品提供商开始对旧系统进行加固升级，研发新一代的安全工业控制产品，但是由于市场、技术、使用环境等方面的制约，工业控制产品生产商普遍缺乏主动进行安全加固的动力。

在缺乏安全架构顶层设计的情况下，技术研究无法形成有效的体系，产品形态目前多集中在网络安全防护层面，工控系统自身的安全性能提升缺乏长远规划。

工业控制产品模块结构图如图 2-4 所示，具体分析如下。

图 2-4　工业控制产品模块结构图

CPU 作为硬件基础平台的核心，技术掌握在国外厂商手中，"后门"漏洞的隐患始终存在，目前国内研究和生产 CPU 的品牌主要包括龙芯、众志、多思等，在通用处理器、嵌入式处理器、专用处理器等方面都有了相应产品，但是否符合工控系统的性能要求和安全要求，能否在我国工控领域广泛应用，有待进一步研究和验证。

1. 操作系统

工业控制系统的操作系统在系统级和设备级是不同的，分别介绍如下。

（1）系统级：普遍采用通用的商业操作系统。

（2）设备级：采用实时操作系统。

操作系统的安全隐患包括以下几点。

（1）管理员一权独大。

（2）访问控制形同虚设。

（3）脆弱的登录认证方式。

（4）层出不穷的系统漏洞。

操作系统的现状介绍如下：

20 世纪 70 年代，美国国防部制定的"可信计算机系统安全评价准则"（TCSEC）是安全信息系统体系结构的最早准则（只考虑保密性），其安全级别如表 2-3 所示。

表 2-3　TCSEC 的安全级别表

类　别	级　别	名　称	主　要　特　征
D	D	低级保护	没有安全保护
C	C1	自主安全保护	自主存储控制
	C2	受控存储控制	单独的可查性，安全标识
B	B1	标识的安全保护	强制存取控制，安全标识
	B2	结构化保护	面向安全的体系结构，较好的抗渗透能力
	B3	安全区域	存取控制，高抗渗透能力
A	A	验证设计	形式化的最高级描述和验证

通过分析国内应用情况，我国工业控制系统操作系统的现状如下：

（1）B1 级以上的操作系统对国内禁运。

（2）目前主流的商业操作系统多为 C2 级。

（3）等级型的自主访问控制，超级管理员用户可对其他用户的客体资源直接进行任意修改和访问，没有引入标记与强制访问控制，更没有相应的保障类要求。

因此，现有安全产品的不足之处包括无法改变操作系统的访问控制模型，可以直接对工控设备控制；无法应对具有针对性的恶意代码；无法保证操作系统的可信度。

目前，有些厂商对操作系统进行安全加固方面的研究和应用。

在实时操作系统方面，国内厂商少有涉猎。

2. 实时数据库

实时数据库是工控系统的核心数据源。目前，实时数据库存在以下问题：

（1）需要解决实时性与安全性的矛盾。

（2）系统管理员特权问题。

（3）非法操作检查等。

目前主要的实时数据库产品有：国外主要的产品包括 OSI 公司的 PI、Aspen 公司的

InfoPlus、Honeywell 公司的 PHD、Instep 公司的 eDNA 等，国内主要的产品包括力控公司的
pSpace、中科院软件所的安捷（Agilor）、浙大中控的 ESP-iSYS、紫金桥的 RealDB 等。

自主实时数据库系统可以提高实时性、充分利用硬件资源、解决安全性矛盾。

3．应用软件

随着系统功能越来越多，应用软件规模逐渐增大、复杂性越来越高，系统错误越来越
难以检测和避免。提高软件系统的安全性，保证软件设计开发的正确性是需要亟待解决的
问题。

4．通信网络

被业界广泛采纳的"纵深防御"理念，其前提和方案基于以下考虑。
（1）前提：目前系统本身无法达到本质安全的要求。
（2）方案：在外部世界的威胁和工控网络之间建立尽可能多层次的保护。

2.2.4　工业控制系统的漏洞的详细分析

1．通信协议漏洞

工业化与信息化的融合和物联网的发展，使得 TCP/IP 协议和 OPC 协议等通用协议
越来越广泛地应用在工业控制网络中，随之而来的通信协议漏洞问题也日益突出。

例如，OPC Classic 协议（OPC DA，OPC HAD 和 OPC A&E）基于微软的 DCOM 协
议，DCOM 协议是在网络安全问题被广泛认识之前设计的，极易受到攻击，并且 OPC 通
信采用不固定的端口号，从而导致目前几乎无法使用传统的 IT 防火墙来确保其安全性。
因此，确保使用 OPC 通信协议的工业控制系统的安全性和可靠性给工程师带来了极大的
挑战。

2．操作系统漏洞

目前大多数工业控制系统的工程师站/操作员站/HMI 都是 Windows 平台的，为保证过
程控制系统的相对独立性，同时考虑到系统的稳定运行，通常现场工程师在系统开始运行
后不会对 Windows 平台安装任何补丁，但是存在的问题是，不安装补丁，系统就存在被
攻击的可能，从而埋下安全隐患。

3．安全策略和管理流程漏洞

追求可用性而牺牲安全，是很多工业控制系统存在的普遍现象，缺乏完整、有效的安
全策略与管理流程也给工业控制系统信息安全带来了一定的威胁。例如，工业控制系统中
移动存储介质包括笔记本电脑、U 盘等设备的使用和不严格的访问控制策略。

4．杀毒软件漏洞

为了保证工控应用软件的可用性，许多工控系统操作员站通常不会安装杀毒软件。即

使安装了杀毒软件，在使用过程中也有很大的局限性，原因在于使用杀毒软件很关键的一点是，其病毒库需要经常更新，这一要求尤其不适合于工业控制环境，而且杀毒软件对新病毒的处理总是滞后的，从而导致每年都会爆发大规模的病毒攻击，特别是新病毒。

5. 应用软件漏洞

由于应用软件多种多样，很难形成统一的防护规范以应对安全问题；另外，当应用软件面向网络应用时，必须开放其应用端口。因此，常规的 IT 防火墙等安全设备很难保障其安全性。互联网攻击者很有可能会利用一些大型工程自动化软件的安全漏洞来获取诸如污水处理厂、天然气管道，以及其他大型设备的控制权，一旦这些控制权被不良意图黑客所掌握，那么后果不堪设想。

国家信息安全漏洞共享平台（China National Vulnerability Database，CNVD）在 2011 年收录了 100 余个对我国影响广泛的工业控制系统软件安全漏洞，较 2010 年大幅增长近 10 倍，涉及西门子、北京三维力控等国内外知名工业控制系统制造商的产品，部分摘录如表 2-4 所示。相关企业虽然积极配合国家互联网应急中心（CNCERT）处理了安全漏洞，但这些漏洞可能被黑客或恶意软件利用。

表 2-4　我国收录的工业控制系统软件安全漏洞（部分摘录）

（数据来源：国家信息安全漏洞共享平台）

漏洞名称	发布时间	危害等级	漏洞类型	漏洞简介
ICONICS GENESIS32 缓冲区溢出漏洞	2012-4-19	危急	缓冲区溢出	ICONICS GENESIS32 是由美国 ICONICS 公司研制开发的新一代工控软件。ICONICS GENESIS32 8.05 版本、9.0 版本、9.1 版本、9.2 版本与 BizViz 8.05 版本、9.0 版本、9.1 版本和 9.2 版本中的 Security Login ActiveX 控件中存在缓冲区溢出漏洞。远程攻击者可利用该漏洞借助长密码导致拒绝服务（应用程序崩溃）或执行任意代码
Siemens SIMATIC WinCC 拒绝服务漏洞	2012-2-7	高危	拒绝服务	Siemens SIMATIC WinCC 多个版本运行加载器中的 HmiLoad 中存在拒绝服务漏洞，远程攻击者可利用该漏洞越过 TCP 发送特制数据，导致拒绝服务（应用程序崩溃）。这些版本包括 Siemens WinCC flexible 2004 版本、2005 版本、2007 版本、2008 版本，WinCC V11（又称为 TIA portal），TP、OP、MP、Comfort Panels 和 Mobile Panels SIMATIC HMI 面板，WinCC V11 Runtime Advanced，以及 WinCC flexible Runtime

续表

漏洞名称	发布时间	危害等级	漏洞类型	漏洞简介
WellinTech KingView KVWebSvr.dll ActiveX 控件栈缓冲区溢出漏洞	2011-8-17	危急	缓冲区溢出	WellinTech KingView 6.52 和 6.53 版本的 KVWebSvr.dll 的 ActiveX 控件中存在基于栈的缓冲区溢出漏洞。远程攻击者可借助 ValidateUser 方法中超长的第二参数执行任意代码
Siemens SIMATIC WinCC 安全漏洞	2012-2-7	危急	授权问题	Siemens SIMATIC WinCC 多个版本中存在漏洞，该漏洞源于 TELNET daemon 未能执行验证。远程攻击者利用该漏洞借助 TCP 会话更易进行访问。这些版本包括 Siemens WinCC flexible 2004 版本、2005 版本、2007 版本、2008 版本，WinCC V11（又称为 TIA portal），TP、OP、MP、Comfort Panels 和 Mobile Panels SIMATIC HMI 面板、WinCC V11 Runtime Advanced，以及 WinCC flexible Runtime
Invensys Wonderware Information Server 权限许可和访问控制漏洞	2012-4-5	高危	权限许可和访问控制	Invensys Wonderware Information Server 4.0 SP1 和 4.5 版本中存在漏洞，该漏洞源于未正确实现客户端控件。远程攻击者利用该漏洞借助未明向量绕过预期访问限制
Invensys Wonderware inBatch ActiveX 控件缓冲区溢出漏洞	2011-12-22	中危	缓冲区溢出	Invensys Wonderware inBatch 中存在多个基于栈的缓冲区溢出漏洞。攻击者可利用该漏洞在使用 ActiveX 控件的应用程序（通常为 Internet Explorer）的上下文中执行任意代码，攻击失败可能导致拒绝服务
GE Proficy iFix HMI/SCADA 任意代码执行漏洞	2011-12-22	危急	缓冲区溢出	GE Proficy iFix HMI/SCADA 的 installations 中存在漏洞，远程攻击者可利用该漏洞执行任意代码。利用这个漏洞并不需要认证。通过默认 TCP 端口号 14000 监听的 ihDataArchiver.exe 进程中存在特殊的漏洞。在这个模块中的代码信任一个通过网络提供的值，并且使它作为把用户提供的数据复制到堆缓冲区的数组长度，通过提供一个足够大的值，缓冲区可能会溢出导致在运行服务的用户上下文中执行任意代码
Sunwayland ForceControl httpsvr.exe 堆缓冲区溢出漏洞	2011-8-1	危急	缓冲区溢出	Sunway ForceControl 6.1 SP1、SP2 和 SP3 版本的 httpsvr.exe 6.0.5.3 版本中存在基于堆的缓冲区溢出漏洞。远程攻击者可借助特制的 URL 导致拒绝服务（崩溃）并可能执行任意代码

第3章 工业控制系统信息安全技术与方案部署

3.1 工业控制系统信息安全技术简介

工业控制系统信息安全技术作为工业控制系统的重中之重，正吸引着全球工业控制系统产品制造商、用户、工程公司、相关职能部门的目光。理解和掌握这些工业控制系统信息安全技术，才能为工业控制系统信息安全提供有效的解决方案。

工业控制系统信息安全技术一般分为五大类，包括鉴别与授权技术，过滤、阻止、访问控制技术，编码技术与数据确认技术，管理、审计、测量、监控和检测技术，以及物理安全控制技术。

3.1.1 鉴别与授权技术

鉴别与授权是工业控制系统访问控制的最基本要求。鉴别用于验证用户所声称的身份，即验证用户身份的过程或装置，通常是允许进行信息系统资源访问的先决条件。授权是批准进入系统访问系统资源的权利。

鉴别与授权技术包括基于角色的授权工具、口令鉴别、物理/令牌鉴别、智能卡鉴别、生物鉴别、基于位置的鉴别、设备至设备的鉴别等。

1. 基于角色的授权工具

根据工业控制系统用户的角色或职责，分配不同的访问权限，如操作人员权限、维护人员权限、管理人员权限、工程人员权限等。

目前的工业控制系统均配置这种基于角色的授权工具。

2. 口令鉴别

口令鉴别是工业控制系统最简单、最常用的鉴别技术。

在工业控制系统中，口令能够用于限制授权用户请求的服务和功能。

3. 物理/令牌鉴别

物理/令牌鉴别与口令鉴别相似，只是用户在请求访问时必须有安全令牌或智能卡。

4．智能卡鉴别

智能卡鉴别与令牌鉴别相似，只是它能提供更多的功能。

5．生物鉴别

生物鉴别通过请求用户独特的生物特征来确定其真实性。

常用的生物鉴别有指纹仪、掌形仪、眼睛识别、面部识别、声音识别等。

6．基于位置的鉴别

基于位置的鉴别技术是指通过设备或请求访问用户的空间位置来确定其真实性。

这种鉴别技术通常要求系统配有 GPS 技术。目前这种技术应用较少。

7．设备至设备的鉴别

设备至设备的鉴别是指确保在两个设备之间数据传送发生的恶意改变能得到识别。

这种鉴别技术通常与编码技术一起部署。

3.1.2　过滤、阻止、访问控制技术

过滤、阻止、访问控制技术用于指导和调节已授权的设备或系统的信息流量。

过滤、阻止、访问控制技术包括工业防火墙技术、基于主机的防火墙技术、虚拟网络技术等。

1．工业防火墙技术

工业防火墙是工业控制系统信息安全必须配置的设备。工业防火墙技术是工业控制系统信息安全技术的基础。

工业防火墙技术可以实现区域管控，划分控制系统安全区域，对安全区域实现隔离保护，保护合法用户访问网络资源；同时，可以对控制协议进行深度解析，可以解析 Modbus、DNP3 等应用层的异常数据流量，并对 OPC 端口进行动态追踪，对关键寄存器和操作进行保护。

工业防火墙技术包括数据包过滤防火墙技术、状态包检测防火墙技术和代理服务网关防火墙技术。

数据包过滤防火墙适用于工业控制，早期市场中已普遍使用，但其缺陷也慢慢显现出来。

状态包检测防火墙适用于工业控制，目前正在推广应用，其优越性也开始显现。

代理服务网关防火墙不太适用于工业控制，但也有不计较延时情况的应用。

有关工业防火墙技术的详细分析见第 3.2 节。

2．基于主机的防火墙技术

基于主机的防火墙技术是部署在工作站或控制器的软件解决方案，用于控制进出特定

设备的流量。

这种基于主机的防火墙技术具有与工业防火墙类似的能力，包括状态包检测。目前这种技术偶尔用于非关键的工作站。

3. 虚拟网络技术

虚拟局域网将物理网络分成几个更小的逻辑网络，以增加性能、提高可管理性，以及简化网络设计。

虚拟网络技术在控制系统中运用较多。

3.1.3 编码技术与数据确认技术

编码技术是对授权信息数据进行编码与解码的技术。数据确认技术可以保护用于工业过程的信息的准确性和完整性。

编码技术与数据确认技术包括对称密钥编码技术、公钥编码与密钥分配技术、虚拟专用网络技术等。

1. 对称密钥编码技术

对称密钥编码需要将明码文本转换成密码文本，并且在加密和解密过程中均用同一把密钥。

目前常见的对称密钥算法有三重数据加密标准（3DES）和高级加密标准(AES)。AES常见的有 AES128、AES192 或 AES256。

2. 公钥编码与密钥分配技术

与对称密钥编码不同的是，公钥编码使用一对不同且有关联的密钥（也称公私钥对）。

这类公钥鉴别通常部署在传输层安全（如 SSL）、虚拟公网技术（如 IPsec）等。

3. 虚拟专用网络技术

虚拟专用网络（VPN）技术是一种采用加密、认证等安全机制，在公共网络基础设施上建立安全、独占、自治的逻辑网络技术。它不仅可以保护网络的边界安全，同时也是一种网络互联的方式。

目前，SSL VPN 已广泛应用于控制系统。

有关虚拟专用网络（VPN）技术的详细分析，见第 3.3 节。

3.1.4 管理、审计、测量、监控和检测技术

管理、审计、测量、监控和检测技术包括日志审核工具、病毒与恶意代码检测系统、入侵检测与入侵防护技术、漏洞扫描技术、辩论与分析工具。

1．日志审核工具

日志审核工具是系统管理员管理系统日志的工具，能够发现并记录信息安全事件发生的迹象、文件及攻击入口等。

目前市场上也出现一些日志审核工具，如大多数操作系统均有维修日志文件等。

2．病毒与恶意代码检测系统

病毒与恶意代码检测系统是一种主动检测非正常活动的代理机制，通常部署在工作站、服务器和边界。

3．入侵检测与入侵防护技术

入侵检测是通过从计算机网络或计算机系统中的若干关键点收集信息并对其进行分析，从中发现网络或系统中是否有违反安全策略的行为和遭到袭击的迹象的一种安全技术。

入侵防护是一种主动的、智能的入侵检测、防范、阻止系统，其设计旨在预先对入侵活动和攻击性网络流量进行拦截，避免其造成任何损失，而不是简单地在恶意流量传送时或传送后才发出警报。

目前，入侵检测与入侵防护技术已在控制系统中开始采用。

4．漏洞扫描技术

漏洞扫描技术是一种检测系统和网络漏洞的方式，这种方式通常用于企业系统网络遭到破坏，恶意入侵者进入控制系统时进行检测。

漏洞扫描技术通常由漏洞库、扫描引擎、本地管理权限代理和报告机制组成。

由于工业控制系统漏洞库比较有限，因此其漏洞扫描技术应用并不多。

5．辩论与分析工具

辩论与分析工具用于基本的网络活动，分析非正常的网络流量，以帮助信息安全研究人员和控制系统管理员的工作。

3.1.5　物理安全控制技术

物理安全控制技术采用一些物理措施，以限制对工业控制系统信息资产的物理访问。物理安全控制技术包括物理保护、人员安全等。

1．物理保护

工业控制系统物理保护通常指的是安全防范系统，包括访问监视系统和访问限制系统。访问监视系统包括摄像机、传感器等识别系统。访问限制系统包括围栏、门、门禁、保安等。

2．人员安全

工业控制系统人员安全通常指的是减小人为失误、盗窃、欺骗或有意/无意滥用信息资产的可能性和风险。

这些人员安全通常包括雇佣方针、公司方针与实践、任用条款等。

3.2　工业防火墙技术

目前，工业控制系统防火墙技术虽然比较成熟，但也存在一些问题，如规则粒度问题（以 Modbus 规则设置为例），防火墙的规则设置应该能够支持具体数据字段的匹配，但规则深度越深越可能带来防火墙的效率问题，因此，工业控制系统防火墙技术仍在发展中。下面将详细介绍防火墙的概念、种类和工业防火墙技术。

3.2.1　防火墙的定义

防火墙是由位于两个信任程度不同的网络之间的软件和硬件设备组合而成的一种装置，集多种安全机制为一体，是网络之间信息的唯一出入口，能够对两个网络之间的通信进行控制，通过强制实施统一的安全策略，限制外界用户对内部网络的访问，以及管理内部用户访问外界网络得到权限，防止对重要信息资源的非法存取和访问，以达到保护系统安全的目的，是提供信息安全服务，实现网络和信息安全的基础设施。

防火墙也是一种机制，用于控制和监视网络上来往的信息流，其目的在于保护网络上的设备。流过的信息要与预定义的安全标准或政策进行比较，丢弃不符合政策要求的信息。实际上，它是一个过滤器，阻止了不必要的网络流量，限制了受保护网络与其他网络（如互联网或站点网络的另一部分）之间通信的数量和类型。防火墙的示意图如图 3-1 所示。

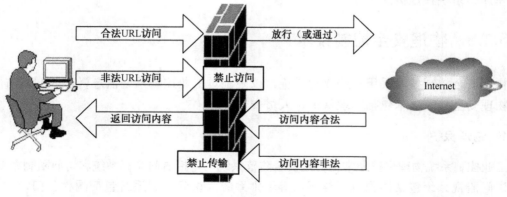

图 3-1　防火墙的示意图

3.2.2　工业防火墙技术

工业防火墙在种类方面与一般 IT 防火墙类似，总体上分为数据包过滤、状态包检测和代理服务器等几大类型。为便于理解工业防火墙技术，参照 OSI 模型图，如图 3-2 所示，对数据包过滤技术、状态包检测技术和代理服务技术进行详细分析。

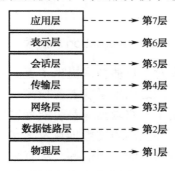

图 3-2　OSI 模型图

1．数据包过滤（Packet Filtering）技术

数据包过滤技术在 OSI 的第 3 层，即在网络层对数据包进行选择，选择的依据是系统内设置的过滤逻辑，称为访问控制表（Access Control Table）。通过检查数据流中每个数据包的源地址、目的地址、所用的端口号、协议状态等因素，或者它们的组合来确定是否允许该数据包通过。数据包过滤防火墙逻辑简单，价格便宜，易于安装和使用，网络性能和透明性好。

工业防火墙是基于访问控制技术的包过滤防火墙，它可以保障不同安全区域之间进行安全通信，通过设置访问控制规则，管理和控制出入不同安全区域的信息流，保障资源在合法范围内得以有效使用和管理。

目前传统的 IT 防火墙都是按照"白名单"或"黑名单"的方式进行规则设置的，而工业防火墙大多依据"白名单"设置规则。对于"白名单"，可以设置允许规则，也就是说只有符合该规则的数据流才能通过，其他任何数据流都可以被视作攻击而过滤掉，这样就保障了资源的合法使用；而对于"黑名单"，可以设置禁止规则，禁止不合法客户端对资源的访问。

数据包过滤防火墙可以用于禁止外部不合法用户对内部网络进行访问，也可以用来禁止某些服务类型，具有过滤效率高、成本低、易于使用等优点。但是，数据包过滤防火墙还存在诸多不足，主要包括以下几个方面：

（1）数据包过滤防火墙是一种基于 IP 地址的认证，不能识别相同 IP 地址的不同用户，不具备身份认证的功能。数据包过滤判别的条件为数据包包头的部分信息，由于 IPv4 的不安全性，导致各种条件极有可能被伪装。

（2）数据包过滤防火墙是基于网络层的安全技术，不具备检测通过应用层协议而实施的攻击。

（3）数据包过滤防火墙的过滤规则表相当复杂，没有很好的测试工具检验其正确性、冲突性，容易导致漏洞。

（4）对于采用动态或随机分配端口的服务，数据包过滤防火墙很难进行有效认证，如远程过程调用服务（RPC）。

因此，数据包过滤防火墙适用于工业控制，早期市场中已普遍使用，但其缺陷也慢慢显现出来。

2. 状态包检测（Stateful Packet Inspection）技术

随着网络应用的增多，用户对包过滤技术提出了更高的要求，主要体现在策略规则的查找速度及系统的安全性方面，随之出现了状态包检测技术。状态包检测监视每一个有效连接的状态，并根据这些信息决定网络数据包是否能够通过防火墙。它在协议栈底层截取数据包，然后分析这些数据包，并且用当前数据包及其状态信息与其前一时刻的数据包及其状态信息进行比较，得到该数据包的控制信息，从而达到保护网络安全的目的。

状态包检测防火墙采用基于会话连接的状态检测机制，将属于同一连接的所有数据包作为一个整体的数据流看待，构成动态连接状态表，通过访问控制列表与连接状态表的共同作用，不仅可以对数据包进行简单的包过滤（也就是对源地址、目标地址和端口号进行控制），而且可以对状态表中的各个连接状态因素加以识别，检测此次会话连接的每个数据包是否符合此次会话的状态，能够根据此次会话前面的数据包进行基于历史相关的访问控制，因此，不需要对此次会话的每个数据包进行规则匹配，只需进行数据包的轨迹状态检查，从而加快了数据包的处理速度。动态连接状态表中的记录可以是以前的通信信息，也可以是其他相关应用程序的信息，因此，与传统包过滤防火墙的访问控制列表相比，它具有更好的性能和安全性。

状态包检测防火墙虽然成本高一点，对管理员的要求复杂一点，但它能提供比数据包过滤防火墙更高的安全性和更好的性能，因而在工业控制中应用得越来越多。

状态包检测防火墙适用于工业控制，在目前市场中正在推广应用，其优越性也开始显现。

3. 代理服务（Proxy Service）技术

代理服务（Proxy Service）又称为链路级网关或 TCP 通道（Circuit Level Gateways or TCP Tunnels），也有人将其归于应用级网关一类。它是针对数据包过滤和应用网关技术存在的缺点而引入的防火墙技术，其特点是将所有跨越防火墙的网络通信链路分为两段。防火墙内外计算机系统间应用层的"链接"由两个终止代理服务器上的"链接"实现，外部计算机的网络链路只能到达代理服务器，起到隔离防火墙内外计算机系统的作用。此外，代理服务也对过往的数据包进行分析、注册登记，形成报告，当发现被攻击迹象时会向网络管理员发出警报，并保留攻击痕迹，其具有更好的性能和安全性，但有一定的附加部分和延时，影响性能。

因此，代理服务网关防火墙不太适用于工业控制，但也有不计较延时情况的应用。

3.2.3　工业防火墙技术的发展方向

网络安全技术的深入发展使防火墙技术也在不断发展，透明接入技术、分布式防火墙技术和智能型防火墙技术是目前防火墙技术发展的新方向。

1．透明接入技术

随着防火墙技术的快速发展，安全性高、操作简便、界面友好的防火墙逐渐成为市场热点，简化防火墙设置、提高安全性能的透明模式和透明代理成为衡量产品性能的重要指标。

透明模式最主要的特点就是对用户是透明的（Transparent），用户意识不到防火墙的存在。如果想实现透明模式，防火墙必须在没有 IP 地址的情况下工作，不需要对其设置 IP 地址，用户也不知道防火墙的 IP 地址。防火墙采用了透明模式，用户就不必重新设定和修改路由，防火墙可以直接安装和放置到网络中使用，如交换机一样，不需要设置 IP 地址。

透明模式防火墙类似于一台网桥（非透明防火墙好比是一台路由器），网络设备（包括主机、路由器、工作站等）和所有计算机的设备（包括 IP 地址和网关）无须改变，同时解析所有通过它的数据包，既增加了网络的安全性，又降低了用户管理的复杂程度。

透明模式的原理可以理解为假设 A 为内部网络客户机，B 为外部网络服务器，C 为防火墙。当 A 对 B 有连接请求时，TCP 连接请求被防火墙截取并加以监控，截取后当发现连接需要使用代理服务器时，A 和 C 之间首先建立连接，然后防火墙建立相应的代理服务通道与目标 B 建立连接，由此通过代理服务器建立 A 和目标地址 B 的数据传输途径。从用户的角度看，A 和 B 的连接是直接的，而实际上 A 是通过代理服务器 C 和 B 建立连接的；反之，当 B 对 A 有连接请求时，原理相同。由于这些连接过程是自动的，不需要客户端手工配置代理服务器，用户甚至根本不知道代理服务器的存在，因此，对用户来说是透明的。

2．分布式防火墙技术

由于传统防火墙被部署在网络边界，因而称为边界防火墙。边界防火墙在企业内部网和外部网之间构成一道屏障，负责进行网络存取控制。随着网络安全技术的深入发展，边界防火墙逐渐暴露出一些弱点，具体表现在以下几个方面。

（1）网络应用受到结构性限制。边界防火墙依赖于物理上的拓扑结构，它从物理上将网络划分为内部网络和外部网络，从而影响了防火墙在虚拟专用网络（VPN）技术上的广泛应用，因为今天的企业电子商务要求员工、远程办公人员、设备供应商、临时雇员及商业合作伙伴都能够自由访问企业网络。VPN 技术的应用和普及，使企业网络边界逐渐成为一个逻辑边界，物理边界变得模糊。

（2）内部安全隐患依然存在。边界防火墙只对企业网络的周边提供保护。这些边界防火墙会对从外部网络进入企业内部局域网的流量进行过滤和审查，但是它们并不能确保企业内部网络用户之间的安全访问。

（3）边界防火墙把检查机制集中在网络边界处的单点上，造成网络瓶颈和单点故障隐患。

基于上述边界防火墙的不足，一种全新的防火墙概念——分布式防火墙出现，它不仅能保留边界防火墙的优点，而且能克服前面提到的边界防火墙的不足。

分布式防火墙负责对网络边界、各子网和网络内部各节点之间的安全防护，因此，分布式防火墙是一个完整的系统，不是单一的产品。根据所需完成的功能，分布式防火墙体系结构包含如下 3 个部分：

（1）网络防火墙。这部分既可以采用纯软件方式，也可以采用相应的硬件支持，用于内部网和外部网之间，以及内部网各子网之间的防护，比边界防火墙多了一种用于内部子网之间的安全防护层。

（2）主机防火墙。主机防火墙同样有软件和硬件两种产品，用于对网络中的服务器和桌面机进行防护。这点比边界防火墙的安全防护更完善，确保内部网络服务器的安全。

（3）中心管理。这是一个服务器软件，负责总体安全策略的策划、管理、分布及日志的汇总。这种新防火墙的管理功能是边界防火墙所不具有的，应用这种防火墙进行智能管理，提高了防火墙的安全防护灵活性，具备可管理性。

分布式防火墙的工作流程如下：首先，由制定防火墙接入控制策略的中心通过编译器将策略语言描述转换成内部格式，形成策略文件；然后，中心采用系统管理工具把策略文件分发给各自内部主机，内部主机根据 IP 安全协议和服务器端的策略文件两个方面来判定是否接受所收到的包。

3．智能型防火墙技术

传统的包过滤型防火墙与应用代理服务防火墙形式单一，一旦被外来黑客突破，整个 Intranet 就会完全暴露给黑客。因此，一种组合式结构的智能防火墙是比较好的解决方案，其结构由内、外部路由器，智能认证服务器，智能主机和堡垒主机组成。内、外部路由器在 Intranet 和 Internet 之间构筑一个安全子网，称为非军事区（DMZ）。信息服务器、堡垒主机、Modem 组，以及其他公用服务器布置在 DMZ 网络中，智能认证服务器安放在 Intranet 里。

通常，外部路由器用于防范外部攻击，内部路由器则用于 DMZ 与 Intranet 之间的 IP 包过滤等，保护 Intranet 不受 DMZ 和 Internet 的侵害，防止在 Intranet 上广播的数据包流入 DMZ。

智能型防火墙的工作原理可以理解为按照智能型防火墙中内、外路由器的工作过程，Intranet 主机向 Internet 主机连接时，使用同一个 IP 地址。而 Internet 主机向 Intranet 主机连接时，必须通过网关映射到 Intranet 主机上。它使 Internet 看不到 Intranet。无论何时，DMZ 上堡垒主机中的应用过滤管理程序均可通过安全隧道与 Intranet 中的智能认证服务器进行双向保密通信，智能认证服务器可以通过保密通信修改内、外部路由器的路由表和过滤规则。整个防火墙系统的协调工作主要由专门设计的应用过滤管理程序和智能认证服务程序来控制执行，并且分别运行在堡垒主机和智能服务器上。

3.2.4 工业防火墙与一般 IT 防火墙的区别

传统包过滤防火墙与一般 IT 防火墙的区别主要表现在以下几点：

（1）支持基于白名单策略的访问控制，包括网络层和应用层。

（2）工业控制协议过滤，应具备深度包检测功能，支持主流工控协议的格式检查机制、功能码与寄存器检查机制。

（3）支持动态开放 OPC 协议端口。

（4）防火墙应支持多种工作模式，保证防火墙的区分部署和工作过程，以实现对被防护系统的最小影响。例如，学习模式：防火墙记录运行过程中经过它的所有策略、资产等信息，形成白名单策略集；验证模式或测试模式：该模式下防火墙对白名单策略外的行为做告警，但不拦截；工作模式：该模式为防火墙的正常工作模式，严格按照防护策略进行过滤等动作保护。

（5）防火墙应具有高可靠性，包括故障自恢复、在一定负荷下 72 小时正常运行、无风扇、支持导轨式或机架式安装等。

为进一步理解工业防火墙与一般 IT 防火墙的区别，以多芬诺（Tofino）工业防火墙的应用为例，与一般 IT 防火墙做比较，如表 3-1 所示。

表 3-1 多芬诺（Tofino）工业防火墙与一般 IT 防火墙的比较

（信息来源：青岛多芬诺信息安全技术有限公司网页）

主　项	分　项	一般 IT 防火墙	多芬诺（Tofino）工业防火墙
产品	产品安装	安装前需要具有 IT 经验的专业工程师预先配置组态，否则，默认设置阻止所有通信	可在线安装，不需要专业人员的预先组态，没有配置组态之前对网络通信无任何影响，在线组态后才开启安全防护功能
	产品可靠性	商用级设计	嵌入式工业级设计，低功耗，功率为 5W
	产品可维护性	故障率中，维护比较复杂	故障率低，MTBF 27 年，维护简单、费用低
	控制器漏洞保护	无	内置包含对已知漏洞的控制器模型防护规则，并会在以后保持更新
	预装工业功能	无	预置超过 50 种常规工业通信协议和 25 种工业控制器模型
	电源冗余	无	有
通信与互联	工业通信协议深度检查	无	以工业插件模式对 Modbus TCP、OPC 等通信协议提供深度内容检查功能，例如，自动跟踪 OPC Server/Client 发出的数据，深层审查 Modbus 功能码、使用的寄存器地址等

主　项	分　项	一般 IT 防火墙	多芬诺（Tofino）工业防火墙
通信与互联	网络通信中断	默认阻挡一切没有组态的通信，需要在项目实施前预先组态，组态修改时设备需要从网络断开或断电重启	可以在线安装、组态、固件（Firmware）升级，不会对原有网络通信造成中断，或者可以通过 USB 的加密文件组态，做到防火墙规则的无扰动切换
	通信协议学习功能	无	对于未知工业通信协议，可通过学习功能创建定义自己专有的通信规则
	通信延时	未知	专用通信处理芯片，直接针对数据包处理，100 个通信规则延时 1ms
	VPN 的互联兼容性	VPN 与第三方交互有限定	VPN 可以与任意第三方交互，如思科（Cisco）等
组态与配置	固件与组态更新	组态可以通过网络或串口进行，所有固件升级必须重启设备后有效。所有网络通信会在重启过程中中断	组态可以通过网络或 USB 设备进行无扰动更新，无须重启。在固件更新方面，针对不同类型的升级已经考虑到对网络通信的特定影响，会指导用户选择合适的时间来进行
	组态规则测试	在实际系统中使用前必须在实验室环境下进行测试。如果要在实际系统中测试，用户必须承担意外发生的阻断关键通信的风险	"Test" 模式允许用户在实际网络中进行防火墙组态规则测试，完全不会出现关键通信被意外阻断的情况，但会根据防火墙规则提供实时测试报告
	远程配置组态	不允许远程初始化组态	通过装有组态管理平台 CMP 软件的 PC 进行集中管理，该 PC 可位于网络中的任何位置
	自动发现控制网络设备	无	具有被动探测功能，能够锁定并识别网络设备，建立完整网络图
	防火墙规则创建与编辑	需要具备专业 IT 知识的人员来对设备进行配置	智能探测并以向导模式指导组态人员通过拖曳方式编制防护规则，易于检查、编辑安全配置
	IP 攻击保护	需要手动配置 IP 地址，容易受到攻击	没有 IP 地址，独有的安全连接专利技术
技术与规则	状态包检测（Stateful Packet Inspection）功能	仅个别高端产品支持	支持
	高级过滤规则	Web 过滤、防病毒和防垃圾工具	通信速率限定，SYN Flood 拒绝式攻击，多点传输，广播和非 IP 通信
管理	报警与日志	采用外置的系统日志服务器和/或智能中央管理操作站	CMP 可以实时报警，并将报警信息转发到系统日志服务器中，同时能够追踪报警的来源，协助网管分析网络问题，并使用全系统协调的方式来响应发生的威胁
认证	普通认证与工业认证	普通 IT 协议的认证	除常规 IT 协议认证外，具备工业级通信测试认证

3.2.5　工业防火墙具体服务规则

1．域名解析系统（DNS）

DNS 主要用于域名和 IP 地址之间的翻译。例如，一个 DNS 能够映射一个域名，如 control.com 和一个 IP 地址。大多数互联网服务依赖 DNS，但是控制网络很少使用 DNS。多数情况不允许从控制网发 DNS 请求到公司网，也不允许发 DNS 请求到控制网。从控制网发 DNS 请求到 DMZ 必须逐项标出地址，推荐使用本地 DNS 或主机文件。

2．超文本传输协议（HTTP）

HTTP 是在互联网进行 Web 浏览的协议。由于 HTTP 没有固有的安全策略，并且很多 HTTP 应用有漏洞，因此，HTTP 不允许从公司网过渡到控制网。HTTP 代理应在防火墙配置，阻止所有入站脚本和 Java 应用。因为 HTTP 有安全风险，所以 HTTP 不允许连接至控制网。若 HTTP 服务确实需要进入控制网，则推荐采用较安全的 HTTP 而不是仅对某个具体设备。

3．文件传输协议（FTP）和一般的文件传输协议（TFTP）

FTP 和 TFTP 用于设备之间的文件传输。由于无须费力，所以几乎每个平台都会使用，包括在 SCADA、DCS、PLC 和 RTU 中。只是没有一个协议会在开发时考虑安全。对于 FTP，登录密码没有编码；对于 TFTP，不需要登录。另外，一些 FTP 有缓冲区溢出漏洞。因此所有 TFTP 通信必须禁止，而 FTP 通信仅用于在安全验证和编码通道配置的情形下进行一段时间的出站。任何时候，只要有可能，均采用较安全的协议，如 SFTP 和 SCP。

4．用于远程连接服务的标准协议（Telnet）

Telnet 在用户端和主机端之间定义一个互动的、以文本为基础的通信，它主要用于远程登录和简单的访问有限资源系统的服务，以及对系统安全不限制的访问服务。由于所有 Telnet 程序，包括密码，都没有编码，并且允许远程控制某个设备，因此这种协议存在很严重的安全风险。从公司网进入控制网的入站 Telnet 必须禁止。出站 Telnet 仅在编码通道（如 VPN）允许访问某些设备。

5．简单邮件传输协议（SMTP）

SMTP 是互联网上主要的邮件传输协议。邮件信息经常带有恶意软件，因此，入站邮件不允许送至任何控制设备。允许出站 SMTP 从控制网到公司网发送警告信息。

6．简单网络管理协议（SNMP）

SNMP 用于中央管理控制台与网络设备之间的网络管理服务。尽管 SNMP 对维护网络特别有用，但它的安全性很差。

7. 分布式组件对象模型（DCOM）

DCOM 是 OPC 和 Profinet 的基本传输协议，其采用远程过程调用（RPC），而 RPC 有很多漏洞，基于 DCOM 的 OPC 动态开放很宽的端口（1024～65535），以至于防火墙很难过滤。这种协议只允许在控制网和 DMZ 之间使用，而在公司网和 DMZ 之间被阻止。

8. SCADA 与工业网络协议

SCADA 和一些工业网络协议，如 Modbus/TCP、EtherNet/IP 等，对于多数控制设备之间的通信是很关键的。只是这些协议设计时没有考虑安全性，并且不需要任何验证就可对控制设备远程发出执行命令，因此，这些协议只允许用于控制网，而不允许过渡到公司网。

3.2.6 关于工业防火墙的问题

本章 3.5 节讲述的网络隔离中有工业防火墙争论点，主要是数据历史服务器问题。采用工业防火墙，还将带来远程支持访问问题和多点广播数据流问题。

1. 数据历史服务器

控制网和公司网共享的服务器，如数据历史服务器和资产管理服务器，会对防火墙的设计和配置产生影响。如果数据历史服务器放在公司网，那么一些不安全的协议，如 Modbus/TCP 或 DCOM，则必须穿过防火墙向数据历史服务器汇报而出现在公司网。同样，如果数据历史服务器放在控制网，那么一些有问题的协议，如 HTTP 或 SQL，则必须穿过防火墙向数据历史服务器汇报而出现在控制网。

因此，最好的办法是不用两区系统，采用三区系统，即控制网区、DMZ 和公司网区。在控制网区收集数据，数据历史服务器放在 DMZ。然而，若很多公司网用户访问数据历史服务器，则会加重防火墙的负担。这个问题可以采用安装两台服务器来解决：第一台放置在控制网收集数据，第二台放置在公司网，镜像第一台服务器，同时支持用户询问，并做好两台服务器的时间同步。

2. 远程支持访问

用户或供应商通过远程访问进入控制网，需通过验证。

控制组可以在 DMZ 建立远程访问系统，也可以由 IT 部门用已有的系统，即从 IT 远程访问服务器通过防火墙建立连接。

远程支持人员必须采用 VPN 技术访问控制设备。VPN 技术可以是 IPsec VPN 中的安全套接字层（SSL）VPN 或传输层安全协议（TLS）VPN。

3. 多点广播数据流

多点广播数据流提高了网络的效率，却带来了防火墙的复杂问题。

与多点广播数据流有关的防火墙问题还有网络地址转移技术（NAT）的使用。由于防火墙没有反向映射功能，当收到一个多点广播数据包时，不知该发给哪位用户，安全的做法是丢弃这个数据包，于是出现多点广播数据流网络地址转移不友好的情况。

3.3　虚拟专用网（VPN）技术

计算机网络技术的快速发展使得企业规模不断扩大，远程用户、远程办公人员、分支机构和合作伙伴也越来越多。在这种情况下，用传统的租用线路的方式实现私有网络的互联会造成很大经济负担。因此，人们开始寻求一种经济、高效、快捷的私有网络互联技术。虚拟专用网（Virtual Private Network，VPN）的出现给当今企业发展所需的网络功能提供了理想的实现途径。VPN 可以使公司获得使用公用通信网络基础结构所带来的经济效益，同时获得使用专用的点到点连接所带来的安全性。

3.3.1　虚拟专用网技术概述

1．虚拟专用网技术的定义

虚拟专用网技术是一种采用加密、认证等安全机制，在公共网络基础设施上建立安全、独占、自治的逻辑网络技术。它不仅可以保护网络的边界安全，而且是一种网络互联的方式。

VPN 是通过利用接入服务器、路由器及 VPN 专用设备，采用隧道技术，以及加密、身份认证等方法，在公用的广域网（包括 Internet、公用电话网、帧中继网及 ATM 等）上构建的专用网络。在虚拟专用网上，数据通过安全的"加密隧道"在公众网络上传播。

VPN 技术如同在茫茫的广域网中为用户拉出一条专线。对于用户来说，公用网络起到了"虚拟专用"的效果，用户觉察不到它在利用公用网获得专用网的服务。通过 VPN，网络对于每个使用者都是"专用"的。也就是说，VPN 根据使用者的身份和权限，直接将使用者接入它所应该接触的信息中。这一点是 VPN 给用户带来的最明显变化。

VPN 可视为内部网在公众信息网（宽带城域网）上的延伸，通过在宽带城域网中一个私用通道来创建一个安全的私有连接，VPN 通过这个私用通道将远程用户、分支机构、业务合作伙伴等机构的内联网连接起来，构成一个扩展的内联网络，其结构示意图如图 3-3 所示。

从客观上而言，VPN 就是一种具有私有和专有特点的网络通信环境。它是通过虚拟的组网技术，而不是构建物理的专用网络的手段来达到的。因此，可以分别从通信环境和组网技术的角度来定义 VPN。

从通信环境角度而言，VPN 是一种存取受控的通信环境，其目的在于只允许同一利益共同体的内部同层实体连接，而 VPN 的构建则是通过对公共通信基础设施的通信介质进行某种逻辑分割来实现的，其中基础通信介质提供共享性的网络通信服务。

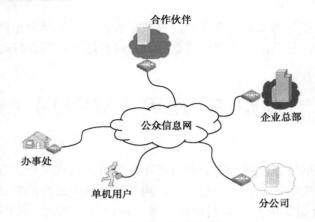

图 3-3　VPN 结构示意图

从对组网技术而言，VPN 通过共享通信基础设施为用户提供定制的网络连接服务。这种连接要求用户共享相同的安全性、优先级服务、可靠性和可管理性策略，在共享的基础通信设施上采用隧道技术和特殊配置技术仿真点到点的连接。

2．虚拟专用网技术的优点

与其他网络技术相比，VPN 有如下优点。

1）容易扩展

若企业想扩大 VPN 的容量和覆盖范围，只需与新的 ISP 签合约，建立账户，或者与原有的 ISP 重签合约，扩大服务范围。在远程办公室增加 VPN 的能力也很简单，通过配置命令就可以使 Extranet 路由器拥有互联网和 VPN 的功能，路由器还能对工作站自动进行配置。

2）方便与合作伙伴的联系

以前，如果企业想与合作伙伴联网，则双方的信息技术部门必须协商如何在双方之间建立租用线路或帧中继线路。自从有了 VPN 之后，这种协商就没有必要了，真正达到了要连就连、要断就断的目的。

3）完全控制主动权

VPN 可以使企业利用 ISP 的设备和服务，同时完全掌握着对自己网络的控制权。例如，企业可以把拨号访问交给 ISP 去做，由自己负责用户的查验、访问权、网络地址、安全性和网络变化管理等重要工作。

4）成本较低

在使用互联网时，通过借助 ISP 来建立 VPN，可以节省大量通信费用。此外，VPN可以使企业不需要投入大量人力、物力去安装和维护广域网设备和远程访问设备，这些工作都由 ISP 代为完成。

3.3.2 虚拟专用网的分类

依据不同的标准和观点会有不同的 VPN 分类，各种文献中也出现了种类繁多的分类。本书着重讨论按 VPN 应用模式和按构建者所采用的安全协议两种分类方法。

1．按 VPN 应用模式分类

按 VPN 应用模式，VPN 可分为 3 种类型：远程访问虚拟专用网（Access VPN）、企业内部虚拟专用网（Intranet VPN）和企业扩展虚拟专用网（Extranet VPN）。这 3 种类型的虚拟专用网分别与传统的远程访问网络、企业内部的 Intranet，以及企业网和相关合作伙伴的企业网所构成的 Extranet 相对应。

1）远程访问虚拟专用网（Access VPN）

远程访问虚拟专用网通过公用网络与企业的 Intranet 和互联网建立私有网络连接。在远程访问虚拟专用网的应用中，利用了二层网络隧道技术在公用网络上建立了 VPN 隧道来传输私有网络数据。

远程访问虚拟专用网的结构有两种类型：一种是用户发起的 VPN 连接；另一种是接入服务器发起的 VPN 连接。

用户发起的 VPN 连接有两种情况：一种是远程用户通过服务提供点（POP）拨入互联网；另一种是远程用户通过网络隧道协议与企业网建立一条隧道（可加密）连接，从而可以访问企业网的内部资源。

在这种情况下，用户端必须维护与管理发起隧道连接的有关协议和软件。然而，在接入服务器为 VPN 连接发起方的情况中，用户通过本地号码或免费号码拨号 ISP，然后 ISP 的接入服务器再发起一条隧道连接到用户的企业网。在这种情况下，所建立的 VPN 连接对远程用户是透明的，构建 VPN 所需的协议及软件均由 ISP 负责。

这种 VPN 要对个人用户的身份进行认证（不仅认证 IP 地址），公司就可以知道哪个用户想访问公司的网络，经认证后决定是否允许该用户对网络资源进行访问，以及可以访问哪些资源。用户的访问权限表由网络管理员制定，并且要符合公司的安全策略。

2）企业内部虚拟专用网（Intranet VPN）

利用计算机网络构建虚拟专用网的实质是通过公用网在各个路由器之间建立 VPN 安全隧道来传输用户的私有网络数据。用于构建这种 VPN 连接的隧道技术有 IPSec、GRE 等，使用这些技术可以有效、可靠地使用网络资源，从而保证了网络质量。以这种方式连接而成的网络称为企业内部虚拟专用网，可以把它视为公司网络的扩展。

这种类型的 VPN 的主要任务是保护公司的互联网不被外部入侵，同时保证公司的重要数据经过互联网时的安全性。

3）企业扩展虚拟专用网（Extranet VPN）

企业扩展虚拟专用网是指利用 VPN 将企业网延伸至合作伙伴与客户，进行信息共享、交流和服务的网络。

Extranet VPN 是一个由加密、认证和访问控制功能组成的集成系统。安全的 Extranet VPN 要求公司在同它的客户、合作伙伴及在外地的雇员之间经互联网建立端到端的连接时，必须通过 VPN 代理服务器进行。

通常，公司将 VPN 代理服务器放在一个不能穿透的防火墙隔离层之后，防火墙阻止所有来历不明的信息传输。经过过滤后的数据通过唯一入口传到 VPN 服务器，VPN 服务器再根据安全策略进一步过滤。

因合作伙伴与客户分布广泛，这样的 Extranet VPN 的建立对于维护来说是非常昂贵的。

2．按构建者所采用的安全协议分类

按构建者所采用的安全协议分类，每一种安全协议都可以对应一类 VPN。目前比较流行并被广泛采用的主要有 IPSec VPN、MPLS VPN、L2TP VPN 和 SSL VPN。

1）IPSec VPN

IPSec VPN 是目前应用最广泛的 VPN 之一。它利用 IPSec 的优势，不仅有效地解决了利用公共 IP 网络互联的问题，而且具有很高的安全性。IPSec 是目前直接采用密码技术的真正意义上的安全协议，是目前公认的安全协议族。当采用 VPN 技术解决网络安全问题时，在网络层 IPSec 协议是最佳选择。

2）MPLS VPN

多协议标记交换（Multi-Protocol Label Switching，MPLS）的提出是为了提高核心骨干网中网络点的转发速率，解决其无法适应大规模网络的发展问题。MPLS 通过标记交换的转发机制，把网络层的转发和数据链路层的交换有机地结合起来，实现了"一次路由，多次交换"，用标记索引代替目的地址匹配。由于采用固定长度的标记，使得标记索引能够通过硬件实现，从而大大提高了分组转发效率。

MPLS 是目前较为理想的骨干 IP 网络技术，除了能提高路由器的分组转发性能外，还有多方面的应用，包括流量工程、QoS 保证。MPLS 在流量工程方面有助于实现负载均衡，当网络出现故障时能够实现快速路由切换，同时为 IP 网络支持 QoS 提供了一个新途径。

MPLS 在 IP 网络中的另一个重要应用就是为建立 VPN 提供了有效的手段，通常将在 MPLS 骨干网上利用 MPLS 技术构建的 VPN 称为 MPLS VPN。MPLS VPN 主要用于服务提供商在它们拥有的 MPLS 骨干网上提供类似于帧中继、ATM 服务的 VPN 组网服务。

MPLS VPN 组网具有 MPLS 协议的主要优势：一是具有良好的可扩展性，主要表现在 VPN 用户无须对现有设备进行任何设置，VPN 服务提供商只在 PE 路由器维护 VPN 路由信息，所以在可扩展性方面具有明显优势；二是服务提供商提供 VPN 组网服务时具有易管理性；三是容易实现 QoS 控制。因此，MPLS VPN 的 QoS 机制优于基于传统 IP 网络的 VPN 技术。

MPLS VPN 也有不足的地方，如不能提供机密性、完整性、访问控制等安全服务，以及访问灵活性差。

3）L2TP VPN

第二层隧道协议（Layer2 Tunneling Protocol，L2TP）VPN 是另一个流行的 VPN 形式，主要用于提供远程移动用户或 VPN 终端通过 PSTN 进行远程访问服务拨号 VPN 的构建。L2TP 也可以解决网络访问服务器（NAS）的接入问题，用户不用拨打长途电话，通过本地拨号，借助 Internet 或服务提供商的 NAS，就可以实现远程 NAS 的接入。由于 L2TP 的安全性依赖于 PPP 的安全性，PPP 一般没有采用加密等措施，所以从网络安全的角度来看，L2TP 是缺乏安全机制的。

4）SSL VPN

最近几年来，一种新兴的 VPN——SSL VPN 技术得到广泛、快速应用，它能提供与 IPSec 相近似的安全性。其通过利用安全套接字层协议（Secure Socket Layer，SSL）保证通信的安全，利用代理技术实现数据包的封装处理功能。通常的实现方式是在企业防火墙后面放置一台 SSL 代理服务器。如果用户希望安全地连接到公司网络上，那么当用户在浏览器上输入一个 URL 后，连接将被 SSL 代理服务器取得，并验证该用户的身份，然后 SSL 代理服务器将提供一个远程用户与各种不同应用服务器之间的连接。

在 VPN 客户端的部署和管理方面，VPN 相对于 IPsec VPN 要容易和方便得多。它的一个主要局限在于用户访问是基于 Web 服务器的，对于不同的 Web 服务要进行不同的处理，并且对非 Web 的应用服务只是有限支持，实现起来非常复杂，因而无法保护更多的应用；而 IPSec VPN 却几乎可以为所有应用提供访问，包括客户-服务器模式和某些传统应用。SSL VPN 还需要 CA 的支持，处理速度相对于 IPSec VPN 来说比较慢，安全性也没有 IPSec VPN 高。

3.3.3　虚拟专用网的工作原理

VPN 连接表面上看是一种专用连接，实际上是在公共网络基础上的连接。它通过使用被称为"隧道"的技术，建立点对点的连接，实现数据包在公共网络上专用"隧道"内的传输。

通常，一个隧道基本上是由隧道启动器、路由网络、隧道交换机和一个或多个隧道终结器等组成的。来自不同数据源的网络业务经过不同的隧道在相同的体系结构中传输，并且允许网络协议穿越不兼容的体系结构，还可以区分来自不同数据源的业务，因而可以将该业务发往指定目的地，同时接受指定的等级服务。

隧道启动和终止可以由许多网络设备和软件来实现。VPN 除了具备常规的防火墙和地址转移功能外，还应具备数据加密、鉴别和授权功能。

将网络协议封装到 PPP 协议中，或将网络协议直接封装到隧道协议中，创建符合标准的 VPN 隧道。隧道启动器将隧道协议包封装在 TCP/IP 数据包中，然后通过互联网传输，另一端隧道终结器的软件打开这些数据包，并将其发送给原来的协议进行常规处理。

3.3.4 虚拟专用网的关键技术

VPN 是由特殊设计的硬件和软件直接通过共享的基于 IP 的网络建立起来的，它以交换和路由的方式工作。隧道技术把在网络上传送的各种类型的数据包提取出来，按照一定的规则封装成隧道数据包，然后在网络链路上传输。在 VPN 上传输的隧道数据包经过加密处理，具有与专用网络相同的安全和管理的功能。

VPN 采用的关键技术主要包括加密技术、安全隧道技术、用户身份认证技术及访问控制技术。下面将对这些技术进行介绍。

1．加密技术

发送者在发送数据之前对数据进行加密，当数据到达接收者时由接收者对数据进行解密，使用的加密算法可以是对称密钥算法，也可以是公共密钥算法等，如 DES、SDES、IDEA、RSA 及 ECC 等。

2．安全隧道技术

VPN 的核心是安全隧道技术（Secure Tunneling Technology）。隧道是一种通过互联网在网络之间传递数据的方式。通过将待传输的原始信息经过加密和协议封装处理后再嵌套装入另一种协议的数据包送入网络中像普通数据包一样进行传输，到达另一端后被解包。只有源端和宿端的用户对隧道中的嵌套信息进行解释和处理，而对其他用户而言只是无意义的信息。

在 VPN 中主要有两种隧道。一种是端到端的隧道，主要实现个人主机之间的连接，端设备必须完成隧道的建立，对端到端的数据进行加密和解密；另一种是节点到节点的隧道，主要用于连接不同地点的 LAN，数据到达 LAN 边缘 VPN 设备时被加密并传送到隧道的另一端，在那里被解密并送入相连的 LAN。

与隧道技术相关的协议分为第二隧道协议和第三隧道协议。第二隧道协议主要有PPTP、L2TP 和 L2F 等，第三隧道协议主要有 GRE 及 IPSec 等。

3．用户身份认证技术

在正式的隧道连接开始之前需要确认用户的身份，以便进一步实施资源访问控制或用户授权。用户身份认证技术（User Authentication Technology）是相对比较成熟的一类技术，因而可以考虑对现有技术的集成。

4．访问控制技术

访问控制技术（Access Control Technology）就是确定合法用户对特定资源的访问权限，由 VPN 服务的提供者与最终网络信息资源的提供者共同协商确定特定用户对特定资源的访问权限，由此实现基于用户的细粒度访问控制，从而实现对信息资源最大限度的保护。

3.3.5　虚拟专用网的协议

VPN 涉及三种协议，分别是乘客协议、封装协议和承载协议。

（1）乘客协议是被封装的协议，如 PPP、SLIP。

（2）封装协议用于隧道的建立、维持和断开，如点对点隧道协议（PPTP）、第二层隧道协议（L2TP），第三层隧道协议 IPSec 等，也称为隧道协议。

（3）承载协议是承载经过封装后的数据包的协议，如 IP 和 ATM 等。

1. 常见虚拟专用网的协议

常见虚拟专用网的协议是点对点隧道协议、第二层隧道协议和第三层隧道协议。下面对这三种协议进行介绍。

1）点对点隧道协议

点对点隧道协议是一个最流行的互联网协议，它提供 PPTP 客户机与 PPTP 服务器之间的加密通信，允许公司使用专用隧道，通过公共互联网来扩展公司的网络。通过互联网的数据通信，需要对数据流进行封装和加密，PPTP 就可以实现这个功能，从而可以通过互联网实现多功能通信，也就是说，通过 PPTP 的封装或隧道服务，使非 IP 网络可以获得进行互联网通信的优点。

2）第二层隧道协议

L2TP 综合了其他两个隧道协议（Cisco 的第二层转发协议 L2F 和 Microsoft 的点对点隧道协议 PPTP）的优点。L2TP 是一个工业标准互联网隧道协议，由 Intranet Engineering Task Force（IETF）管理，目前由 Cisco、Microsoft、Ascend、3Com 和其他设备供应商联合开发并认可。

L2TP 主要由接入集中器（LAC）和 L2TP 网络服务器（LNS）构成。LAC 支持客户端的 L2TP 用于发起呼叫、接收呼叫和建立隧道，LNS 是所有隧道的终点。在传统的 PPP 连接中，用户拨号连接的终点是 LAC，L2TP 使得 PPP 协议的终点延伸到 LNS。在安全性考虑上，L2TP 仅仅定义了控制包的加密传输方式，对传输中的数据并不加密。因此，L2TP 并不能满足用户对安全性的需求。如果需要安全的 VPN，则依然需要下述 IPSec 的支持。

这些结构都严格通过点对点方式连接，所以很难在大规模的 IP VPN 下使用，同时这种方式需要额外的计划和人力来准备和管理，对网络结构的任意改动都将花费数天甚至数周的时间，而在点对点平面结构网络上添加任意节点都必须承担刷新通信矩阵的巨大工作量，并且要为所有配置增加新站点后的拓扑信息，以便让其他站点知其存在，这将导致此类 VPN 异常昂贵，也使大量需要此类服务的中型企业和部门望而却步。

3）第三层隧道协议

在利用隧道方式来实现 VPN 时，除了要充分考虑隧道的建立及其工作过程之外，另外一个重要问题是隧道的安全。第二隧道协议只能保证在隧道发生端及终止端进行认证和加密，而隧道在公网的传输过程中并不能完全保证安全。IPSec 加密技术则是在隧道外面再封装，从而保证了隧道在传输过程中的安全性。

2．IPSec 体系

IPSec 是 LETF IPSec 工作组于 1998 年制定的一组基于密码学的开放网络安全协议，总称 IP 安全（IP Security）体系结构，简称 IPSec。

1）IPSec 的简介

IPSec 的目的就是要有效地保护 IP 数据包的安全，它提供了一种标准的、强大的，以及广泛包容的机制，为 IP 及上层协议提供安全保证，并定义了一套默认的、强制实施的算法，以确保不同的实施方案之间可以共通，并且很方便扩展。

IPSec 可保障主机之间、安全网关之间或主机与安全网关之间的数据包安全。由于受 IPSec 保护的数据包本身只是另一种形式的 IP 包，所以完全可以嵌套提供安全服务，同时在主机间提供端到端的验证，并通过一个安全通道将那些受 IPSec 保护的数据传送出去。

IPSec 是一个工业标准网络安全协议，其有两个基本目标：保护 IP 数据包安全和为抵御网络攻击提供防护措施。IPSec 结合密码保护服务、安全协议组和动态密钥管理共同实现这两个目标。

2）IPSec 的优点

IPSec 的优点主要有以下几点。

（1）IPSec 比其他同类协议具有更好的兼容性。

（2）比高层安全协议（如 SOCKS5）的性能更好，实现更方便；比低层安全协议更能适应通信介质的多样性。

（3）系统开销小。

（4）透明性好。

（5）管理方便。

（6）开放性好。

3）IPSec 体系结构

IPSec 主要由认证头（Authentication Header，AH）协议、封装安全载荷（Encapsulation Security Payload，ESP）协议及负责密钥管理的互联网密钥交换（Internet Key Exchange，IKE）协议组成。其体系结构如图 3-4 所示，各部分介绍如下。

（1）IPSec 安全体系：包含一般概念、安全要求和定义 IPSec 的技术机制。

（2）认证头（AH）协议：主要用于保护数据的完整性和对 IP 包进行鉴别。

（3）封装安全载荷（ESP）协议：用于为 IP 报文提供保密性业务和可选的数据完整性保护。

（4）解释域（DOI）：IPSec 的通信双方能相互交互，并且通信双方应该理解 AH 协议和 ESP 协议中各字段的取值，因此，通信双方必须保持对通信消息相同的解释规则，包括一些参数、批准的加密和鉴别算法标识，以及运行参数等。

（5）加密算法：描述如何将不同加密算法用于 ESP。

（6）认证算法：描述如何将不同鉴别算法用于 AH 和 ESP 可选的认证选项中。

（7）互联网密钥交换（IKE）协议：描述密钥管理机制的文档，包括如何协商密钥、分发密钥等。IKE 协议是默认的密钥自动交换协议，密钥协商的结果通过 DOI 转换为 IPSec 的参数。

（8）安全关联（SA）：包括通信双方协商好的安全通信的构建方案。

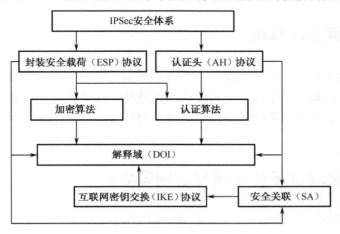

图 3-4　IPSec 体系结构图

3.4　控制网络逻辑分隔

工业控制系统网络至少应通过具有物理分隔网络的设备与公司管理网络进行逻辑分隔。公司管理网络与工业控制系统网络有连接要求时，应该做到以下几点：

（1）公司管理网络与工业控制系统网络的连接必须有文件记载，并且尽量采用最少的访问点，如有冗余的访问点，也必须有文件记载。

（2）公司管理网络与工业控制系统网络之间宜安装状态包检测防火墙，只允许明确授权的信息访问流量，对其他未授权的信息访问流量一概拒绝。

（3）防火墙的规则不仅要提供传输控制协议（TCP）和用户数据报协议（UDP）端口的过滤、网间控制报文协议（ICMP）类型和代码过滤，还要提供源端和目的地端的过滤。

公司管理网络与工业控制系统网络之间一个可接受的通信方法是在两者之间建立一个中间非军事化区（DMZ）网络。这个非军事化区应连接至防火墙，以确保定制的通信仅在公司管理网络与非军事化区之间、工业控制系统网络与非军事化区之间进行。公司管理网络与工业控制系统网络之间不可以直接相互通信。这个方法将在 3.5 节详细介绍。

工业控制系统网络与公司外部网络之间的通信应采用虚拟专用网络技术。

3.5 网络隔离

公司管理网络（简称公司网）与工业控制系统网络（简称控制网）之间通过采用不同的架构进行网络隔离，加强网络信息安全。下面详细介绍几种可能用到的架构，并分析各种架构的优缺点。注意：各种架构图采用防火墙进行网络隔离，只是示意防火墙的位置，并非示意公司管理网络或工业控制系统网络中的所有设备。

3.5.1 双宿主计算机

双宿主计算机能把网络信息流量从一个网络传到另一个网络。如果其中任何一台计算机不配置安全控制，都将带来威胁。为防止这种威胁，除防火墙外，任何系统均不可以延伸公司管理网络与工业控制系统网络。公司管理网络与工业控制系统网络之间必须通过防火墙连接。

3.5.2 防火墙位于公司网与控制网之间

在控制网和公司网之间增加一个简单的两个口防火墙，如图 3-5 所示，极大地提高了控制系统的信息安全。进行合理配置后，防火墙就可以进一步减少控制网被外来攻击的机会。

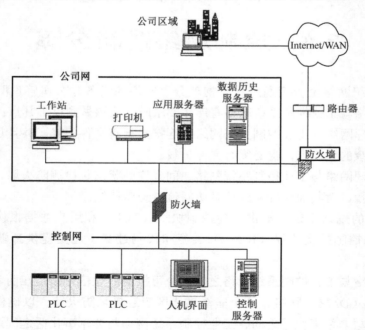

图 3-5 防火墙位于公司网与控制网之间

但是这种设计也会带来以下问题：

（1）数据历史服务器放在公司网，防火墙必须允许数据历史服务器与控制网的控制设备进行通信。来自公司网带有恶意的或配置不当的主机的一个数据包将发送到 PLC 或 DCS。如果数据历史服务器放在控制网，那么防火墙规则必须允许公司网的所有主机与数据历史服务器进行通信。这种典型通信通过 SQL 或 HTTP 请求发生在应用层，数据历史服务器应用层代码的缺陷将导致数据历史服务器损伤。一旦数据历史服务器损伤，控制网的其他节点就易于蠕虫传播或相互攻击。

（2）在两个网络之间采用简单防火墙，欺骗的数据包能够形成并影响控制网，潜在地允许转换数据在允许协议中打开通道。例如，若 HTTP 包允许穿过防火墙，则木马软件会无意中进入 HMI，或者控制网的计算机将被远程机构控制并发送数据给这个机构，伪装成合法的流量。

总之，这种架构比没有隔离的网络更安全，采用防火墙规则允许两个网络间的设备直接通信，但是如果没有精心设计和监视，有可能出现安全漏洞。

3.5.3　防火墙与路由器位于公司网与控制网之间

更成熟的架构设计是采用路由器与防火墙组合，如图 3-6 所示。路由器安装在防火墙前面，进行基本的包过滤，而防火墙将采用状态包检测技术或代理网关技术处理较复杂的问题。这种设计针对面向互联网的防火墙，允许较快地路由处理大量进入的数据包，尤其是拒绝服务（DoS）攻击，从而降低防火墙的负荷。同时，这种设计提供纵深防护，即对方需穿过两个不同设备。

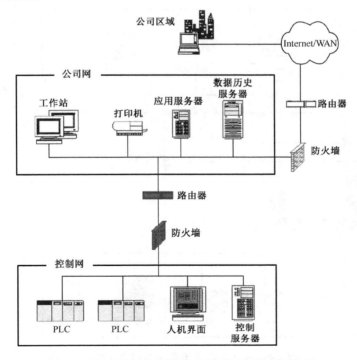

图 3-6　防火墙与路由器位于公司网与控制网之间

3.5.4　带 DMZ 的防火墙位于公司网与控制网之间

1．架构说明

更进一步的设计架构是使用的防火墙能在控制网和公司网之间建立非军事区（DMZ）。每个 DMZ 装有一台或多台关键设备，如数据历史服务器、无线访问点、远程和第三方访问系统。实际上，采用带 DMZ 功能的防火墙允许创建一个中间网络。

建立一个 DMZ，要求防火墙提供 3 个或 4 个接口，其中，一个接口接入公司网，第二个接口接入控制网，余下的接口接入 DMZ 内的数据历史服务器、无线访问点等，其架构图如图 3-7 所示。

公司级需要访问的设备放置在 DMZ，那么公司网与控制网就没有直接的通信途径。如图 3-7 所示，防火墙能够阻止任意来自公司网的数据包进入控制网，同时也能控制来自其他区的流量。通过计划好的规则集，就能在控制网和其他网之间维持一个明确的界限。

若控制网要用代理服务器、防病毒服务器或其他安全服务器，则这些服务器必须放在 DMZ 中。

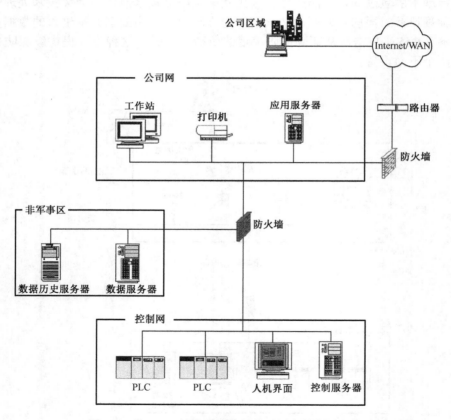

图 3-7　带 DMZ 的防火墙位于公司网与控制网之间

这种架构的主要风险是，如果 DMZ 的一台计算机遭到损坏，那么它就能够通过允许的应用程序对控制网发起攻击。通过努力加固和修复这些服务器，这种风险可以降低，另外这种架构会增加复杂程度和成本，但是对于较关键的系统，提高安全性能可以弥补这些缺点。

2. 应用举例——远程访问系统（RAS）

1）系统简介

远程访问系统（Remote Access System，RAS）有时也称为远程维修系统（Remote Maintenance System，RMS），是一个提供先进远程连接、允许技术支持团队通过实时信息处理的系统。远程访问系统通过双方都接入 Internet 的手段连接目标工业控制系统或所需维护管理的工业控制系统，通过工业控制系统供应商或本地集成商对远程系统进行配置、安装、维护、监控与管理，解决以往服务工程师必须亲临现场才能解决的问题。这种连接能够使技术专家进行远程分析，提供及时的技术支持，给控制系统用户更多的时间，大大降低了工业控制系统的维护成本，最大限度地减少了用户损失，实现了高效率、低成本的服务方式。

远程访问系统的对象是工业控制系统，可以是全厂 DCS，也可以是部分大型工艺设备的控制系统，如 PLC 系统，但不可以是 SIS。因为 SIS 的安全等级要求很高，不允许接入 Internet，在《石油化工安全仪表系统设计规范》GB/T50770—2013 相关条文中已明确规定。

远程访问系统是工业控制系统与信息技术系统相结合的系统，是新型工厂维修的完美解决方案。它能够实现对目标系统的远程分析、远程监视、远程故障探测和远程故障处理。通过远程监视和诊断，许多产品开发错误可以在早期被发现，许多产品故障可以提前被发现和处理，也意味着在需要时可进行维修，而不用等到固定的维修周期。它使得生产现场和供应商或集成商的信息沟通变得方便快捷，是公司维修不可缺少的组成部分。

经过多年的开发应用，远程访问系统已广泛应用于电力、冶金、安防、水利、污水处理、石油天然气、化工、交通运输、制药，以及大型制造等行业。

目前市场上出现的远程访问系统产品比较多，并且都是由知名品牌的工业控制系统供应商或大型机组设备供应商提供的，如 Honeywell 公司的 DCS 远程访问系统，Siemens 公司的远程访问系统、ABB 公司的 DCS 远程访问系统等。

远程访问系统用户可以获得以下支持：

（1）快速响应（24 小时）。

（2）加速双向交流。

（3）通过在线访问系统数据实现远程故障探测。

（4）大多数情况下不需要一个现场服务工程师。

（5）减少停工时间。

（6）减少维修成本。

2）方案部署

远程访问系统的架构一般由公司区域、非军事区域和工厂控制区域组成。

生产运营公司对公司的工业控制系统和特殊设备要有一个明确的维修策略，例如，如何组织维修，哪些控制系统部分需要维修支持，需要哪种维修支持，如何建立这些维修等。因此，基于公司的维修策略，有的公司需要远程访问系统，而有的公司则不需要远程访问系统。目前，常见的用于生产装置的远程访问有两种：一种是针对 DCS 的控制系统；另一种是针对特殊设备的远程访问系统，如 PLC 系统等。

（1）DCS 远程访问系统

DCS 作为基本的控制系统，已广泛应用于电力、冶金、安防、水利、污水处理、石油天然气、化工、交通运输、制药，以及大型制造等行业中，在生产运营中起着非常关键的作用，而 DCS 的运行和维护是一项专业要求很高的技术工作，所以 DCS 的系统供应商都会建立其产品售后技术支持。随着信息技术的发展，传统的由技术服务工程师到现场服务的模式已演变为由技术专家进行远程访问系统技术支持的模式，为用户节省了时间和成本，极大地提高了维修效率和质量。因此，DCS 远程访问系统逐渐发展起来，其典型方案部署如图 3-8 所示。

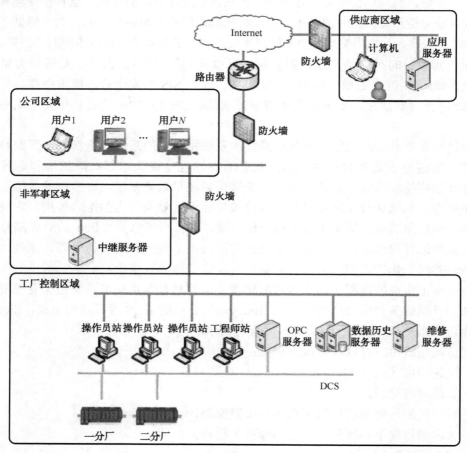

图 3-8　DCS 远程访问系统典型方案部署

这种典型的 DCS 远程访问系统包括 4 个信息安全区域，分别是公司区域、非军事区域、工厂控制区域和供应商区域。供应商区域是供应商提供远程访问和维修服务的平台，一般由应用服务器、工作站、相关设备组成。工厂控制区域是用户正在运行的系统，是远程访问和维修的目标系统，由所有控制网络设备组成，包括工程师站、操作员站、OPC 服务器、数据历史服务器、控制器、维修服务器等组成。非军事区域是远程访问的中间网络，负责远程访问的管理，通常包括中继服务器。公司区域是用户 DCS 远程访问系统对外联系的必经网络。

在开始设计时，用户需要明确指出工厂控制系统的哪些设备需要进行 DCS 远程访问维护，与供应商一起搭建 DCS 远程访问系统。

维修服务器是一个提供访问和传送数据安全方式的数据采集和分析工具的服务器。维修服务器安装在用户集成、维护保养方便的 DCS 中，是一个可在 DCS 操作的工具，是 DCS 远程访问系统的一个关键设备。维修服务器的硬件和软件通常由 DCS 供应商提供，以满足后续的维修能力。

中继服务器是一个管理远程访问的服务器，是远程访问的桥梁。中继服务器安装在 DMZ，也是 DCS 远程访问系统的一个关键设备。中继服务器的硬件和软件可以由 DCS 的系统供应商提供，也可以由用户自行采购和配置，以满足后续的远程维修管理。

（2）特殊设备远程访问系统

特殊设备在生产运营中起着关键的作用。特殊设备通常配置相应的控制系统，其运行和维护是一项专业要求很高的技术工作，所以特殊设备供应商均建立其产品售后技术支持。特殊设备远程访问系统的典型方案部署如图 3-9 所示。

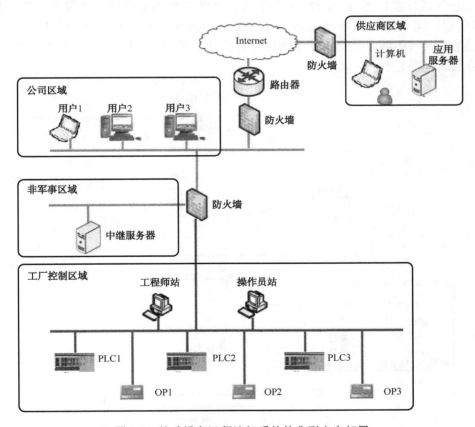

图 3-9 特殊设备远程访问系统的典型方案部署

这种典型特殊设备远程访问系统包括 4 个信息安全区域，分别是公司区域、非军事区域、工厂控制区域、供应商区域。供应商区域是供应商提供远程访问和维修服务的平台，一般由应用服务器、工作站和相关设备组成。工厂控制区域是用户正在运行的系统，是远程访问和维修的目标系统，由所有控制网络设备组成，包括工程师站、操作员站、PLC、现场操作终端等。非军事区域是远程访问的中间网络，负责远程访问的管理，通常为中继服务器。公司区域是用户特殊设备远程访问系统对外联系的必经网络。

在开始设计时，用户需要明确指出工厂控制系统的哪些设备需要进行特殊设备远程访问维护，与供应商一起搭建特殊设备远程访问系统。

中继服务器是一个管理远程访问的服务器，是远程访问的桥梁。中继服务器安装在DMZ 中，是特殊设备远程访问系统的一个关键设备。中继服务器的硬件和软件一般由用户自行采购和配置，以满足后续的远程维修管理。

3.5.5 双防火墙位于公司网与控制网之间

1．架构说明

对前面架构稍加变化，就出现采用双防火墙的架构，如图 3-10 所示。数据历史服务器等公用服务器放置在类似 DMZ 的网络区，有时又称为生产制造系统（MES）层。如3.5.4 节所述，第一道防火墙能够阻止任意来自公司网的数据包进入控制网或公用服务器；第二道防火墙能够阻止受损服务器中不必要的流量进入控制网，同时阻止控制网的流量冲击公用服务器。

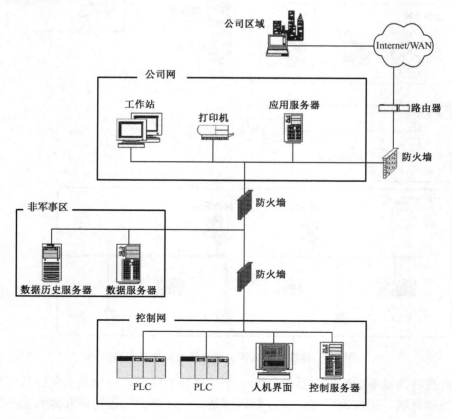

图 3-10　双防火墙位于公司网与控制网之间

如果这两个防火墙是两个不同的生产商，那么这种方案有优势。在一个公司组织内，这也对控制组和 IT 组有明确的职责界定。这种架构的主要缺点是成本增加且管理复杂。这对于有严格安全要求的场合或需要明确管理界限的情况来说是很好的优势。

2. 应用举例——工厂信息管理系统（PIMS）

1）系统简介

工厂信息管理系统是工业控制系统与信息技术系统相结合的系统，是新型的工业信息系统工程提供的完整解决方案，它能有效集成全厂生产信息，形成安全、可靠的实时数据库，填补了企业经营管理系统和工业控制系统之间的信息鸿沟，实现了企业网络环境下的实时数据采集、实时流程查看、实时趋势浏览、报警记录与查看、开关量变位记录与查看、报表数据存储、历史趋势存储与查看、生产过程报表生成、生产统计报表生成等功能，从而实现了企业过程控制系统与信息系统的网络集成、综合管理，使管理层能够及时、准确地了解生产情况，发现生产中的问题，并为先进控制软件提供应用平台，使得办公室和生产现场的信息沟通变得方便、快捷，是企业信息化建设中不可缺少的组成部分。

经过多年的开发应用，工厂信息管理系统已广泛应用于电力、冶金、安防、水利、污水处理、石油天然气、化工、交通运输、制药及大型制造等行业。为了实现节能高效生产，同时加强公司内部管理，许多公司从建厂初期就十分注重企业信息化建设，准备组织实施多套计算机应用软件系统，包括生产信息管理、办公自动化（OA）、企业资源计划（ERP）等。在生产信息管理应用上要求实现生产实时数据采集与发布、能源计量管理、设备管理、库存管理等功能，从而达到生产信息的综合处理，构成公司的综合生产信息管理系统。

目前市场上出现的工厂信息管理系统的产品比较多，有国外的产品，也有国内的产品。国外的产品主要有 OSI 公司的 PI、Aspen 公司的 InfoPlus、Honeywell 公司的 PHD、Instep 公司的 eDNA 等；国内的产品主要有力控公司的 pSpace、中科院软件所的安捷（Agilor）、浙大中控的 ESP-iSYS、紫金桥的 RealDB 等。

工厂信息管理系统不仅可用于连续生产工艺过程的生产装置，而且可用于批次生产工艺过程的生产装置。

2）方案部署

工厂信息管理系统的架构一般由公司区域、非军事区域和工厂控制区域组成，有实验室信息管理系统（LIMS）的公司会有实验室信息区域，工厂控制区域有时还包括安全控制区域。

每个公司都有一个或多个生产装置，每个生产装置采用 DCS、PLC 或 SIS 控制。DCS 或 PLC 控制系统可作为生产过程控制或能源计量采集站；SIS 可作为生产过程安全连锁控制。因此，每个公司的生产控制区域会有所不同。

当公司规模较大时，一般有多个生产现场或分公司。为了及时了解各分公司的运营情况，协调原材料供应、销售、维修等，通常会在总公司建立公司中心 PIMS，实现各 PIMS 子系统的集中管理。

下面以 Aspen 公司的 InfoPlus 应用在一个有 4 个分厂的公司为例，来介绍该工厂信息管理系统的方案部署。公司有 3 个连续工艺过程分厂和一个批次生产工艺过程分厂，每个分厂的工厂控制系统均采用知名品牌的 DCS，实验室采用实验室信息管理系统（LIMS）。根据公司的 DCS、LIMS 及办公室局域网（LAN），按照工业控制系统信息安全要求，合理配置工厂信息管理系统的系统结构，其方案部署如图 3-11 所示。

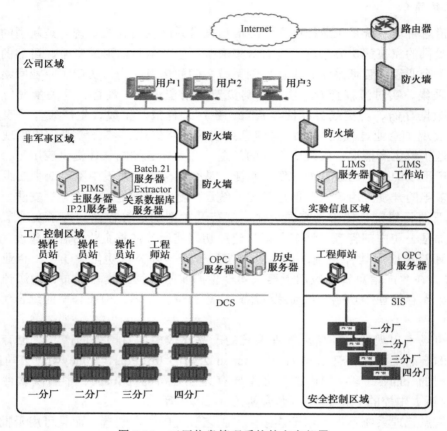

图 3-11　工厂信息管理系统的方案部署

该工厂信息管理系统由公司区域、非军事区域、工厂控制区域和实验室信息区域组成。其中，工厂控制区域包括安全控制区域。公司区域是公司办公局域网，PIMS 用户均分布在这个区域；非军事区域是 PIMS 主服务器（PIMS Main Server）和批量服务器（Batch.21 Server）放置的区域，将公司区域与工厂控制区域分隔；工厂控制区域是工厂控制系统的区域，包括 DCS、PLC、SIS 等，其中 SIS 是安全控制区域，通过通信与 DCS 进行信息交换，通过 OPC 将 SIS 的事件和报警记录送至 DCS 的 OPC 服务器；实验室信息区域是实验信息服务器与实验信息用户端的区域。

InfoPlus.21 是一个用于采集与存储大量过程数据的实时数据库管理系统，支持各种类型的用户事务处理及生产方面的应用。这种系统的结构特点是模块化设计。InfoPlus.21 实时数据库管理系统主要包括以下几个部分。

（1）PIMS 主服务器：安装 InfoPlus.21 的实时数据库管理系统，InfoPlus.21 通过 OPC 服务器（安装在 DCS 的一台应用站上）读取 DCS 中的过程变量。

（2）批量服务器：安装了批量数据管理系统 Production Record Manager、Aspen Batch、Event Extractor，以及支撑 Production Record Manager 的关系型数据库 Microsoft 的 SQL Server。Production Record Manager 通过数据的抽取功能，直接从 DCS 的批量过程历史数据库中抽取相关批量信息数据。

（3）开发接口：在 OPC 服务器站，通过 CIM-IO 服务器与 DCS 通信读取 DCS 中的过程变量；利用 ODBC 协议把 LIMS 中的化验数据存放到 InfoPlus.21 系统中。

（4）防火墙：实现 InfoPlus.21 实时数据库管理系统与办公室局域网（LAN）、工厂控制网的安全隔离。

网络隔离小结如下：

总之，不带防火墙的架构将不能在公司网和控制网之间提供合适的隔离。不带 DMZ 的两个区的方案较少采用，并且方案部署要特别小心。最安全、易管理且好扩展的网络隔离方案至少基于三个区，并且有一个或多个 DMZ 的系统。

3.6　纵深防御架构

单个安全产品、技术和解决方案不能完全保护控制系统。一个涉及两种或多种重叠安全机理的多层策略（在技术上称为纵深防御）是普遍需要的，即便任何一种安全机理出现故障，这种冲击也是最小的。纵深防御架构策略通常包括防火墙的采用、DMZ 的建立和入侵检测能力，并配置有效的安全策略、培训程序和事件响应机制。此外，有效的纵深防御架构策略需要一个对控制系统可能攻击媒介的全面了解，具体包括如下。

（1）网络周边的后门和漏洞。

（2）通用协议漏洞。

（3）现场设备攻击。

（4）通信黑客和"中间人"攻击。

美国国土安全部已推荐有关工业控制系统的纵深防御架构，其纵深防御架构策略图如图 3-12 所示，受到业界的普遍关注，也被业界广泛参考。其纵深防御架构策略适用于使用工业控制系统且保持多层信息架构的公司或机构。

这个纵深防御架构包括工业控制系统所需的防火墙、DMZ 的使用和入侵检测能力。其中，多个 DMZ 的使用目的为把功能和访问权限分开，并且已证实对有多个网络和不同运作要求的大架构非常有效。

同时应该看到，随着信息技术的发展和应用，这个纵深防御架构中的 Modem 由于不安全而不被采用，已越来越多地由 VPN 的成熟技术所取代。

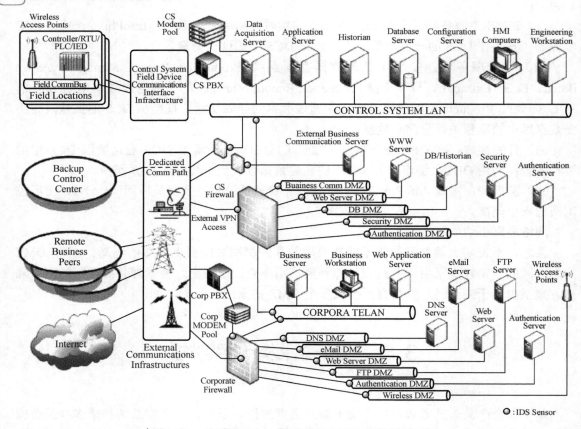

图 3-12　美国国土安全部推荐的纵深防御架构策略图

第4章　工业控制系统信息安全风险评估

4.1　系 统 识 别

工业企业应对本公司工业控制系统进行系统范围的明确定义，即需考虑工业控制系统信息安全的范围、边界、设备和所有控制系统的访问点。

需考虑的系统，是指公司工业控制系统与信息安全相关的部分，并非指整个工业控制系统，是与信息安全相关的设备和网络的总称。

如图 4-1 所示是系统识别的一个例子，供参考。

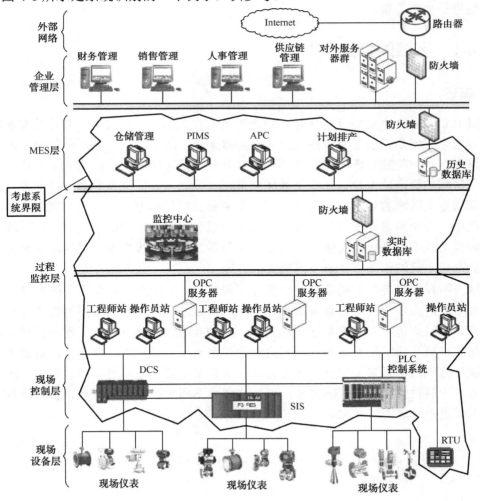

图 4-1　系统识别——被测控制系统的范围界限举例

首先，在进行系统识别时，对需考虑的系统的所有设备要有区分，即哪些设备可以接受外部网络访问、哪些设备不可以接受外部网络访问，以及哪些设备需要建立外部网络访问、哪些设备不需要建立外部网络访问。

其次，在进行系统识别时，对需考虑的系统的所有网络要有区分，即哪些网络可以接受外部网络访问、哪些网络不可以接受外部网络访问，以及哪些网络需要建立外部网络访问、哪些网络不需要建立外部网络访问。

最后，在进行系统识别时，对需考虑系统需要的所有网络访问点应该明确定位。

4.2　区域与管道的定义

在 IEC 62443 中介绍了"区域"和"管道"的概念，可通过这种方式对控制系统的各个子系统进行分段管理。

4.2.1　区域的定义

1. 概述

按照 IEC 62443 中的定义，区域是由逻辑的或物理的资产组成的，并且共享通用的信息安全要求。区域是代表需考虑系统分区的实体集合，基于功能、逻辑和物理关系。

区域可以是一些独立资产的组合，也可以是一些子区域的组合，或者是一些独立资产和一些子区域的资产的组合，这些子区域包括在大区域内。区域具有继承性的特点，即子区域必须满足大区域的要求。如图 4-2 所示是多装置区域模型图，在这个模型中，公司区域是大区域，每个装置是子区域，每个装置子区域又带有一个控制子区域。同样地，公司架构也可以是几个独立区域的组合，如图 4-3 所示。在这个模型中，区域的安全方针是相互独立的，每个区域都要有完全不同的安全方针。

区域内的设备有着相同的信息安全保证等级（SAL）能力，如果设备的信息安全能力达不到要求的能力，那么就必须采取额外的保证措施。任何两个区域间的通信都必须通过管道进行。通过管道可以控制对区域的访问，以防止拒绝服务（DoS）攻击或恶意代码的传播，从而屏蔽其他网络系统和保护网络流量的完整性和保密性。典型地，对管道的控制意图是缓解区域间信息安全保证等级能力及其信息安全要求之间的不同。把焦点放在管道的控制上是一种性价比非常好的方法，因为这样就不用对区域内的每个设备或计算机都进行升级以满足系统能力的要求。

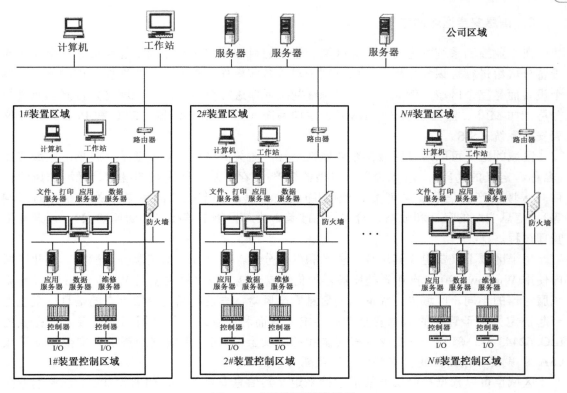

图 4-2　多装置区域模型图

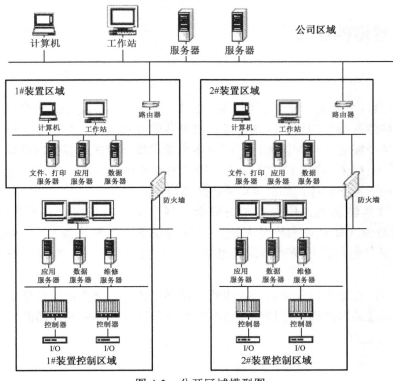

图 4-3　分开区域模型图

2. 信息安全区域的定义

在工业控制系统中定义和设计区域、管道的目的是将具有相同功能和信息安全要求的设备分成组进行标识和分析，从而有利于对设备和操作的管理。这样需要保护的就不是单个设备而是整个区域。例如，各类设施最初按操作进行分区，接下来就可以按照功能进行分层，如 MES、监控系统（如 HMI）、主控系统（如 DCS 控制器、RTU 和 PLC 等）和仪表安全系统（SIS）。

区域的定义可以通过区域参数或属性进行。对关键区域的实现要求，包括：区域描述（名称、定义的功能）、区域边界、典型的资产/库存、从其他区域的继承、区域的风险评估（区域资产的信息安全能力、威胁/脆弱性、信息安全破坏的后果、关键业务的影响等）、信息安全的目标和战略、验收使用政策、内部区域的连接（如访问要求），以及变更管理过程。

每个区域不仅要定义其边界、资产和风险分析，而且要包括信息安全能力，因此区域内使用 Windows 2008 操作系统服务器的信息安全能力与区域内使用 Windows NT 操作系统服务器的不同。区域内可能面临的信息安全风险，与控制风险需要具有的信息安全能力一起决定并用于管道的信息安全功能要求，从而利用管道进行区域间的连接。已完成的 IEC 62443-3-3 部分——工业过程测量和控制安全-网络、系统安全要求和安全保证等级（SAL）就是帮助用户定义这些信息安全能力和要求的。

区域也可以根据控制资产的继承性来定义其信息安全能力，如旧款 PLC 在鉴别方面的措施就非常差，可以将这些 PLC 放在已经提供了额外防护措施的区域中。

4.2.2 管道的定义

1. 概述

按照 IEC 62443 的定义，管道是连接两个或多个共享安全要求区域通信渠道的逻辑组。

管道是一种特殊类型的安全区域，成组信息按逻辑被编成信息组在区域内或区域外流动。它可能是单个服务（单一以太网）或由多个数据载体组成（多根网络电缆和直接的物理存取通路）。与区域一样，它由物理的与逻辑的两种结构组成。管道可连接区域内的实体，或连接不同区域的实体，如图 4-4 所示是公司管道举例。

管道中是数据信息流，信息需要在安全区域内流入与流出，甚至在非网络化系统中，也会存在通信（如创建和维持系统、可编程设备的间断连接等）。为涵盖通信的安全方面，以及提供包括通信特殊要求的结构，IEC 62443 定义了专门的安全区域，即通信管道。

与区域相同，管道可以是可信的，也可以是不可信的。典型的可信管道不越过区域边界，在区域内通过通信处理。越过区域边界的可信管道需要使用端到端的安全处理。

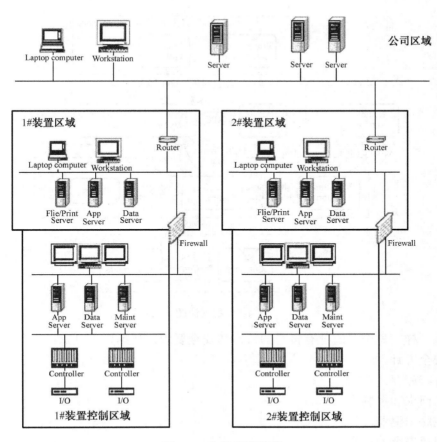

图 4-4　公司管道举例

2．信息安全管道定义

定义管道的方法很多，最常用的就是通过分析区域间的数据流来发现路径，但是这个过程通常非常复杂，因为要分析和判断流通的数据，最好将数据的流向也详细分析清楚。区域间经过的数据就是网络的管道，每个管道定义时都要考虑其连接的区域，所使用的技术、传输的协议，以及连接区域时所要满足的信息安全特性要求等。确定网络中区域间信息的传输通常使用数据流量或简单的协议分析器。同时，还要分析在网络信息传输中，哪些是隐式的流量，如有没有通过 USB 驱动传输的文件、有没有使用电话调制解调器远程连接到 RTU。这些流量也会导致严重的信息安全问题。

如图 4-5 所示的数据流图总结了管道和它们包含的流量。每个区域都可以看作一个节点，而每条数据流都可以看作一个向量。

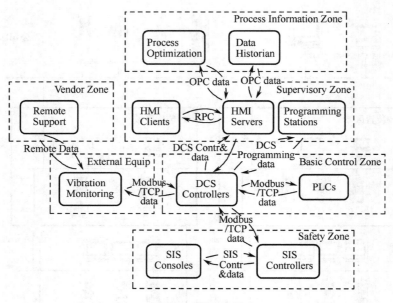

图 4-5　数据流图

与区域一样，每个管道都有自身的特点和安全要求，包括以下几点：

（1）安全方针。

（2）资产库存。

（3）访问求和控制。

（4）威胁与漏洞。

（5）违反安全的后果。

（6）授权的技术。

（7）变更管理过程。

（8）连接的区域。

通常，高层次工艺流程工业的管道和区域典型图如图 4-6 所示。图中有 3 个信息安全区，每个信息安全区的要求是不同的，有两条管道连接各自的区域。

IEC 62443 系列标准没有明确规定企业应如何定义它们的区域或管道。相反，针对计算机可能发生的攻击，此系列标准基于对企业风险的评估提供所需要满足的相关要求。既然风险是计算机事件加上事件造成结果的可能性函数，那么针对每个具体的设施，就要实施应有的区域、管道和保护。

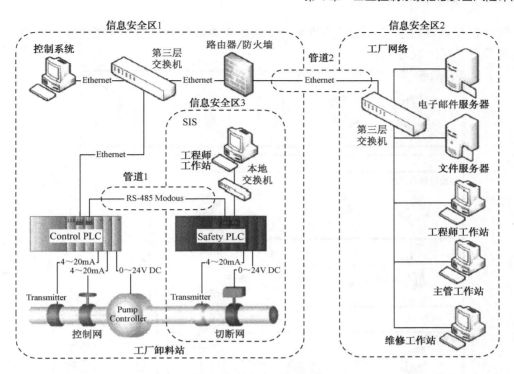

图 4-6　高层次工艺流程工业的管道和区域典型图

4.2.3　区域定义模板

为了提高管理风险的效率，公司可以建立通用安全区域方法，其中一种方式是采用公司模板架构，这个模板架构包含公司不同设备和系统的网络隔离策略及安全区域，如图 4-7 所示是一个公司安全区域模板架构图。

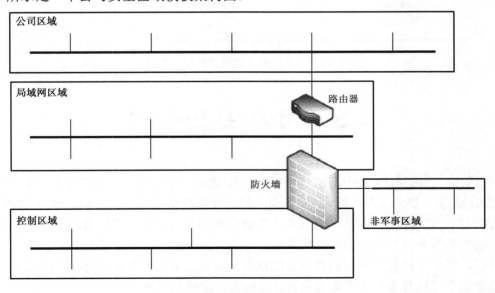

图 4-7　公司安全区域模板架构图

图 4-8 举例说明了工业控制系统的设备或资产映射到各个安全区域的模板架构，该模板架构采用三层区域方式。

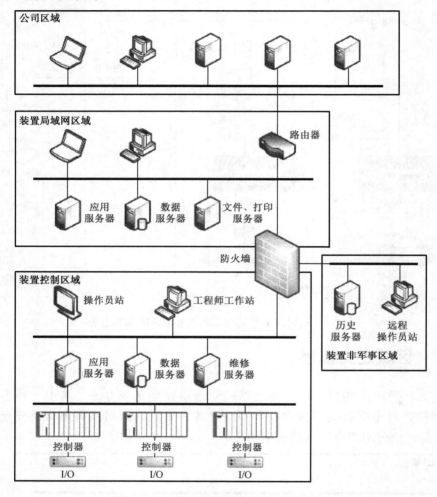

图 4-8　工业控制系统安全区域范例图

4.3　信息安全等级

根据前面几节的内容分析可知，一个区域或管道的信息安全要求是相同的，而不同区域或管道的信息安全要求又各不相同，由此引入信息安全等级（Security Level，SL）的概念。

根据 IEC 62443 中的定义，信息安全等级是对应于基于区域或管道的风险评估所需设备和系统的对策及固有特性的有效性等级。

目前，国际上针对工业控制系统的信息安全等级定义还处于起步阶段，尚无统一的标准。信息安全等级与系统能力等级和管理等级有一定的关联性。

4.3.1　安全保障等级

IEC 62443 中引入了信息安全保障等级（Security Assurance Level，SAL）的概念，尝试用一种定量的方法来处理一个区域的信息安全事务，它既适用于终端用户公司，也适用于工业控制系统和信息安全产品供应商。通过定义并比较用于信息安全扫描周期的不同阶段的目标安全保障等级（SAL-T）、达到安全保障等级（SAL-A）和能力安全保障等级（SAL-C），实现预期设计结果的安全性。

目标安全保障等级（SAL-T）是指为特定系统设定的 SAL，通常用于系统信息安全的风险评估阶段，目标 SAL 是为了保证系统正常运行，系统的信息安全要达到规定的等级。

达到安全保障等级（SAL-A）是指特定系统信息安全实际的 SAL 等级。在系统信息安全实现并运行后，虽然最初设计系统信息安全时设定了目标 SAL，但是对实际运行的系统评估后会得到 SAL。

能力安全保障等级（SAL-C）是指系统或组件正确配置时的信息安全等级。能力 SAL 表示特定的系统或组件在其系统信息安全正确配置和集成时，能够满足目标 SAL 而不用增加额外的措施。

根据 IEC 62443 系列标准，信息安全生命周期的不同阶段使用了不同的 SAL。例如，对于具体的工业控制系统要实现其信息安全程序，开始先设定目标 SAL，然后组织需要设定的目标 SAL，完成设计和实现过程。换言之，设计小组首先根据设计的目标 SAL 进入特定系统的开发阶段，然后设计系统实现设计的目标 SAL。在设计过程中，设计人员会根据设计的目标 SAL 确定所选的系统和组件，根据系统和组件的能力 SAL 进行评估和验证，以确定其能力 SAL 是否满足设计的目标 SAL 的要求。在系统进行运行阶段，通过评估和验证，以确认达到 SAL 是否满足系统能够使用的实际 SAL，并将达到 SAL 与目标 SAL 进行比较，最终确定系统的达到 SAL。

由目标 SAL 开始，根据能力 SAL 到最终达到 SAL，是一个反复评估验证并曲折变化的实现过程。首先，在设计过程中，系统中的构件或设备可能不能满足系统能力要求，要不断进行调整，要么调整新的设备，要么在原来设备的基础上增加额外的保护措施。新增加设计的抗风险能力及系统的漏洞是否被正确识别，需要对系统不断评估，而原来在用的工业控制系统的不完善加上新的风险也在不断变化中，因此，对于控制系统来说，实现系统信息安全防范绝对是非常严峻的挑战。

IEC 62443 3-3 是该系列标准第三类的第三部分，描述了 7 个基本（安全）需求：标识与鉴别控制（IAC）；用户控制（UC）；数据完整性（DI）；数据保密性（DC）；受限制的数据流（RDF）；事件实时响应（TRE）；资源可用性（RA）。该部分还描述了系统的 4 个安全保障等级，具体如下所述。

SAL1：抵御某些具有偶然性或巧合性的威胁攻击。

对系统或组件偶然或巧合性的威胁攻击，其产生的主要原因是，不像内部其他规章制度（如安全生产等）制定得那么详细周全，组织内部缺少信息安全规程的制定，因而执行起来比较松散。这就使得外部入侵者能够像企业内部员工那样轻易地进入系统实施威胁。这类入侵事件能够通过制定信息安全规程和程序来防范。

SAL2：抵御简单的故意性威胁攻击。该威胁攻击具有通用方法，使用低资源并具有低动因特点。

简单的方法是指对攻击者来说，他们并不需要太多的知识就能够达到目的。攻击者在实施攻击时，并不需要太专业的知识。例如，信息安全、区域或被攻击系统等也能执行攻击行为。网上有很多免费攻击软件，甚至有很多自动攻击工具能够自动攻击大范围的系统而不仅仅针对某一特定系统。

SAL3：抵御复杂的故意性威胁攻击。该威胁攻击采用系统性特定的方法，使用中等资源并具有中动因的特点。

复杂方法需要更多的信息安全知识、工业控制系统的专业知识，以及非常了解要攻击的系统。对于这类方法比较典型的例子是基于哈希表的密码或密钥破解工具。这类工具可以在网上免费获得，但是使用这些工具需要系统知识（如哈希密码破解）。例如，攻击者通过以太网控制器的漏洞，访问控制 PLC，然后通过 Modbus 管道就可以访问安全仪表系统（SIS）。

SAL4：抵御复杂的故意性威胁攻击。该威胁攻击采用系统性特定的方法，使用扩展性资源并具有高动因的特点。

使用复杂的方法去违反系统的信息安全要求，攻击者要使用更多资源才能达到目的。这可能包括高性能的计算资源、大型计算机或更长的时间周期，甚至有些情况下要制造相关的系统模型。

使用复杂的方法还要借助更多资源，比较常见的方法是使用巨型计算机或计算机群、超大哈希表，通过强力攻击破解密码；还有僵尸网络，即同时使用多个攻击软件来攻击系统。这类攻击者往往是有目的的犯罪组织，通过花费大量时间分析攻击目标，并且开发自制软件，借助高技术工具来达到目的。

4.3.2　安全保障等级与安全完整性等级的区别

IEC 62443 中引入了信息安全保障等级（Security Assurance Level，SAL）的概念，尝试用一种定量的方法处理一个区域的信息安全事务。通过定义并比较用于信息安全生命周期不同阶段的目标 SAL、完成 SAL 和能力 SAL，实现预期设计结果的安全性。它从身份和授权控制、使用控制、数据完整性、数据保密性、受限数据流、事件适时响应、资源可用性 7 个基本要求入手，将信息安全保障等级分为 4 级。

功能安全系统使用安全完整性等级（Safety Integrity Level，SIL）的概念已有近 20 年，它允许一个部件或系统的安全表示为单个数字，而这个数字是为了保障人员健康、生产安全和环境安全而提出的基于该部件或系统失效率的保护因子。工业控制系统信息安全的评估方法与功能安全的评估有所不同。虽然都是保障人员健康、生产安全或环境安全，但是功能安全使用安全完整性等级（SIL）是基于随机硬件失效的一个部件或系统失效的可能性计算得出的，而信息安全系统有着更广泛的应用，以及更多可能的诱因和后果。影响信息安全的因素非常复杂，很难用一个简单的数字描述出来。然而，功能安全的全生命周期安全理念同样适用于信息安全，信息安全的管理和维护也必须是周而复始不断进行的。

4.3.3　基本要求

SAL 等级的确定基于工业控制系统在系统能力方面需要满足的 7 个基本要求。这 7 个基本要求（FR）包括如下方面。

1．FR1：标识和认证控制

识别和鉴别所有用户（人员、过程和设备），并且允许他们访问系统或资产，其目的是保护对设备和/或其信息查询的未授权访问。SAL 的描述如下。

SAL1——通过机制识别和鉴别所有用户（人员、过程和设备），以防止入侵者未经授权偶然或碰巧对系统或资产进行访问。

SAL2——通过机制识别和鉴别所有用户（人员、过程和设备），以防止入侵者使用简单的方法故意未经授权对系统或资产进行访问。

SAL3——通过机制识别和鉴别所有用户（人员、过程和设备），以防止入侵者使用复杂的方法故意未经授权偶然或碰巧对系统或资产进行访问。

2．FR2：使用控制

授权用户（人员、过程和设备）根据分配的优先级执行对系统或资产的访问，其目的是保护对设备的未授权操作。SAL 的描述如下。

SAL1——根据规定的级别限制使用系统或资产，以防止偶然或碰巧误用。

SAL2——根据规定的级别限制使用系统或资产，以避免实体使用简单的方法对系统或资产进行访问。

SAL3——根据规定的级别限制使用系统或资产，以避免实体使用复杂的方法对系统或资产进行访问。

SAL4——根据规定的级别限制使用系统或资产，以避免实体使用复杂的方法且利用更多的资源对系统或资产进行访问。

3．FR3：系统完整性

确保信道和数据库的信息完整性，其目的是防止篡改数据。SAL 的描述如下。

SAL1——保护系统的信息完整性，以防止偶然或碰巧篡改。

SAL2——保护系统的信息完整性，以防止入侵者使用简单的方法篡改。

SAL3——保护系统的信息完整性，以防止入侵者使用复杂的方法篡改。

SAL4——保护系统的信息完整性，以防止入侵者使用复杂的方法且利用很多资源篡改。

4．FR4：数据保密性

确保信息和数据库数据的保密性，其目的是防止数据泄露。SAL 的描述如下。

SAL1——通过窃听或偶然披露散布信息。

SAL2——入侵者主动通过简单的方法散布信息。

SAL3——入侵者主动通过复杂的方法散布信息。

SAL4——入侵者主动通过复杂的方法且利用更多资源散布信息。

5. FR5：限制的数据流

利用区域和管道将系统分段，以限制不必要的数据流在区域间传输，其目的是保护信息。SAL 的描述如下。

SAL1——防止对区域和管道分段系统的偶然或碰巧绕行。

SAL2——防止入侵者使用简单的方法对区域和管道分段系统故意绕行。

SAL3——防止入侵者使用复杂的方法对区域和管道分段系统故意绕行。

SAL4——防止入侵者使用复杂的方法且利用更多资源对区域和管道分段系统故意绕行。

6. FR6：对事件的及时响应

直接向权威机构响应发生的信息安全事件，提供确凿证据，并且在原因确定后能够及时采取正确行为，其目的是将信息安全的侵害通知权威部门，并报告相关证据。SAL 的描述如下。

SAL1——监控系统的运行，并且需要及时提供确凿证据对发现的事件做出响应。

SAL2——监控系统的运行，并且系统能够主动搜集确凿证据对发现的事件做出响应。

SAL3——监控系统的运行，并且将搜集到的证据提交到权威部门对发现的事件做出响应。

SAL4——监控系统的运行，并且将搜集到的证据实时地提交到权威部门响应发现的事件。

7. FR7：资源可用性

确保系统或资产的可用性，其目的是保护整个网络资源以免遭受拒绝服务（DoS）攻击。SAL 的描述如下。

SAL1——确保生产过程中系统正常运行，并且防止入侵者因偶然或碰巧行为造成服务拒绝。

SAL2——确保生产过程中系统正常运行，并且防止入侵者通过简单方式造成服务拒绝。

SAL3——确保生产过程中系统正常运行，并且防止入侵者通过复杂方式造成服务拒绝。

SAL4——确保生产过程中系统正常运行，并且防止入侵者通过复杂方式且使用更多资源造成服务拒绝。

4.3.4 系统要求

4.3.3 节介绍的 7 项基本要求（FR）可以扩展为一系列的系统要求（SR）。每个系统要求（SR）都有一个基准要求且没有或有多个要求增强项，以加强信息安全。每个基准要求和要求增强项均对应系统能力等级（SL-C），详细内容可查阅相关规范。下面简单列出 7 项基本要求（FR）及其系统要求（SR）。

1．FR1：标识和认证控制系统要求

SR1.1：用户标识和认证。

SR1.2：软件过程和设备标识及认证。

SR1.3：账户管理。

SR1.4：标识符管理。

SR1.5：认证符管理。

SR1.6：无线访问管理。

SR1.7：基于密码认证长处。

SR1.8：公钥基础结构证书。

SR1.9：公钥认证长处。

SR1.10：认证符反馈。

SR1.11：不成功登录企图。

SR1.12：系统使用通知。

SR1.13：不受信任的网络访问。

2．FR2：使用控制系统要求

SR2.1：授权的执行。

SR2.2：无线使用控制。

SR2.3：对便携和移动设备的使用控制。

SR2.4：移动代码。

SR2.5：会话锁。

SR2.6：远程会话终止。

SR2.7：并发会话控制。

SR2.8：可审计的事件。

SR2.9：审计存储容量。

SR2.10：审计处理失败的响应。

SR2.11：时间戳。

SR2.12：不可否认性。

3．FR3：系统完整性系统要求

SR3.1：通信完整性。

SR3.2：恶意代码保护。

SR3.3：安全功能验证。

SR3.4：软件和信息完整性。

SR3.5：输入验证。

SR3.6：确定性的输出。

SR3.7：错误处理。

SR3.8：会话完整性。

SR3.9：审计信息的保护。

4．FR4：数据保密性系统要求

SR4.1：信息机密性。

SR4.2：信息存留。

SR4.3：密码的使用。

5．FR5：限制的数据流系统要求

SR5.1：网络分区。

SR5.2：区域边界防护。

SR5.3：一般目的的个人通信限制。

SR5.4：应用分离。

6．FR6：对事件的及时响应系统要求

SR6.1：审计日志的可访问性。

SR6.2：持续监视。

7．FR7：资源可用性系统要求

SR7.1：拒绝服务的防护。

SR7.2：资源管理。

SR7.3：控制系统备份。

SR7.4：控制系统恢复和重构。

SR7.5：紧急电源。

SR7.6：网络和安全配置设置。

SR7.7：最小功能化。

SR7.8：控制系统元器件清单。

4.3.5　系统能力等级

国际上针对工业控制系统的信息安全评估和认证还处于起步阶段，尚无统一的评估规范。IEC 62443 第 2-4 部分涉及信息安全的认证问题，但由于 IEC 国际标准组织规定，其实现的标准文件中不能有认证类词汇，因此，工作组决定将该部分标准名称改为"工业控

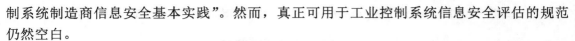

制系统制造商信息安全基本实践"。然而，真正可用于工业控制系统信息安全评估的规范仍然空白。

由全国工业过程测量、控制标准化技术委员会（SAC/TC124）和全国信息安全标准化技术委员会（SAC/TC260）牵头，参考 IEC 62443 制定的我国工业控制系统信息安全评估规范标准《GB/T 30976.1—2014：工控系统信息安全》中的"第 1 部分：评估规范"于 2015 年 2 月 1 日起实施。该标准规定了工业控制系统（SCADA、DCS、SLC、PCS 等）信息安全评估的目标、内容、实施过程等，适用于系统设计方、设备生产商、系统集成商、工程公司、用户、资产所有人，以及评估认证机构等对工业控制系统的信息安全进行评估。

在该标准中将评估分为管理评估和 51 项系统能力（技术）评估。其中，系统能力（技术）评估分为 4 个级别，由小到大分别对应系统能力等级（Capability Level，CL）的 CL1、CL2、CL3 和 CL4，该方案实现的主要技术指标将以系统能力（技术）评估结果展现。

系统能力等级的说明如下。

能力等级 CL1：提供机制保护控制系统防范偶然、轻度攻击。

能力等级 CL2：提供机制保护控制系统防范有意、利用较少资源和一般技术的简单手段可能达到较小破坏后果的攻击。

能力等级 CL3：提供机制保护控制系统防范恶意、利用中等资源、ICS 特殊技术的复杂手段可能达到较大破坏后果的攻击。

能力等级 CL4：提供机制保护控制系统防范恶意、使用扩展资源、ICS 特殊技术的复杂手段与工具可能达到重大破坏后果的攻击。

4.3.6　信息安全等级

1．管理等级划分

根据信息安全控制实用规则（ISO 27002）的管理要求和过程自动化用户协会（WIB）的推荐要求，通过管理评估，将管理等级划分为 3 级，分别为 ML1、ML2 和 ML3，由低到高分别对应低级、中级和高级。

2．系统能力等级划分

根据 4.3.5 节的内容，基于 IEC 62443-3-3 技术要求，通过系统能力（技术）评估，将系统能力等级分为 4 级，由低到高分别对应系统能力等级的 CL1、CL2、CL3 和 CL4。

3．信息安全等级（SL）的划分

根据管理评估和系统能力评估的结果，可以得到工业控制系统的评估结果，即信息安全等级，划分为 4 级，由低到高分别对应 SL1、SL2、SL3 和 SL4，如表 4-1 所示。

表 4-1　信息安全等级表

管理等级	系统能力等级			
	CL1	CL2	CL3	CL4
ML1	SL1	SL1	SL1	SL1
ML2	SL1	SL2	SL2	SL3
ML3	SL1	SL2	SL3	SL4

4.4　风险评估过程

　　针对区域和管道风险评估，必须结合公司风险管理策略（如环境健康安全方针），采取有效的评估流程。详细风险评估流程图如图 4-9 所示。这个流程包括四步：准备评估、开展评估、沟通评估和维持评估。

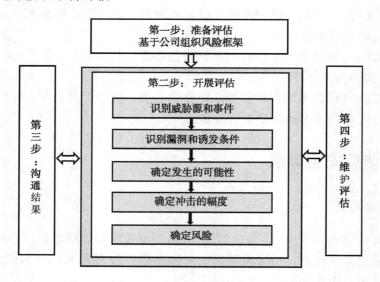

图 4-9　详细风险评估流程图

　　对于工业控制系统的每个区域或管道都需要执行以下活动。对于类似资产的相同威胁，可以合并考虑和分析。

4.4.1　准备评估

1．目标

准备评估的目标是为风险评估建立背景。

2．关键活动

准备评估的关键活动包括以下几点：

（1）识别风险评估的目的。

（2）识别风险评估的范围。

（3）识别进行哪种风险评估的假设和约束条件。

（4）识别风险评估中用到的威胁、漏洞和冲击信息源。

（5）明确和改进风险评估中用到的风险模型、评估方法和分析方法。

4.4.2　开展评估

1．目标

开展评估的目标是制定一个信息安全风险清单。此清单中的信息安全风险按风险等级排出优先级，并且可用于通知风险响应决策。

2．关键活动

开展评估的关键活动包括识别威胁源和事件、识别漏洞和诱发条件、确定发生的可能性、确定冲击的幅度及确定风险。

1）识别威胁源和事件

识别威胁源和事件，可进一步分为以下几点：

（1）识别威胁源和事件输入。

（2）识别威胁源和事件。

（3）确定这些威胁源和事件是否与公司组织相关且在范围内。

（4）创建和更新威胁源和事件评估。

（5）识别相关敌对的威胁源和事件（评估敌对的能力、意图和目标）。

（6）识别相关非敌对的威胁源和事件（评估威胁源影响的范围）。

2）识别漏洞和诱发条件

识别漏洞和诱发条件，可进一步分为以下几点：

（1）识别漏洞和诱发条件输入。

（2）使用公司组织定义的信息源识别漏洞，创建并更新一个清单。

（3）识别诱发条件。

（4）估计诱发条件的普遍蔓延。

3）确定发生的可能性

确定发生的可能性，可进一步分为以下几点：

（1）识别可能性测定输入。

（2）使用公司组织定义的信息源识别可能性测定因素。

（3）估计威胁事件引发敌对威胁的可能性和威胁事件引发非敌对威胁的可能性。

（4）按触发或发生的可能性，估计导致敌对冲击威胁事件的可能性。

（5）估计威胁事件触发/发生的整个可能性和导致敌对冲击威胁事件的可能性。

4）确定冲击的幅度

确定冲击的幅度，可进一步分为以下几点：

（1）识别冲击测定输入。

（2）使用公司组织定义的信息源识别冲击测定因素。

（3）识别敌对冲击和受影响的资产。

（4）估计受影响资产相关的最大冲击。

5）确定风险

确定风险，可进一步分为以下几点：

（1）识别不确定性测定和风险的输入。

（2）确定风险。

4.4.3 沟通结果

1．目标

沟通结果的目标是确保公司组织的决策者有正确的、与风险相关的信息，以便发出通知和指导风险决策。

2．关键活动

沟通结果的关键活动包括以下几点：

（1）明确正确的方法。

（2）与指定的公司股东沟通风险评估结果。

（3）共享风险评估结果，与公司的方针和指导一致。

4.4.4 维护评估

1．目标

完成风险评估、沟通评估结果后，风险评估过程并没有结束，因为网络威胁和系统漏洞也在不断演变，公司应该不断考虑它们的风险姿态，以维持可接受的残余风险等级。

2．关键活动

维护评估的关键活动包括以下几点：

（1）识别已发现的、还需不断监控的关键风险因素。

（2）识别风险因素监控活动的频率和事项，找出哪些风险评估需要更新。

（3）重新确认风险评估的目的、范围和假设。

（4）实施正确的风险评估任务。

（5）与公司有关人员沟通后续的风险评估。

4.5　风险评估方法

风险评估方法主要有定性和定量风险评估方法、基于场景和资产风险评估方法、详细风险评估方法和高层次风险评估方法。

许多风险评估方法在市场上能够获得，其中有些风险评估方法是免费的，而有些风险评估方法在使用时需要验证。对这些风险评估方法进行评估，从而选取最有用的风险评估方法，是一件困难的事情。许多风险评估方法有一个共同的前提，即风险是事件发生与后果的可能性组合。对于一个特定的控制系统网络事故，设置适当的概率值并不是件容易的事，不仅因为历史数据缺乏，还因为一旦一个弱点暴露，历史数据并不能预测将来可能发生的事情。因此，许多公司和商业联盟针对自身特点开发出一些风险评估方法，以解决对公司重要问题的威胁和脆弱性。

有些方法充分支持高层次风险评估，而有些方法充分支持详细风险评估，以及支持基于场景和资产的风险评估等。这些方法允许输入易损性评估结果，也能够直接为相应的详细易损性评估提供指导。如果一种方法能够同时支持高层次和详细风险评估，那么这种方法对一个组织机构而言是非常有效的。因此，要确定某种风险评估方法一般需要进行筛选、选择、验证和确定 4 个步骤。

4.5.1　定性和定量风险评估方法

定性风险评估方法可依赖有经验的雇员或专家的意见，提供关于特定风险影响特定资产的可能性和严重性的信息。此外，不同层次的可能性和严重性可以通过一般级别，如高、中、低来识别，而不是特定的可能结果和经济影响。

在缺乏可靠信息时，定性风险评估方法不适用，改用定量风险评估方法更加适用，这些信息为特定风险对特定资产影响的可能性，或者特定资产损害带来影响的整体评估。

定量风险评估方法需要大量的数据支持，这些数据可以提供因风险和脆弱性带来损失的概率。如果这些信息可用，那么定量风险评估能够提供比定性风险评估更加精确的风险评估结果。根据最近提供的有关工业控制系统安全威胁的数据，事故发生及威胁迅速激化的现象相对较少发生，在这种情形下，定量风险评估方法在评价这些风险中更有效。

4.5.2　基于场景和资产的风险评估方法

基于场景和资产的风险评估方法是利用实际的或近乎实际的事故进行评估，如工业控制系统的装备在本地或远程未授权访问操作会带来什么结果、工业控制系统的数据被窃或被损害会带来什么后果等。

基于场景和资产的风险评估方法适用于组织机构对控制系统、工作方法和经济产生影响的特定资产有一定的认识。

基于场景和资产的风险评估方法不能深入发现风险对敏感资产的威胁，这些敏感资产之前并没有风险。由于这种方法不能发现某些威胁和漏洞，所以这些威胁和漏洞将使某些设备置于危险中。

4.5.3　详细风险评估方法

详细风险评估方法主要集中在个体工业控制系统网络和设备上，同时要考虑具体财产上的技术漏洞评估和现有政策的有效性，可能对于组织机构一次性工业控制系统资产执行详细风险评估不是很切合实际。在这种情况下，组织机构将会收集足够的关于工业控制系统信息，允许对系统做优先级排序，决定哪些信息首先由具体漏洞和风险评估做分析。

在详细风险评估方法中定义了风险，并进行优先级排序。定义风险之后，组织机构可能会选择对所有的系统风险进行优先级排序，对各个系统的个体风险，如某个地方的所有工业控制系统进行优先级排序。由于系统风险优先级最终驱动执行什么样的行动和投资改善计算机安全，因此，只有优先权的范围符合预算的范畴，组织机构才能决定做这些投资。例如，如果工业控制系统支持的特定生产线作为一个集团，则风险将通过与工业控制系统一起被优先级排序，以保证经营管理人员的决定过程。

4.5.4　高层次风险评估方法

高层次风险评估方法阐明了运用工业控制系统产生的个别风险的性质，这需要从根本上选择最有效的方法和分析配置的成本。高层次风险评估方法需要通过风险分析会议收集利益关系者的意见，也需要利用高级商业后果，这些后果在经营理念中已经阐述。风险分析会议中的文件列举了一些情景，这些情景描述了一个特定威胁怎样利用特定漏洞造成经济损失和负面的商业影响，这种会议也设定了后果等级标准和抗风险等级优先顺序。

利益关系者在业务上使用过工业控制系统，在相关风险关系上负有责任。因此，利益关系者需要参与风险评估，以进一步增长知识和经验。

　　如果要使风险分析会议成功举行，参与者就必须理解风险和漏洞的概念，否则，会议很可能只能找出漏洞而不能识别风险。例如，在控制系统 HMI 中，弱认证可能就是一个漏洞，相应的风险可能为经验不足的雇员能够在无监管的情况下，对控制系统 HMI 进行操作，设置不安全参数，于是由于安全控制问题，导致生产停止。组织机构列举网络漏洞，然后修复这些漏洞，这本身就是一个常见的缺陷。

第 5 章　工业控制系统信息安全生命周期

5.1　概　　述

工业控制系统在国民经济中扮演越来越重要的作用，人们开始关注工业控制系统的可靠性和稳定性，工业控制系统生命周期是必然受到关注的主题。同时，随着信息安全的发展，人们也开始研究工业控制系统信息安全生命周期，为解决控制系统信息安全提供一定的指导。

掌握工业控制系统通用生命周期，使我们了解通用生命周期各个阶段的工作有明确的方向，同时，对我们运行和维护控制系统有很大帮助。理解工业控制系统安全生命周期，有助于我们了解安全生命周期每个阶段的具体工作。

通过分析工业控制系统信息安全的成熟周期，我们对工业控制系统的信息安全会有进一步认识。

本章最后分析工业控制系统信息安全等级生命周期，可使我们充分理解工业控制系统信息安全等级。

5.2　工业控制系统生命周期

众所周知，工业控制系统是有生命周期的，这是理解工业控制系统可靠性和稳定性的基础。

最初提出的工业控制系统生命周期是通用生命周期，有利于系统的运行和维修，而最近又提出工业控制系统安全生命周期，可以给控制系统信息安全工作提供帮助。

5.2.1　工业控制系统通用生命周期

工业控制系统通用生命周期通常包括策划阶段、采购阶段、实施阶段、运行阶段和报废阶段，如图 5-1 所示，下面分别进行介绍。

图 5-1　工业控制系统通用生命周期图

1．策划阶段

策划阶段是工业控制系统的第一个阶段。

工业控制系统的策划应适应生产工艺要求和现场环境要求。经过项目的规划确定控制系统的方案，经过项目的初步设计和详细设计，控制系统的配置就可以明确确定。

2．采购阶段

采购阶段是工业控制系统的第二个阶段。

工业控制系统的采购应根据项目详细设计提出的控制系统配置进行。通过商务和技术确定，工业控制系统的采购已经明确。

3．实施阶段

实施阶段是工业控制系统的第三个阶段。

工业控制系统的实施一般由控制系统供应商或集成商完成。供应商或集成商应根据项目详细设计提出的控制系统配置和控制要求进行系统搭建和软件组态；之后，会与用户完成功能测试与验收；最后，在现场安装测试并投入运行。

4．运行阶段

运行阶段是工业控制系统的第四个阶段。

工业控制系统的运行应满足生产工艺要求和企业生产要求。

在工业控制系统的运行过程中，工业控制系统会面临变更和升级工作。变更是对生产工艺的优化，可以提高控制系统的稳定性和可靠性。同时，由于供应商为适应市场发展要求而进行产品升级，加上工控产品的质保期不一致，必然要面对控制系统的升级。

5．报废阶段

报废阶段是工业控制系统的第五个阶段。

工业控制系统的报废一般根据工控产品的寿命来考虑。到期的工控产品必须及时报废，更换新的工控产品，以保证控制系统的高可靠性。

5.2.2　工业控制系统安全生命周期

工业控制系统安全生命周期是一个最近兴起的概念，是针对控制系统信息安全提出的。

工业控制系统安全生命周期通常用图 5-2 所示的安全周期 V 模型图来表述。工业控制系统安全生命周期分为 3 个阶段，分别为评估阶段、验收阶段和常规运行阶段。

1．评估阶段

评估阶段工作包括确定评估目标、制定评估计划、选择评估方法、获取必备信息、高级风险评估、详细风险评估、综合评估结果和改进措施建议。

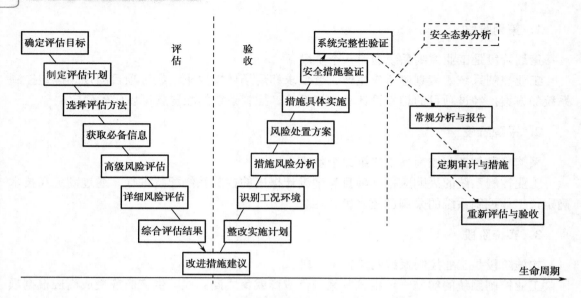

图 5-2 工业控制系统安全生命周期 V 模型图

1）确定评估目标

根据满足组织机构业务持续发展在信息安全方面的需要、法律法规的规定等内容，识别本阶段工业控制系统及管理上的不足，以及可能造成的风险大小。

应分析组织机构资产的状况、商业理念，以及计划如何进行风险识别、分类和评估。

2）制定评估计划

用户与评估方签订评估协议书和系统评估规模，评估方组建评估项目组，从人员方面做好准备，并编制项目计划书。

应制定时间表，确定项目如何启动，信息如何收集和分析，以及需要准备哪些内容。项目计划书应包括项目概述、工作依据、技术思路和项目组织机构等。

3）选择评估方法

组织机构应选择一个具体的风险评估和分析方式与方法，基于控制系统资产相关的安全威胁、漏洞和后果，对风险进行识别和优先排序。

4）获取必备信息

在识别风险之前，组织机构应为风险评估活动的参与者提供适当的信息，包括方法、培训等。

5）高级风险评估

应进行高层次的系统风险评估来理解控制系统的可用性、完整性或机密性被破坏带来的财务和 HSE 后果。

6）详细风险评估

组织机构需要识别各种控制系统，收集设备数据来描述风险评估的性质，并将设备归入逻辑系统中。

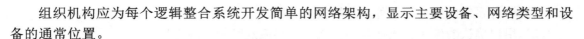

　　组织机构应为每个逻辑整合系统开发简单的网络架构，显示主要设备、网络类型和设备的通常位置。

　　组织机构应为减少每个逻辑控制系统的风险制定标准并分配优先级。

　　组织机构应对每个逻辑控制系统执行漏洞评估，范围可以基于高级别风险评估结果和控制系统遭受这些风险的优先级确定。

　　组织机构的风险评估方法应包含对详细漏洞进行优先排序的方法，详细漏洞通过详细漏洞评估识别。

　　组织机构应结合详细漏洞评估中识别出来的漏洞进行详细的风险评估。

　　组织机构应依据技术、组织机构和工业运行的变化，识别风险和漏洞，重新评估频率和触发标准。

　　7）综合评估结果

　　应综合物理、HSE 和网络安全风险评估结果来理解资产的整体风险。

　　风险评估应在技术生命周期的所有阶段进行，包括规划、设计、实施、运行维护和废弃阶段。

　　8）改进措施建议

　　根据风险评估，提出改进措施和建议，并编写评估报告。

　　风险评估方法和风险评估结果应被文档化。

　　对所有包含工业控制系统的资产，应维护最新的漏洞评估记录。

　　从组织机构管理方面提出信息安全的主要问题及改进建议；从技术措施方面提出信息安全的主要问题及改进建议。

2．验收阶段

　　验收阶段工作包括整改实施计划、识别工况环境、措施风险分析、确定风险处置方案、措施具体实施、安全措施验证和系统完整性验证。

　　1）整改实施计划

　　对评估阶段提出的改进措施提出整改实施计划。

　　整改实施计划应考虑工业控制系统在生产工作中的关键性和企业生产在经济方面的重要性进行具体安排。

　　2）识别工况环境

　　用于工业现场的安全设备，应符合工业环境的相关要求。工业环境适应性要求包括气候、电磁兼容、电气安全、机械适应性、外部电源和外壳防护要求。由于设备适用的行业不同，可增加行业特定的要求。

　　3）措施风险分析

　　措施风险分析主要针对增加安全解决方案后可能产生的风险。风险分析阶段的关键控制点主要有以下两点。

　　（1）建立的风险分析模型及确定的风险计算方法，应能正确反映用户的行业安全特点、核心业务系统所处的内、外部环境安全状况。

（2）用户确认的信息、数据及相关文档资料应及时得到准确反馈。

风险分析报告是风险分析阶段的输出文档，是对风险分析阶段工作的总结。风险分析报告中需要对建立的风险分析模型进行说明，并需要阐明所采用的风险计算方法及风险评价方法。报告中应对计算分析出的风险给予详细说明，主要包括风险对用户、业务及系统的影响范围，所依据的法规和证据及风险分析结论。

4）确定风险处置方案

风险处置依据风险分析报告进行。

风险处置的基本原则是根据用户可接受的处置成本将残余安全风险控制在可以接受的范围内。

依据国家、行业主管部门发布的信息安全建设要求进行的风险处置，应严格执行相关规定。实施的安全风险加固工作应满足相应信息安全能力等级的安全技术和管理要求；对于因不能够满足该等级安全要求产生的风险，不适用适度接受风险的原则。对于有着行业主管部门特殊安全要求的风险处置工作，同样不适用该原则。

风险处置方式一般包括接受、消减、转移、规避等。在风险不适合转移或规避的情况下，通常采用安全整改方式进行风险消减。风险分析需提出安全整改建议。

5）措施具体实施

安全整改建议需根据安全风险的严重程度、加固措施实施的难易程度、降低风险的时间紧迫程度、所投入的人员力量及资金成本等因素综合考虑。

（1）对于非常严重、需立即降低且加固措施易于实施的安全风险，建议用户立即采取安全整改措施。

（2）对于非常严重、需立即降低，但加固措施不便于实施的安全风险，建议用户立即制定安全整改实施方案，尽快实施安全整改；整改前应对相关安全隐患进行严密监控，并做好应急预案。

（3）对于比较严重、需降低且加固措施不易于实施的安全风险，建议用户制定限期实施的整改方案；整改前应对相关安全隐患进行监控。

6）安全措施验证

安全整改措施整改完毕，应对安全措施进行验证，保证安全措施的有效性。

7）系统完整性验证

在整改措施具体实施完毕后，应对控制系统的完整性进行验证，保证各整改措施结果正确，系统完好。

3．常规运行阶段

常规运行阶段工作包括安全态势分析、常规分析与报告、定期审计与措施及重新评估与验收。

1）安全态势分析

控制系统在正常运行中应进行安全态势分析，如出现漏洞和功能不足等，保证系统始终能够正常、稳定运行，并且信息安全得到保证。

2）常规分析与报告

对控制系统进行常规分析，及时发现问题，及时分析，并及时准备分析报告，以便于后期的维护与计划。

3）定期审计与措施

开展定期的安全审计，制定有效措施，确保控制系统信息安全。

4）重新评估与验收

在控制系统正常运行过程中，如有任何变动，都必须重新评估和验收，确保控制系统安全等级没有降低。

5.3　工业控制系统信息安全程序成熟周期

面对不断增长的网络信息安全风险，很多组织机构都采取主动应对信息技术系统和网络的信息安全风险，同时，这些组织机构开始认识到网络信息安全是一项连续的活动或过程，而不是一个能识别开始与结束的项目。

开放信息技术已在工业控制系统中大量采用，需要更多的知识来安全部署这些技术。公司 IT 人员和生产人员必须共同协作，解决信息安全问题。同时，工业生产又具有潜在的健康、安全和环境（HSE）事件，因此，工艺安全管理人员和物理安全人员也应加入这项工作中。

成熟的信息安全程序的目的是集中信息安全的各个方面，即将办公桌面和商业计算系统也考虑在工业控制系统中。许多组织机构在商业计算系统有相当详细和完善的网络安全程序，但是在工业控制系统方面却没有开放信息安全管理程序。

普遍存在的错误观点是把信息安全作为一个有开始和结束日期的项目来处理。如果是这样，那么随着时间的推移，其信息安全等级通常会降低。新的威胁和漏洞随着技术的不断改变而出现，网络信息安全风险也在不断发生变化。我们可以考虑采取不同的方法来维持信息安全等级，将风险控制在一个可以接受的水平。

基于组织机构的目标和风险可接受程度，每个组织机构实施信息安全管理系统的途径将有所不同。信息安全加入组织机构的标准化实践是一种文化的改变，这需要花费一定的时间和资源，不可一蹴而就。实现信息安全标准化是一个渐进的过程。信息安全实践的实施必须与风险等级成比例，每个组织机构的做法可以不同，甚至与一个组织机构的不同运作部门也不相同。在同一个组织机构内，每个系统的风险等级和信息安全要求不一致，因此不同的信息安全方针和程序也会有所不同。总之，信息安全管理系统的建立应考虑这些不同之处。

5.3.1 概述

工业控制系统信息安全程序成熟周期可以通过一个生命周期来描述，称为工业控制系统信息安全程序成熟生命周期。

一般地，工业控制系统信息安全程序成熟生命周期由多个阶段组成，而每个阶段又可以由一步或几步组成，如图 5-3 所示。

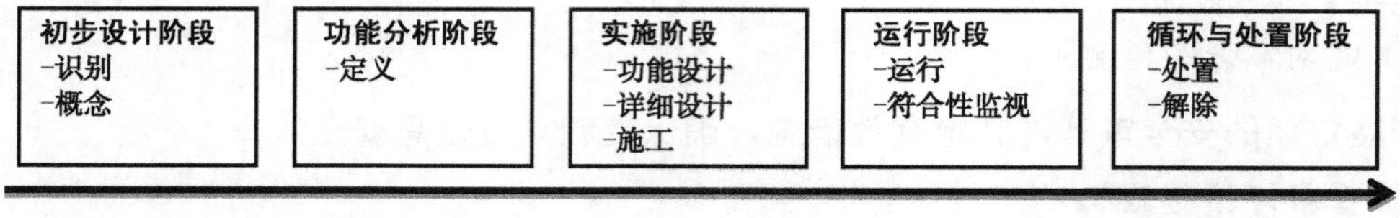

初步设计阶段 -识别 -概念	功能分析阶段 -定义	实施阶段 -功能设计 -详细设计 -施工	运行阶段 -运行 -符合性监视	循环与处置阶段 -处置 -解除

图 5-3　工业控制系统信息安全成熟生命周期图

工业控制系统的各个部分及一个控制系统的各个控制区域可以在成熟周期的不同阶段。造成这种情况的原因有多个，包括预算有限制、漏洞与威胁评估、更换或取消计划、风险分析结果的搁置安排、自动化系统升级、出售部分商业资产、信息安全系统升级至更成熟阶段的资源受限等。

通过评定工业控制系统各个阶段和步骤的完成程度，组织机构可以获得更加详细的信息安全成熟周期的评估。

5.3.2 各阶段分析

如图 5-3 所示，工业控制系统信息安全程序成熟生命周期由 5 个阶段组成，包括初步设计阶段、功能分析阶段、实施阶段、运行阶段和循环与处置阶段。下面对各个阶段进行详细分析。

1. 初步设计阶段

初步设计阶段通常由两个步骤组成，分别是识别和概念。

1）识别

在识别步骤中主要完成以下工作：

（1）充分认识财产设备、资产、服务、人员等保护的需求。

（2）开始开发信息安全程序。

2）概念

在概念步骤中主要完成以下工作：

（1）继续开发信息安全程序。

（2）做好资产、服务、人员等保护等级需求文档。

（3）做好公司内部和外部威胁文档。

（4）建立信息安全使命、前景和价值观。

（5）为工业控制系统与设备、信息系统和人员开发信息安全方针。

2．功能分析阶段

功能分析阶段通常由一个步骤组成，即定义。

在定义步骤中主要完成以下工作：

（1）继续开发信息安全程序。

（2）为工业控制系统与设备、信息系统和人员建立信息安全功能要求。

（3）基于潜在威胁清单，做好相关设施与服务的漏洞评估。

（4）找出和确定工业控制系统的法律法规要求。

（5）对潜在漏洞和威胁进行风险评估。

（6）对风险、潜在的公司冲击和潜在的减轻措施进行分类。

（7）将信息安全工作分隔成可控制的任务和模块，为功能设计开发做好准备。

（8）为工业控制系统信息安全部分建立网络功能定义。

3．实施阶段

实施阶段通常由 3 个步骤组成，分别是功能设计、详细设计和施工。

1）功能设计

在功能设计步骤中主要完成以下工作：

（1）信息安全程序开发。

（2）为公司区域、工厂区域和控制区域制定信息安全功能要求。

（3）定义信息安全功能的组织机构和架构。

（4）定义实施计划要求的功能。

（5）定义和公布信息安全区域、边界和访问控制端口。

（6）完成和发布信息安全方针和程序。

2）详细设计

在详细设计步骤中主要完成以下工作：

（1）为实现前面定义的信息安全功能要求设计物理和逻辑控制系统。

（2）开展培训。

（3）实施计划完整开发。

（4）起草资产管理程序和变更管理程序。

（5）为保护区域设计边界和访问控制端口。

3）施工

在施工步骤中主要完成以下工作：

（1）执行实施计划。为完成公司内安全区域和边界安装物理信息安全设备、逻辑运用、软件配置和人员安排程序。

（2）激活和维护访问控制端口属性。

（3）完成培训。

（4）正式启动和运作资产管理程序和变更管理程序。

（5）完成信息安全系统交付包，准备交给运行和维护人员验收。

4．运行阶段

运行阶段通常由两个步骤组成，分别是运行和符合性监视。

1）运行

在运行步骤中主要完成以下工作：

（1）运行和维护人员完成和接收这些安全设备、服务、运用和软件配置。

（2）为相关人员开展培训，并提供与信息安全相关的继续培训。

（3）维护人员监视公司、工厂或控制区域的安全部分，并维持这部分的功能正常运行。

（4）资产管理程序和变更管理程序获得正常运作和维护。

2）符合性监视

在符合性监视步骤中主要完成以下工作：

（1）内部审计。

（2）风险检查。

（3）外部审计。

5．循环与处置阶段

循环与处置阶段通常由两个步骤组成，分别是处置和解除。

1）处置

在处置步骤中主要完成以下工作：

（1）正确拆除和处置过期的信息安全系统。

（2）为区域保护更新或重新创立信息安全边界。

（3）创立、重新定义、重新配置或关闭访问控制端口。

（4）向相关人员说明对信息安全系统所做的改动和对相应系统产生的影响。

2）解除

在解除步骤中主要完成以下工作：

（1）正确收集、文档化及安全存档或销毁知识产权。

（2）关闭访问控制端口和相应的链接。

（3）向相关人员说明信息安全系统的解除和对保留系统的影响。

5.4 工业控制系统信息安全等级生命周期

定义控制系统的区域边界和管道后，信息安全等级成为控制系统区域信息安全生命周期的一个重要部分。信息安全等级生命周期长时间关注区域或管道的信息安全等级，不可以与该控制系统区域实际物理资产的生命周期混淆。尽管资产的生命周期和区域信息安全生命周期有许多重叠和补充活动，但是两者各自有不同的触发点，促使从一个阶段走向另一个阶段。同时，物理资产的改动可引发一整套信息安全等级的活动，或者信息安全漏洞的某个变化也可导致物理资产的变化。

工业控制系统信息安全等级生命周期如图 5-4 所示。在安全生命周期的评估阶段给区域分配 SL（目标）；在开发与实施阶段执行对抗措施以满足区域要求的 SL（目标）。一个区域的 SL（达到的）依赖于多种因素。为了确保区域的 SL（达到的）始终优于或等于 SL（目标），必要时，在安全生命周期的维护阶段应审计和/或测试并升级对抗措施。

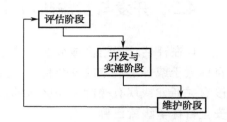

图 5-4　工业控制系统信息安全等级生命周期图

5.4.1　评估阶段

工业控制系统信息安全等级生命周期的评估阶段包括图 5-5 所示的活动。在给区域分配信息安全目标等级（SL-T）前，应建立以下内容：

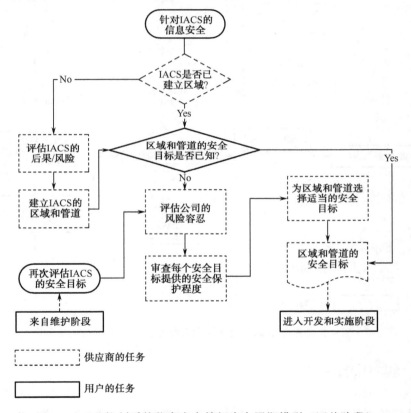

图 5-5　工业控制系统信息安全等级生命周期模型（评估阶段）

（1）区域边界。

（2）组织机构的风险容忍准则。

应对区域执行风险评估，并给区域分配信息安全目标等级（SL-T）。

5.4.2　开发与实施阶段

　　一旦在评估阶段给区域分配了信息安全目标等级，就应执行对抗措施以验证区域的安全目标大于或等于设定的安全目标。图 5-6 描述了在信息安全等级生命周期的开发与实施阶段有关新建或现有控制系统区域的所有活动。根据区域的安全要求确认系统后，其对应的安全目标等级就已确定。

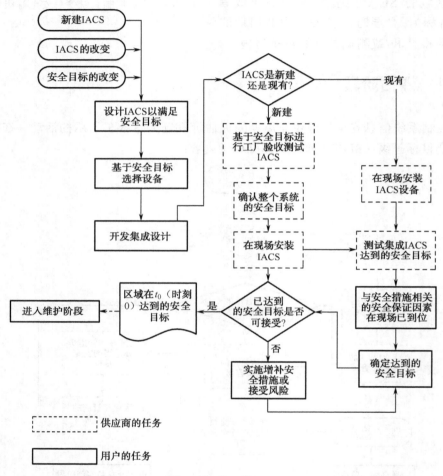

图 5-6　工业控制系统信息安全等级生命周期模型（开发与实施阶段）

5.4.3　维护阶段

　　设备和系统的对抗措施与安全目标的达成度会随时间而降低等级。区域的安全目标应定期或当发现新脆弱性时进行审计和/或测试，以确保区域的安全目标的达成度始终大于或等于所设定的安全目标。与维护区域的安全目标达成度的评估测试相关的活动如图 5-7 所示。

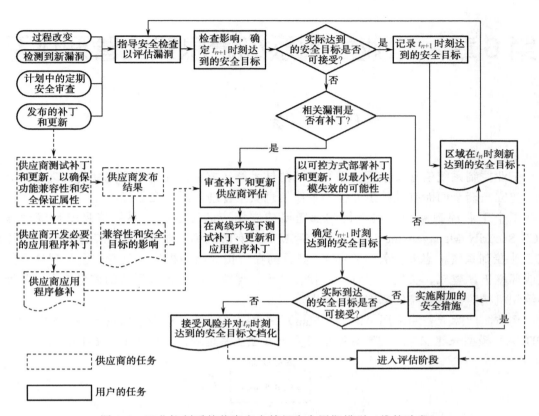

图 5-7　工业控制系统信息安全等级生命周期模型（维护阶段）

第6章 工业控制系统信息安全管理体系

6.1 概 述

工业控制系统信息安全不仅需要正确的技术解决方案,而且需要完善的管理方案。因此,建立一套全面而有效的工业控制系统信息安全管理体系势在必行。

每个工业控制系统的组织机构都需要建立相应的工业控制系统信息安全管理体系(ICS Security Management System,ICS-SMS)(有时又称工业控制系统信息安全管理程序或工业控制系统信息安全管理系统),其目的在于指导组织机构在已有安全管理体系的框架或环境下,建立、实施、运行、监视、评审、保持与改进控制系统的信息安全,从而达到组织机构对控制系统信息安全的要求。

目前,国际上普遍采用"规划(Plan)—实施(Do)—检查(Check)—处置(Act)"(PDCA)模型来建立工业控制系统信息安全管理体系过程,其模型如图 6-1 所示。

图 6-1 应用于工业控制系统信息安全管理体系过程的 PDCA 模型

建立工业控制系统信息安全管理体系,就是建立工业控制系统信息安全管理体系的方针、目标、过程和规程,管理风险和提高信息安全,从而获得与组织机构总方针和总目标相一致的结果。

实施和运行工业控制系统信息安全管理体系,就是实施和运行工业控制系统信息安全管理体系的方针、控制措施、过程和规程。

监视与评审工业控制系统信息安全管理体系,就是对照工业控制系统信息安全管理体系的方针、目标和实践经验,评估并测量过程的执行情况,并将结果报告管理层以供评审。

保持与改进工业控制系统信息安全管理体系,就是基于工业控制系统信息安全管理体系内部评审结果与其他相关信息,采取预防和纠正措施,持续改进工业控制系统信息安全管理体系。

工业控制系统信息安全管理体系通常包括的内容有安全方针、组织与合作团队、资产管理、人力资源安全、物理与环境管理、通信与操作管理、访问控制、信息获取与开发维护、信息安全事件管理、业务连续性管理及符合性。工业控制系统的组织机构可以根据自身实际情况，合理选择这些内容，建立一套全面而有效的工业控制系统信息安全管理体系。

下面将这些管理体系的内容进行介绍。

6.2　安全方针

安全方针是工业控制系统信息安全管理的重要指导方针。

每个工业控制系统的资产拥有者或组织机构都需要建立相应的安全方针。

信息安全方针的目标是依据业务要求、相关法律法规和健康、安全、环境（HSE）需求提供管理指导并支持工业控制系统信息安全。

管理层应根据这个目标制定清晰的方针指导，在整个组织机构中颁布和维护信息安全方针，表明对信息安全的支持和承诺。

1. 信息安全方针文件

信息安全方针文件应由管理层批准、发布和传达给所有员工和外部相关方。

信息安全方针文件应说明管理承诺，并提出组织机构管理信息安全的方法。信息安全方针文件包括以下两项声明：

（1）信息安全、总体目标、范围，以及信息安全重要性的定义，以保障工业控制系统信息安全管理体系。

（2）管理层意图的声明，以支持符合业务策略和目标的信息安全目标、原则和健康、安全、环境（HSE）需求。

组织机构应建立控制目标和控制措施的框架，包括风险评估和风险管理的结构。

组织机构特别重要的安全方针策略、原则、标准和符合性要求的简要说明，应包括符合法律法规和合同要求，安全教育、培训和意识要求，业务连续性管理，以及违反信息安全方针的后果。

组织机构应有信息安全管理的一般职责和特定职责的定义，包括报告信息安全事件。

组织机构应做好支持方针文件的引用，如特定信息系统的更详细的安全策略和规程，或者用户要遵守的安全规则。

信息安全方针应对相关人员开放且被理解，并在整个组织机构和使用者中进行沟通。

2. 信息安全方针评审

信息安全方针应按计划的时间或在发生重大变化时进行评审，确保其持续的适合性、充分性和有效性。这些评审应包括运作和变更管理方针。

信息安全方针应有专人负责。该负责人负有信息安全方针制定、评审和评价的管理职责。评审要包括评估组织机构信息安全方针改进的机会和管理信息安全适应组织机构环境、业务状况、法律条件或技术环境变化的方法。

信息安全方针评审应考虑管理评审的结果。定义管理评审规程包括时间表或评审周期。管理评审的输入信息包括相关方的反馈、独立评审的结果、预防和纠正措施的状态、以往管理评审的结果、过程执行情况和信息安全方针符合性、可能影响组织机构管理信息安全的方法的变更（主要包括组织机构环境、业务状况、资源可用性、合同、规章和法律条件或技术环境的变更等）、威胁和脆弱性的趋势、已报告的信息安全事件、相关政府部门的建议。管理评审的输出信息包括与组织机构管理信息安全的方法及其过程的改进有关的决定和措施，应包括与控制目标和控制措施的改进有关的决定和措施、与资源和/或职责分配的改进有关的决定和措施、与维护管理评审的记录并获得管理层对修订方针的批准有关的决定和措施。

6.3　组织与合作团队

工业控制系统信息安全组织通常是由内部组织和外部组织组成的合作团队。

6.3.1　内部组织

内部组织的目标是管理组织机构范围内工业控制系统信息安全。

内部组织应建立管理框架，以启动和控制组织机构范围内工业控制系统信息安全的实施。

管理层应批准工业控制系统信息安全方针、分配安全角色，以及协调和评审整个组织机构安全的实施。

在必要时，应在组织机构范围内建立专家工业控制系统信息安全建议库，并在组织机构内应用。另外，发展与外部安全专家或组织机构的联系，以便跟上行业趋势、跟踪标准和评估方法，并且在处理信息安全事件时，能提供合适的联络点。同时，鼓励多个专业共同参与，以应对工业控制系统信息安全。

1. 信息安全的管理承诺

管理层要通过清晰的说明、可证实的承诺、明确的信息安全职责分配及确认，积极支持组织机构内工业控制系统信息安全。

管理层应确保信息安全目标获得识别，满足组织机构要求，并已被整合到相关过程中。同时，管理层应制定、评审、批准信息安全方针。

信息安全的管理承诺应评审信息安全方针实施的有效性，为安全启动提供明确的方向和支持，为信息安全提供所需资源，批准整个组织机构内信息安全专门的角色和职责分配，启动计划和程序来保持信息安全意识，确保整个组织机构内信息安全控制措施的实施是相互协调的。

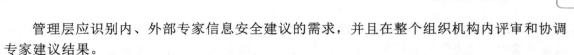

管理层应识别内、外部专家信息安全建议的需求，并且在整个组织机构内评审和协调专家建议结果。

依据组织机构规模的不同，这些职责可以由一个专门的管理协调小组或由一个已有的机构（如董事会）来承担。

2．信息安全协调

信息安全活动通常由来自组织机构不同部门并具备相关角色和工作职责的代表进行协调。

工业控制系统信息安全协调通常包括工业控制系统专家、管理人员、用户、行政人员、应用设计人员、审核员和安全人员，以及保险、法律、人力资源、IT、风险管理、运行、工艺安全、物理安全等领域专家的协调和协作。

信息安全协调活动应做到的内容：确保安全活动的实施与信息安全方针相一致；确定如何处理不符合项；核准信息安全的方法和过程，如风险评估、信息分类；识别重大的威胁变更和暴露在威胁下的控制系统；评估信息安全控制措施实施的充分性和协调性；评价在信息安全事件的监视和评审中获得的信息，推荐适当的措施响应识别的信息安全事件；有效促进整个组织机构内的信息安全教育、培训和意识。

3．信息安全职责的分配

信息安全职责的分配就是应清晰地定义所有信息安全职责。

信息安全职责的分配应与信息安全方针相一致，每项资产的保护和执行特定安全过程的职责都要清晰识别。在必要时补充这些职责，为特定地点和控制系统提供更详细的指南。此外，应清晰定义资产保护和执行特定安全过程的局部职责。

分配有安全职责的人员可以将安全任务委托给其他人员，但不能因此免除其责任，以保证任何被委托的任务被正确执行。

对个人负责的领域应清晰地规定，尤其是与每个特殊系统相关的资产和安全过程要予以识别并清晰地定义。要分配每项资产或安全过程的实体职责，并且该职责的细节要形成文件。此外，授权级别要清晰地予以定义，并形成文件。

组织机构应任命一名信息安全管理人员全面负责信息安全的开发和实施，并支持控制措施识别，但是在许多组织机构中，提供控制措施资源并实施这些控制措施的职责通常归于各个管理人员。因此，常见的做法是为每项资产都指定一名责任人负责该项资产的日常保护。

4．控制系统的授权过程

控制系统的定义和实施应有一个管理授权过程。

控制系统的授权过程应考虑以下几点。

（1）控制系统要有适当的用户管理授权，以批准其用途和使用；还要获得负责维护本地系统安全环境的管理人员的授权，以确保所有相关的安全方针策略和要求得到满足。

（2）若有必要，硬件和软件需进行核查，以确保其与其他系统组件兼容。

个人或私有信息处理设施，如便携式计算机、家用计算机、手持设备等，使用在控制系统环境中，可能引入新的脆弱性，因此，应识别和实施必要的控制措施。

5．保密性协议

组织机构信息保护保密性协议的要求应识别并定期评审。

保密性协议需要使用合法的可实施条款来解决保护保密信息的要求。同时，保密性协议应遵循相关法律法规。

保密性协议的签署者应知道他/她们的职责，通过授权或负责的方式保护、使用和公开信息。

6．与相关部门的联系

组织机构应保持与相关部门的适当联系。

组织机构的规程中要指明什么时候与哪个部门（如执法部门、消防部门、监管部门等）联系，以及当怀疑已识别的信息安全事件可能触犯了法律时，如何及时报告。

保持这样的联系可能是支持信息安全事件管理或业务连续性和应急规划过程的要求。与法规部门的联系有助于预先知道组织机构必须遵循的法律法规方面预期的变化，并为这些变化做好准备。与其他相关部门的联系包括公共设施、紧急服务和安监部门等。

当受到来自互联网攻击的组织机构需要外部第三方时，组织机构需要互联网服务提供商或电信部门等外部第三方采取应对攻击源的措施。

7．与相关组织的联系

组织机构可以与一些特别兴趣组织、专业安全技术论坛或专业协会保持一定的联系。

通过与这些相关组织的联系，可以共享控制系统信息安全信息和实践，提高控制系统信息安全知识水平，掌握控制系统信息安全环境现状，积极应对和处理控制系统信息安全的信息事件。

8．信息安全的独立评审

组织机构应按计划的时间间隔对管理信息安全的方法及其实施（如信息安全的控制目标、控制措施、策略、过程和规程）进行独立评审。当安全实施发生重大变化时，也要进行独立评审。

独立评审应由管理层启动。对于确保一个组织机构管理信息安全方法的持续的适宜性、充分性和有效性，这种独立评审是必要的。独立评审要包括评估安全方法改进的机会和变更的需要、信息安全方针和控制目标。

独立评审通常由独立于被评审范围的人员执行。独立评审的人员可以来自组织机构内部审核部门、独立的管理人员或第三方专业机构。

6.3.2　外部组织

外部组织的目标是保持组织机构被外部组织访问、处理、管理或与外部进行通信的信息和控制系统的安全。

组织机构的控制系统信息安全不应由于引入外部组织的产品或服务而降低。外部组织对组织机构控制系统的任何访问、对信息资产的处理和通信都应进行控制。

如果组织机构有需要与外部组织一起工作的业务，则可能要求访问组织机构的控制系统从外部组织获得产品和服务，或提供给外部组织产品和服务，应进行风险评估以确定涉及信息安全的方面和控制要求。在与外部组织签定的协议中，双方宜商定和定义控制措施。

1．与外部组织相关风险的识别

涉及外部组织业务过程中工业控制系统的风险应予以识别，并在允许访问前实施适当的控制措施。

当需要允许外部组织访问组织机构的控制系统或信息时，应实施风险评估以识别特定控制措施的要求。关于外部组织访问的风险识别应考虑以下两点：

（1）外部组织需要访问的控制系统。

（2）外部组织对控制系统的访问类型，如物理访问（如进入中控室、控制现场、电子设备间、档案室等）、逻辑访问（如访问控制系统、组态信息、数据库等）、组织机构和外部组织之间的网络连接（如固定连接、远程访问等），以及现场访问或非现场访问。

外部组织应意识到他们的义务，并在访问、处理、通信或管理组织机构控制系统时履行相应的职责和责任。

2．处理与顾客有关的安全问题

在允许顾客访问组织机构控制系统之前，必须处理所有确定的安全要求。

在允许顾客访问组织机构的控制系统资产前应解决相关安全问题，应充分考虑资产保护，包括保护组织机构信息和软件资产的规程，对已知脆弱性的管理，判定资产是否受到损坏（如丢失数据或修改数据）的规程、完整性和对复制、公开信息的限制；应充分考虑需提供的产品或服务的描述；应充分考虑顾客访问的不同原因、要求和利益；应充分考虑访问控制策略，包括允许的访问方法、唯一标识符（如用户 ID 和口令）的控制和使用、用户访问和权限的授权过程、没有明确授权的访问均被禁止的声明，以及撤销访问权或中断系统间连接的处理；应充分考虑对信息错误（如个人信息的错误）、信息安全事件和安全违规进行报告、通知和调查的安排；应充分考虑每项可用服务的描述；应充分考虑服务的目标级别和服务的不可接受级别；应充分考虑监视和撤销与组织机构资产有关的任何活动的权利；应充分考虑组织机构和顾客各自的义务；应充分考虑相关法律问题和如何确保满足法律要求（如数据保护法律）。如果协议涉及与其他国家顾客的合作，特别要考虑不同国家的法律体系，还应充分考虑知识产权、版权转让，以及任何合著作品的保护。

按照所访问控制系统和信息的不同，与顾客访问组织机构资产有关的安全要求有明显差异。在顾客协议中明确这些安全要求时，应包括所有已确定的风险和安全要求。

如果与外部组织的协议有可能涉及多方，那么允许外部组织访问的协议要包括允许指派其他合作方，并规定他们访问和介入的条件。

3. 处理第三方协议中的安全问题

当涉及访问、处理或管理组织机构的控制系统，以及与之通信的第三方协议，或在控制系统中增加产品或服务的第三方协议时，应涵盖所有相关的安全要求。

第三方协议要确保在组织机构和第三方之间不存在误解。第三方的保障应满足组织机构自己的需要。

6.3.3　合作团队

合作团队的目标是共同做好工业控制系统信息安全工作。

工业控制系统信息安全合作团队由内部组织和外部组织组成。内部组织包括组织机构自动化专业组、IT 专业组、HSE 专业组和生产运营组；外部组织包括工业控制系统产品供应商和系统集成商。

这种跨专业的信息安全团队能够共享各专业组的知识和经验，评估和降低工业控制系统的风险。

信息安全团队应直接向管理层汇报。

组织机构自动化专业组在信息安全团队中扮演重要角色，协调组织机构的 IT 专业组、HSE 专业组和生产运营组，以及产品供应商和系统集成商，共同做好工业控制系统信息安全工作。

6.4　资　产　管　理

工业控制系统信息安全资产管理需要考虑资产负责和信息分类。

6.4.1　资产负责

资产负责的目标是实现和保持对组织机构资产的适当保护。

每一项资产是可核查的。对每一项资产应指定责任人，并且赋予保持相应控制措施的职责。特定控制措施的实施可以由责任人适当地委派别人承担，但责任人仍有对资产提供适当保护的责任。

1．资产清单

所有资产应清晰地识别，所有重要资产的清单应编制并维护。

组织机构应识别所有资产，并将资产的重要性形成文件。资产清单要包括所有从灾难中恢复且必要的信息，包括资产类型、格式、位置、备份信息、许可证信息和业务价值。该清单不要复制其他不必要的清单，但要确保内容是相关联的。

此外，每一项资产的责任人和信息分类应商定，并形成文件。根据资产的重要性、业务价值和安全级别，应识别与资产重要性对应的保护级别。

2．资产责任人

与控制系统有关的所有资产应由组织机构的指定部门或人员承担责任。

资产责任人应确保与控制系统相关的信息和资产进行适当分类，定期评审访问限制和分类，并考虑可应用的访问控制策略。

日常任务可以委派给其他人，如委派给一个管理人员每天监管资产，但责任人仍保留职责。

在复杂的控制系统中，将一组资产指派给一个责任人或许是比较有用且可行的，他们一起工作来提供特殊的"服务"功能。在这种情况下，服务责任人负责提供服务，包括资产本身提供的功能。

3．资产的可接受使用

与控制系统有关的资产可接受使用规则应确定，形成文件并加以实施。

所有雇员、承包方人员和第三方人员要遵循控制系统相关资产的可接受的使用规则，包括电子邮件使用规则、互联网使用规则和移动设备使用规则。

管理层应提供具体规则或指南。使用或拥有访问组织机构资产权的雇员、承包方人员和第三方人员要意识到他们使用控制系统相关的资产及资源时的限制条件。他们要对其使用控制系统，以及在职责范围内的使用负责。

6.4.2　信息分类

信息分类的目标是确保信息受到适当级别的保护。信息分类，可以在处理信息时指明保护的需求、优先级和期望的安全程度。

信息具有各种不同程度的敏感性和关键性，有些项可能要求附加等级的保护或特殊处理。信息分类机制用来定义一组合适的保护等级并传达处理措施的需求。

1．分类指南

信息分类，应按照其对组织机构的价值、法律要求、敏感性和关键性进行。对信息进行分类，是确定该信息如何处理和保护的简便方法。

信息分类及相关保护控制措施，应考虑共享或限制信息的业务需求及与这种需求相关的业务影响。

信息分类指南应包括根据预先确定的访问控制策略进行初始分类及一段时间后进行重新分类的惯例，而前面提到的资产责任人的职责是确定资产类别、对其周期性评审，以及确保其最新并处于适当级别。同时，应充分考虑信息分类类别的数目和从其使用中获得的好处。过度复杂的方案可能对使用来说不方便，也不经济，或许是不切实际的。在解释从其他组织机构获取的文件分类标记时要小心，因为其他组织机构可能对于相同或类似命名的标记有不同定义。

信息保护级别可通过分析被考虑信息的完整性、可用性、保密性 3 个基本要求及其他要求进行评估。经过一段时间后，信息通常不再是敏感的或关键的，如该信息已经公开等，这些方面要加以考虑，因为过多的分类致使实施不必要的控制措施，从而导致附加成本。此外，当分配信息分类级别时，考虑具有类似安全要求的文件可简化分类的任务。

2. 信息的标记和处理

按照组织机构所采纳的信息分类机制，建立和实施一组合适的信息标记和处理规程。信息标记的规程要涵盖物理和电子格式的信息资产。

对含有分类为敏感或关键信息的系统输出，要在该输出中携带合适的分类标记。这种分类标记要根据分类指南中所建立的规则反映出分类。需要考虑的项目包括打印报告、屏幕显示、记录介质（如磁带、磁盘、CD）、电子消息和文件传送。

针对每种信息分类级别，信息的处理规程应定义。信息的处理规程包括安全处理、储存、传输、删除和销毁，还包括一系列任何安全相关事态的监督和记录规程。

分类信息的标记和安全处理是信息共享的一个关键要求。常用的标记形式是物理标记，而有些信息资产（如电子形式的文件等）不能做物理标记，则需要使用电子标记手段。在标记不适用时，可能需要应用指定信息分类指定的其他方式，如通过规程或元数据。

6.5 人力资源安全

工业控制系统信息安全人力资源安全需要考虑任用前、任用中和任用终止或变更。

6.5.1 任用前

任用前的目标是确保雇员、承包方人员和第三方人员理解其职责、考虑对其承担的角色是适合的，以降低设施被窃、欺诈和误用的风险。

任用前，雇员、承包方人员和第三方人员信息安全职责在相应的岗位描述、任用条款和条件中明确指出。

所有要任用、承包方人员和第三方人员的候选者要充分审查，特别是对敏感岗位的成员。

使用控制系统的雇员、承包方人员和第三方人员要签署关于他们同意且理解各自信息安全角色和职责的声明。

1．角色和职责

根据组织机构的信息安全方针和人事安全方针，雇员、承包方人员和第三方人员的信息安全角色和职责应被定义，并形成文件。

信息安全角色和职责应按照组织机构的信息安全方针实施和运行，执行特定的安全过程或活动，保护资产免受未授权访问、泄露、修改、销毁或干扰，确保职责分配给可采取措施的个人，向组织机构报告安全事态或潜在事态，或其他安全风险。

在任用前对信息安全角色和职责清晰定义并传达给岗位候选者。

信息安全角色和职责可以用岗位描述来形成文件。对没有在组织机构任用过程（如通过第三方组织机构任用）中任用的个人的信息安全角色和职责也应清晰地定义并传达。

2．审查

所有任用访问控制系统的候选者、承包方人员和第三方人员的背景验证和身份有效性确认应按照相关法律法规、道德规范和对应的业务要求、被访问信息的类别和察觉的风险来执行。

验证核查要考虑所有相关隐私、个人数据保护和/或与任用相关的法律，并在允许时包括：申请人履历的核查（针对完备性和准确性），令人满意的个人资料的可用性（如一项业务和一个人），所获得的学术、专业资质的证实，个人身份核查（如护照或类似文件），更多细节核查（如信用卡核查、犯罪记录核查等）。

当一个初始任命的或提升的职务涉及对控制系统进行访问的人时，特别是这些设施正在处理敏感信息，如财务信息、高度保密信息，或控制系统在处理高风险工艺时，那么该组织机构对这些人员还要考虑进一步、更详细的核查。

组织机构应有规程，确定验证核查的准则和限制，如谁有资格审查人员，以及如何、何时、为什么执行验证核查。对于承包方人员和第三方人员也要执行审查过程。若承包方人员是通过代理提供的，那么与代理的合同应清晰地规定代理对审查的职责，以及如果未完成审查或结果引起怀疑或关注时，这些代理需要遵守的通知规程。同样，与第三方的协议清晰地指定审查的所有职责和通知规程。

对考虑在组织机构内录用的所有候选者的信息要按照相关管辖范围内存在的合适法律来收集和处理。依据适用的法律，要将审查活动提前通知候选者。

3．任用条款和条件

作为合同义务的一部分，雇员、承办方人员和第三方人员应同意并签署他们的任用合同条款，这些条款和条件声明是他们在组织机构中控制系统信息安全的职责。

6.5.2　任用中

任用中的目标是确保所有雇员、承包方人员和第三方人员知悉信息安全威胁和利害关系、他们的职责和义务，并准备好在其正常工作过程中支持组织机构的安全方针，以减小人为出错的风险。

通过确定管理职责，确保安全措施应用于组织机构内个人的整个任用期。

为尽可能减小安全风险，对所有雇员、承包方人员和第三方人员应提供信息安全规程的适当程度的意识、教育和培训，以及控制系统设施的正确使用，还要建立一个正式的处理信息安全违规的纪律处理过程。

1．管理职责

管理层必须要求雇员、承包方人员和第三方人员按照组织机构已建立的方针策略和规程对信息安全尽心尽力。

管理职责应确保雇员、承包方人员和第三方人员在被授权访问敏感信息或控制系统前了解其信息安全角色和职责，获得声明他们在组织机构中角色的安全期望的指南，被激励以实现组织机构的安全策略，对于他们在组织机构内角色和职责的相关安全问题的意识程度达到一定级别，遵守任用的条款和条件（包括组织机构的信息安全方针和工作的合适方法），以及持续拥有适当的技能和资质。

若雇员、承包方人员或第三方人员没有意识到他们的信息安全职责，则可能会对组织机构造成相当大的破坏。被激励人员更可靠并能减少信息安全事件的发生。

缺乏有效管理会使员工感觉被低估，并由此导致对组织机构的负面安全影响。

2．信息安全意识、教育和培训

组织机构、承包方和第三方人员应受到与其工作职能相关的适当的意识培训和对组织机构方针策略及规程的定期更新培训。

意识培训从一个正式的介绍过程开始，这个过程用来在允许访问信息或控制系统前介绍组织机构的信息安全方针策略和期望。持续培训应包括信息安全要求、法定职责和业务控制，以及控制系统设施的正确使用培训。这些培训应定期检查和更新，以适应控制系统的变更和面临变化的威胁。

信息安全意识、教育和培训活动要与员工的角色、职责和技能相匹配和关联。

3．纪律处理过程

对信息安全违规的雇员、承包方人员和第三方人员应有一个正式的纪律处理过程。

在纪律处理过程之前，应有一个信息安全违规验证过程。

正式的纪律处理过程应确保正确和公平地对待被怀疑信息安全违规的雇员、承包方人员和第三方人员。无论违规是第一次发生还是已重复发生过，以及无论违规者是否经过适当培训，正式的纪律处理过程规定了一个分级响应。要考虑其违规的性质、重要性及对于业务的

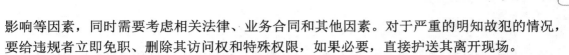

影响等因素，同时需要考虑相关法律、业务合同和其他因素。对于严重的明知故犯的情况，要给违规者立即免职、删除其访问权和特殊权限，如果必要，直接护送其离开现场。

纪律处理过程也可用于对雇员、承包方人员和第三方人员的一种威慑，防止他们违反组织机构的信息安全策略和规程及其他信息安全违规。

6.5.3　任用终止或变更

任用终止或变更的目标是确保雇员、承包方人员和第三方人员以一个规范的方式退出一个组织机构或改变其任用关系。

应有合适的职责确保管理雇员、承包方人员和第三方人员从组织机构退出，并确保他们归还所有设备和受控物品，以及删除他们所有访问权。

组织机构内职责和任用的变更管理应符合本节内容，与职责或任用的终止管理相似，任何新的任用应遵循前面提到的任用之前的内容进行管理。

1．终止职责

应清晰地定义和分配任用终止或任用变更的职责。

终止职责的传达要包括正在进行的信息安全要求和法律职责，适当时，还包括任何保密协议规定的职责，并且在雇员、承包方人员和第三方人员的雇佣关系结束持续一段时间后仍然有效的任用条款和条件。

在雇员、承包方人员或第三方人员的合同中应包含规定职责和义务在任用终止后仍然有效的内容。

职责或任用的变更管理应与职责或任用的终止管理相似，新的任用责任应遵循任用之前的内容。

人力资源的职能通常是与管理相关规程的安全方面的监督管理员一起负责总体的任用终止处理。对于承包方人员的情况，终止职责的处理可能由代表承包方人员的代理完成，其他情况下的用户可能由他们的组织机构来处理。人力资源部门应通知雇员、顾客、承包方人员或第三方人员关于组织机构人员的变更和运营上的安排。

2．资产的归还

在终止任用、合同或协议时，所有雇员、承包方人员和第三方人员应归还他们使用的所有组织机构资产。

终止过程应正式化，包括归还所有先前发放的软件、公司文件和设备，以及其他组织机构资产，如移动计算设备、信用卡、访问卡、软件、手册和存储于电子介质中的信息等。

雇员、承包方人员或第三方人员购买了组织机构的设备或使用他们自己的设备时，应遵循规程确保所有相关的信息已转移给组织机构，并且已从设备中安全删除。

如果一个雇员、承包方人员或第三方人员拥有的知识对正在进行的操作具有重要意义，那么此信息要形成文件并传达给组织机构。

3. 撤销访问权

在任用、合同或协议终止、变化时，所有雇员、承包方人员和第三方人员对信息和控制系统设施的访问权应进行相应删除或调整。

在任用终止时，个人对与信息系统和服务有关的资产的访问权应重新考虑。这将决定删除访问权是否是必要的。任用的变更要体现在不适用于新岗位的访问权的删除上。删除或改变的访问权包括物理和逻辑访问、密钥、ID 卡、控制系统和签名，并要从标识其作为组织机构的现有成员的文件中删除。如果一个已离开的雇员、承包方人员或第三方人员知道仍保持活动状态的账户密码，则应在任用、合同或协议终止、变更后改变口令。

有些情况下，访问权的分配基于对多人可用而不是只基于离开的雇员、承包方人员或第三方人员，如组 ID。在这种情况下，从组访问列表中删除离开的人员，还要建议所有相关的其他雇员、承包方人员和第三方人员不要再与已离开的人员共享信息。

在管理层发起终止的情况下，不满的雇员、承包方人员或第三方人员可能故意破坏信息或控制系统设施。在员工辞职的情况下，他们可能为将来的使用而收集必要的信息。

6.6 物理与环境管理

工业控制系统信息安全物理与环境管理需要考虑安全区域和设备安全。

6.6.1 安全区域

安全区域的目标是防止对组织机构场所和控制系统的未授权物理访问、损坏和干扰。

关键或敏感的控制系统应放置在安全区域内，并受到确定的安全周界的保护，并具备适当的安全屏障和入口控制。这些控制系统要在物理上避免未授权访问、损坏和干扰。

所提供的保护要与所识别的风险相匹配。

1. 物理安全周界

保护包含工业控制系统设施的区域，必须使用安全周界，如墙、卡控制的入口或有人管理的接待台等屏障。

物理安全周界应考虑和实施下列两点：

（1）安全周界清晰地予以定义，各个周边的设置地点和强度取决于周边内资产的安全要求和风险评估的结果。

（2）包含信息处理设施的建筑物或场地的周边要在物理上是安全的，即在周边或区域内不要存在可能易于闯入的任何缺口，场所的外墙是坚固结构，所有外部的门要使用控制机制来适当保护，以防止未授权进入，如身份识别仪器、门禁系统、报警器、门锁等。

对场所或建筑物的物理访问手段应到位（如有人管理的接待区域或其他控制），进入场所或建筑物应仅限于已授权人员。如果可行，应建立物理屏障以防止未经授权的进入。

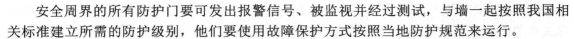

安全周界的所有防护门要可发出报警信号、被监视并经过测试，与墙一起按照我国相关标准建立所需的防护级别，他们要使用故障保护方式按照当地防护规范来运行。

安全周界要按照我国标准安装适当的入侵检测系统，并定期测试以覆盖所有的外部门窗，要一直警惕空闲区域，其他区域要提供掩护方法。

组织机构管理的控制系统设施要在物理上与第三方管理的设施分开。其他信息物理保护可以通过在组织机构边界和控制系统设施周围设置一个或多个物理屏障来实现。多个屏障的使用将提供附加保护，一个屏障失效不会立即危及到信息安全。

一个安全区域可以是一个可上锁的房间，或是被连续的内部物理安全屏障包围的几个区域。在安全边界内具有不同安全要求的区域之间需要控制物理访问的附加屏障和周边。

具有多个组织机构的建筑物应考虑专门的物理访问安全。

2．物理入口控制

安全区域必须由合适的人员控制和保护，以确保只有授权人员才允许访问。

物理入口控制需要考虑以下两点：

（1）记录访问者进入和离开的日期和时间，所有的访问者要进行监督，除非他们的访问事先已经经过批准。只允许他们访问特定的、已授权的目标，并要向他们宣布关于该区域安全要求和应急规程的说明。

（2）访问处理敏感信息或储存敏感信息的区域要受到控制，并且仅限于已授权的人员；鉴别控制（如访问控制卡加个人识别号）应用于授权和确认所有访问；所有访问的审核踪迹要安全地加以维护。

所有雇员、承包方人员和第三方人员，以及所有访问者要佩戴某种形式的可视标识，如果遇到无人护送的访问者和未佩戴可视标识的人员要立即通知保安人员。

只有在需要时，第三方支持服务人员才能有限制地访问安全区域或敏感控制系统，并且这种访问要被授权并受到监视。

应定期进行评审和更新安全区域的访问权，必要时也可废除安全区域的访问权。

3．办公室、房间和设施的安全保护

办公室、房间和设施必须设计并采取安全措施。

为保护办公室、房间和设施，要考虑相关的健康与安全法规和标准。关键设施要坐落在可避免公众进行访问的场地。如有可能，建筑物不要引人注目，用不明显的标记给出其用途的最少指示，以标识信息活动的存在。此外，标识敏感控制系统位置的目录和内部电话簿不要轻易被公众拿到。

4．外部和环境威胁的安全防护

为防止火灾、烟雾、粉尘、洪水、地震、爆炸、社会动荡和其他形式的自然或人为灾难引起的破坏，应设计和采用物理保护措施。

应考虑任何邻近区域所带来的安全威胁，如屋顶漏水或地下室地板渗水、街上或操作区域爆炸等。

为避免火灾、烟雾、粉尘、洪水、地震、爆炸、社会动荡和其他形式的自然灾难或人为灾难的破坏，危险或易燃材料要在离安全区域安全距离以外的地方存放，大批供应品（如文具）不要存放于安全区域内。基本维持运行的设备和备份介质的存放地点要与主要场所有一段安全距离，避免影响主要场所的灾难产生破坏。要提供适当的灭火设备，并放在合适地点。

5．在安全区域工作

在安全区域工作，应设计和应用物理保护和指南。

在安全区域工作要考虑下列两点：

（1）只在有必要知道的基础上，员工才能知道安全区域的存在或其中的活动。

（2）为了安全和减少恶意活动的机会，均要避免在安全区域内进行不受监督的工作。

未使用的安全区域在物理上应上锁并定期核查。

除非授权，否则不允许携带摄影、视频、音频或其他记录设备，如照相机等。

安全区域工作的安排应包括对工作在安全区域内的雇员、承包方人员和第三方人员，以及对其他发生在安全区域内第三方活动的控制。

6．公共访问、交接区安全

应对访问点和未授权人员可进入办公场所的其他点加以控制，若有可能，应与控制系统隔离，避免未授权访问。

进入交接区的访问要局限于已标识的和已授权的人员，当内部门打开时，外部门要得到安全保护。物资进入前要检查是否存在潜在威胁。进来的物资要按照资产管理规程在场所入口处进行登记。若有可能，进入和运出的货物要在物理上予以隔离。

6.6.2　设备安全

设备安全的目标是防止设备资产丢失、损坏、失窃或危及资产安全，以及相关组织机构活动的中断。

设备应被保护，免受物理的和环境的威胁。

对设备的保护包括离开组织机构使用设备和财产移动设备，是减少未授权访问信息风险和防止丢失或损坏所必需的。要考虑设备的安置和处置。需要专门用来防止物理威胁及防护支持性设施，如供电和电缆设施。

1．设备的安置和保护

设备应被安置或保护，以减小由环境威胁和危险所造成的各种风险，以及未授权访问的机会。

为保护设备，要对其进行适当安置，以尽量减少不必要的对工作区域的访问。要把处理敏感数据的控制系统放在适当的限制观测的位置，以减小在其使用期间信息被窥视的风险，还要保护储存设施以防止未授权访问。

需要专门保护的部件要隔离，以降低所要求的总体保护等级；需要采取控制措施以最小化潜在物理威胁的风险，如偷窃、火灾、爆炸、烟雾、水（或供水故障）、尘埃、振动、化学影响、电源干扰、通信干扰、电磁辐射和故意破坏；需要建立在控制系统附近进食、喝饮料和抽烟的指南；对于可能对控制系统运行状态产生负面影响的环境条件要予以监视；所有建筑物都要采用避雷保护，所有进入的电源和通信线路都要装配雷电保护过滤器；对于工业环境中的设备，要考虑使用专门的保护方法，如键盘保护膜；需要保护处理敏感信息的设备，以最小化因辐射而导致信息泄露的风险；要对设备的增加、移除和处置建立程序并进行审核。

2．支持性设施

应保护设备使其免于由支持性设施的失效而引起电源故障和其他中断。

支持性设施应确保足够，如电、水、加热/通风装置和空调，以支持工业控制系统。支持性设施应定期检查并适当测试，以确保其正常工作和减小由于它们的故障或失效带来的风险。应按照设备制造商的说明提供合适的供电。

实现连续供电的选项包括多路供电，以避免供电的单一故障点。对支持关键业务操作的设备，推荐使用支持有序关机或连续运行的不间断电源（UPS）。电源应急响应计划要包括 UPS 故障时要采取的措施。如果电源故障延长，而处理要继续进行，则考虑备用发电机。要提供足够的燃料供给，以确保在延长的时间内发电机可以进行工作。UPS 设备和发电机应定期核查、以确保它们拥有足够能力，并按照制造商的建议进行定期测试。另外，应考虑使用多路电源，或者如果办公场所很大，则考虑使用一个独立的变电站。

应急电源开关应位于设备房间应急出口附近，以便紧急情况时快速切断电源。一旦主电源出现故障，应提供应急照明。

连接到设施提供商的通信设备至少有两条不同线路，以防止在一条连接路径发生故障时语音服务失效。要有足够的语音服务以满足国家法律对于应急通信的要求。

此外，要有稳定和足够的供水以支持加湿设备和灭火系统。供水系统的故障可能破坏设备或阻止有效灭火。若有需要，要评价和安装报警系统来检测支持性设施的故障。

3．布线安全

传输数据或支持信息服务的电源布线和通信布线，应保证免受窃听或损坏。

出于布线安全考虑，进入控制系统的电源和通信线路应敷设在地下，网络布线要免受未授权窃听或损坏。

为了防止干扰，电源电缆要与通信电缆分开，使用清晰的、可识别的电缆和设备记号，以使处理差错最小化。要使用文件化配线列表减小出错的可能性。

对于敏感的或关键的系统，要考虑更进一步的控制措施，包括在检查点和终结点处安装铠装电缆管道和上锁的房间或盒子；使用可替换的路由选择和/或传输介质，以提供适当的安全性；使用光缆；使用电磁防辐射装置保护电缆；对于电缆连接的未授权装置要主动实施技术清除和物理检查；控制对配线盘和电缆室的访问。

4．设备维护

应对设备进行正确的维护，以确保其持续的可用性和完整性。

对于设备维护，要按照供应商推荐的服务时间间隔和规范对设备进行维护，只有已授权的维护人员才可对设备进行修理和服务，要保存所有可疑的或实际的故障及所有预防和纠正维护的记录。

当对设备安排维护时，要实施适当的控制，并考虑维护是由场所内部人员执行还是由组织机构外部人员执行；必要时，敏感信息要从设备中删除或维护人员要是足够可靠的。

保险策略所施加的所有要求必须遵守。

5．组织机构场所外设备安全

对组织机构场所外设备应采取安全措施，要考虑工作在组织机构场所外的不同风险。

无论责任人是谁，在组织机构场所外使用任何控制系统都要通过管理层授权。

对于离开场所的设备的保护，离开建筑物的设备和介质不要放置在公共场所，应有必要的看管措施；制造商的设备保护说明要始终加以遵守，例如，防止暴露于强电磁场内；远程工作的控制措施要根据风险评估确定，要施加合适的控制措施；要有足够的安全保障掩蔽物，以保护离开办公场所的设备。

安全风险在不同场所可能有显著不同，例如，损坏、盗窃和截取要考虑确定最合适的控制措施。

用于远程工作或从正常工作地点运走的信息存储和处理设备包括所有形式的个人计算机、管理设备、移动电话、智能卡、纸张或其他形式的设备。

关于保护移动设备其他方面的更多安全信息可以在6.8.7节中找到。

6．设备的安全处置或再利用

应对包含存储介质的设备的所有项目进行核查，以确保在处置之前，任何敏感信息和注册软件已被删除或安全地写覆盖。

包含敏感信息的设备在物理上要予以摧毁，或者采用使原始信息不可获取的技术破坏、删除或写覆盖，而不能采用标准的删除或格式化功能。

包含敏感信息的已损坏的设备可能需要实施风险评估，以确定这些设备是否要进行销毁，而不是送去修理或丢弃。

此外，信息可能通过对设备的草率处置或重用而被泄露。

7．资产移动

在授权之前，设备、信息或软件不应带出组织机构场所。

在未经事先授权的情况下，不要让设备、信息或软件离开组织机构场所。要明确识别有权允许资产移动而离开办公场所的雇员、承包方人员和第三方人员。要设置设备移动的时间限制，并在返还时执行符合性核查。若必要且合适，要对设备做移出记录，当返回时，要做送回记录。

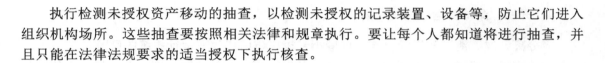

执行检测未授权资产移动的抽查，以检测未授权的记录装置、设备等，防止它们进入组织机构场所。这些抽查要按照相关法律和规章执行。要让每个人都知道将进行抽查，并且只能在法律法规要求的适当授权下执行核查。

6.7　通信与操作管理

工业控制系统信息安全通信与操作管理需要考虑操作规程和职责、第三方服务交付管理、系统规划和验收、防范恶意和移动代码、备份、网络安全管理、介质处置、信息交换、电子商务服务、监视等。

6.7.1　操作规程和职责

操作规程和职责的目标是确保对控制系统进行正确、安全的操作。

所有控制系统的管理与操作的职责和规程应建立，包括制定合适的操作规程。

在合适的地方，应实施责任分割，减小疏忽或故意误用系统的风险。

1．文件化操作规程

操作规程应形成文件，并对所有需要的用户可用。

与控制系统相关的系统活动应具备形成文件的规程，如控制站的启动和关闭规程、备份、设备维护、介质处理、控制室和网络管理、系统升级和更新及安全。

操作规程应详细规定执行每项工作的说明，包括信息处理和处置、备份、时间安排、对可能出现处理差错或其他异常情况的指导、支持性联络、特定输出及介质处理的指导、系统失效时使用的系统重启和恢复规程、系统日志管理等。

2．变更管理

对控制系统设施和系统的变更必须加以控制。

控制系统应有严格的变更管理控制，特别要考虑重大变更的标识和记录、变更的策划和测试、变更潜在影响的评估、变更批准规程、传达变更细节、基本维持运行等。

3．责任划分

应对各类责任及职责范围进行划分，以降低未授权或无意识的修改，或者不当使用组织机构资产的机会。

责任划分是一种减小意外或故意系统误用风险的方法。在无授权或未被检测时，要注意个人不能访问、修改或使用资产。事件的启动要与其授权分离。共谋的可能性应在设计控制措施时加以考虑。

4．开发、测试和运行设施分离

应分离开发、测试和运行设施，以减小未授权访问或改变运行系统的风险。

为防止运行问题，应识别运行、测试和开发环境之间的分离级别，并实施适当的控制措施。

6.7.2　第三方服务交付管理

第三方服务交付管理的目标是实施和保持符合第三方服务交付协议的信息安全和服务交付的适当水准。

对于第三方服务交付，组织机构应核查协议的实施、监视协议执行的符合性，并管理变更，以确保交付的服务满足与第三方商定的所有要求。

1．服务交付

第三方应确保实施、运行和保持包含在第三方服务协议中的安全控制措施、服务定义和交付水准。

第三方服务交付应包括商定的安全安排、服务定义和服务管理的各方面。在外包安排的情况下，组织机构应策划必要的过渡（信息、控制系统和其他需要移动的任何资产），并确保在整个过渡期间保持信息安全。

组织机构要确保第三方保持足够的服务能力和可使用的计划，以确保商定的服务连续性水平在主要服务故障或灾难后继续保持。

2．第三方服务的监视和评审

第三方提供的服务、报告和记录必须定期监视和评审，第三方服务的审核也应定期执行。

第三方服务的监视和评审要确保坚持协议的信息安全条款和条件，并且信息安全事件和问题得到适当管理。

3．第三方服务的变更管理

第三方服务提供的变更应管理，包括保持和改进现有的信息安全策略、规程和控制措施，并考虑业务系统和涉及过程的关键程度及风险的再评估。

对第三方服务变更的管理过程，需要考虑组织机构和第三方服务实施的变更。组织机构实施的变更应做到对提供的现有服务的加强、任何新应用和系统的开发、组织机构策略和规程的更改或更新，解决信息安全事件和改进安全的新的控制措施等。第三方服务实施的变更应做到对网络的变更和加强、新技术的使用、新产品或新版本的采用、新的开发工具和环境等。

6.7.3　系统规划和验收

系统规划和验收的目标是将系统失效的风险降至最低。

为了达到足够容量和资源的可用性以提供所需的系统性能，需要进行预先规划和准备，并做出对于未来容量需求的推测，以减小系统过载的风险。新系统的运行要求应在验收和使用之前建立、形成文件并进行测试。

1．容量管理

应监视、调整资源的使用，并做出对于未来容量要求的预测，以确保拥有所需的系统性能。

应识别每一个新的和正在进行的活动的容量要求；应使用系统调整和监视以确保和改进系统的可用性和效率；应有检测控制措施来及时指出问题；对未来容量要求的推测要考虑新业务、系统的要求，以及组织机构控制系统能力的当前和未来的趋势。

特别需要关注与长订货交货周期或高成本相关的所有资源。管理人员要监视关键系统资源的利用，要识别出使用的趋势，特别是与业务应用或管理信息系统工具相关的使用。

管理人员使用该信息来识别和避免可能威胁到系统安全或服务的潜在瓶颈，以及对关键员工的依赖，并策划适当的措施。

2．系统验收

新控制系统升级及新版本的验收准则应建立，并且在开发中和验收前对系统进行适当的测试。

管理人员要确保验收新系统的要求和准则已明确定义、商定、形成文件并经过测试。新控制系统升级和新版本只有在获得正式验收后，才能进入生产环节。

6.7.4　防范恶意代码和移动代码

防范恶意和移动代码的目标是保护软件和信息的完整性。

防范恶意和移动代码要求有预防措施，以防范和检测恶意代码或未授权移动代码的引入。

控制系统软件和设施易感染恶意代码，如计算机病毒、网络蠕虫、特洛伊木马和逻辑炸弹等。

用户需要了解恶意代码的威胁。若合适，管理人员应引入控制措施，以防范、检测并删除恶意代码，并控制移动代码。

1．控制恶意代码

应实施恶意代码检测、预防和恢复的控制措施，并且实施适当的用户安全意识的规程。

防范恶意代码基于恶意代码检测和修复软件、安全意识、适当的系统访问和变更管理控制措施。

2．控制移动代码

对授权使用移动代码，其配置应确保授权的移动代码按照清晰定义的安全策略运行，阻止执行未授权的移动代码。

移动代码是一种软件代码，它能从一台计算机传递到另一台计算机，随后自动执行并在很少或没有用户干预的情况下完成特定功能。移动代码与大量的中间件服务有关。

除确保移动代码不包含恶意代码外，控制移动代码是必要的，以避免系统、网络或应用资源的未授权使用或破坏，以及其他信息安全违规。

6.7.5　备份

备份的目标是保持信息和控制系统设施的完整性及可用性。

对备份数据和演练及时恢复建立例行规程，实施已商定的备份方针和策略。

应按照已商定的备份策略，定期备份、测试信息和软件。

应提供足够的备份设施，以确保所有必要信息和软件能在灾难或介质故障后进行恢复。

6.7.6　网络安全管理

网络安全管理的目标是确保网络中信息的安全性并保护支持性的基础设施。

对于可能跨越组织机构边界的网络安全管理，需要仔细考虑数据流、法律含义、监视和保护，还可以要求额外控制，以保护在公共网络上传输的敏感数据。

1．网络控制

控制系统网络应充分管理和控制，防止威胁的发生，维护使用网络的系统和应用程序的安全，包括传输中的信息。

网络管理员应实施控制，以确保网络上的信息安全、防止未授权访问链接服务。

2．网络服务安全

应确定安全特性、服务级别，以及所有网络服务的管理要求，并包括在所有网络服务协议中，无论这些服务是由内部提供的还是外包的。

要确定网络服务提供商以安全方式管理商定服务的能力并定期监视，还要商定审核的权利。

特殊服务的安全安排要进行识别，如安全特性、服务级别和管理要求。组织机构要确保网络服务提供商实施了这些措施。

网络服务包括接入服务、私有网络服务、增值网络和受控网络安全解决方案，如防火墙和入侵检测系统。这些服务由简单的未受控的带宽延伸到复杂的增值网络提供。

6.7.7　介质处理

介质处理的目标是防止资产遭受未授权泄露、修改、移动或销毁，以及业务活动的中断。

介质应受到控制和物理保护。

应建立适当的操作规程，以保护文件、计算机介质（如磁带、磁盘）、输入/输出数据和系统文件免遭未授权泄露、修改、删除和破坏。

1．可移动介质管理

组织机构应有适当的可移动介质的管理规程。

在工业控制系统中，可移动介质通常包括磁带、磁盘、闪盘、可移动硬件驱动器、CD、DVD 及打印介质。

对于可移动介质的管理，应进行适当考虑。对于从组织机构取走的任何可重用介质中的内容，如果不再需要，要处理使其不可恢复。如果必要且可行，对于从组织机构取走的所有介质要求授权，所有这种移动的记录要加以保持，以保持审核踪迹。另外，所有介质要存储在符合制造商规定的安全、保密环境中。如果存储在介质中的信息使用时间比介质生命期长，则要将信息存储在别的地方，以避免由于介质老化而导致信息丢失。还有，可移动介质的登记要考虑，以减少数据丢失的机会。在有业务要求时，才使用可移动介质，并且可移动介质只允许在规定的安全区域内使用。此外，所有可移动介质的管理规程和授权级别应清晰地形成文件。

2．介质处置

对于不再需要的介质，应使用正式的规程进行可靠且安全的处置。

应建立安全处置介质的正式规程，使敏感信息泄露给未授权人员的风险减至最小。安全处置包含敏感信息介质的规程应与信息的敏感性相一致。建议考虑下列两项：

（1）包含敏感信息的介质应秘密和安全地进行存储和处置，例如，利用焚化或切碎的方法，或者将数据删除供组织机构内其他应用使用。

（2）要用规程识别可能需要安全处置的项目。

所有不再需要的介质部件应收集起来并进行安全处理，这种做法比试图分离出敏感部件可能更容易。有些组织机构对纸、设备和介质提供收集和处置服务，因此要注意选择具有足够控制措施和经验的合适的承包方，同时处置敏感部件应做好记录，以便保持审核踪迹。还有，当处置堆积的介质时，要考虑集合效应，此类效应可能使大量不敏感信息变成敏感信息。此外，敏感信息可能由于粗心大意的介质处置而被泄露。

3．信息处理及存储规程

信息处理及存储规程应建立，以防止信息的未授权泄露或不当使用。

组织机构需要制定规程来处置、处理、存储或传达与分类一致的信息。

4．系统文件安全

系统文件要进行保护，以防止未授权访问。

为了系统文件安全，应安全地存储系统文件；应将系统文件的访问人员列表保持在最小范围，并且由应用责任人授权；应妥善保护存储在公用网络上或经由公用网络提供的系统文件。

6.7.8 信息交换

信息交换的目标是保持组织机构内及组织机构外信息和软件交换的安全。

组织机构之间信息和软件的交换应基于一个正式的交换策略，按照交换协议执行，并且需服从相关法律。

组织机构应建立相应的规程和标准，以保护传输中的信息和含有信息的物理介质。

1．信息交换策略和规程

组织机构要有正式的信息交换策略、规程和控制措施，以保护通过使用所有类型通信设施的信息交换。

使用电子通信设施进行信息交换的规程和控制，需考虑的内容包括设计用来防止交换信息遭受截取、复制、修改、错误寻址和破坏的规程，以及检测和防止可能通过使用电子通信传输的恶意代码的规程。

信息交换策略和规程尽量包括：保护以附件形式传输的敏感电子信息的规程；简述电子通信设施可接受使用的策略或指南；无线通信使用的规程，要考虑所涉及的特定风险；雇员、承包方人员和所有其他使用人员不危害组织机构的职责，如诽谤、扰乱、扮演、连锁信寄送、未授权购买等；密码技术的使用，如保护信息的保密性、完整性和真实性；所有业务通信（包括消息）的保持和处理指南要与相关的国家和地方法律法规一致；不将敏感或关键信息留在打印设施上，如复印机、打印机和传真机，因为这些设施可能被未授权人员访问；与通信设施转发相关的控制措施和限制，如将电子邮件自动转发到外部邮件地址。

工作人员要采取相应预防措施，例如，在打电话时，不泄露敏感信息，避免被无意听到或窃听；不要将包含敏感信息的消息留在应答机上，因为可能会被未授权个人重放，也不能留在公用系统或由于误拨号而被不正确存储；工作人员在使用传真机时，不要注册统计数据，以避免未授权人员收集。现代的传真机和影印机都有页面缓存并在页面或传输故障时存储页面，一旦故障消除，这些将被打印。此外，工作人员不要在公众场所或开放办公室和不隔音的会场进行保密谈话。

2．交换协议

为了在组织机构与外部组织之间交换信息和软件，应当建立交换协议。

这些交换协议应考虑以下两个安全条件：

（1）控制和通知传输、分派和接收的管理职责。

（2）通知传输、分派和接收的发送者的规程。

此外，要有确保可追溯性和不可抵赖性的规程；要有打包和传输的最低技术标准；要有条件转让契约；要有送信人标识标准；要有如果发生信息安全事件的职责和义务，如数据丢失；要有商定的敏感标记或关键信息系统的使用方法，确保标记的含义能直接被理解，并且信息受到适当保护；要有数据保护、版权、软件许可证符合性及类似考虑的责任和职责；要有记录、阅读信息和软件的技术标准；为保护敏感项，可以要求任何专门的控制措施，如密钥；要建立和保持策略、规程和标准，以保护传输中的信息和物理介质，这些还要在交换协议中进行引用。

3．运输中的物理介质

在组织机构的物理边界外运送包含信息的介质时，应防止这些介质的未授权访问、不当使用或毁坏。

为保护不同地点间传输的信息介质，要使用可靠的运输或信使，授权的信使清单要经管理层批准，要开发核查信使识别的规程，包装要足以保护信息免遭在运输期间可能出现的任何物理损坏，并且符合制造商的规范。

若有必要，要采取专门的控制，以保护敏感信息免遭未授权泄露或修改。

在物理传输期间，如通过邮政服务或送信人传送，信息易受未授权访问、不当使用或破坏。

4．电子消息发送

应适当地保护包含在电子消息发送中的信息。

电子消息发送的安全考虑应包括以下两个方面：

（1）防止消息遭受未授权访问、修改或拒绝服务攻击。

（2）确保正确的寻址和消息传输。

电子消息发送，要有服务的通用可靠性和可用性；在使用外部公共服务（如即时消息或文件共享）前需获得批准；要有更强的用于控制从公开可访问网络进行访问的鉴别级别；要有法律方面的考虑，如电子签名的要求。

电子消息，如电子邮件、电子数据交换和即时消息，在业务通信中充当一个日益重要的角色。电子消息与基于通信的纸质文件相比有不同的风险。

5．业务信息系统

保护与业务信息系统互联相关的信息，应建立并实施相应的策略和规程。

对于互联设施的安全和业务蕴涵应考虑如下两点：

（1）信息在组织机构的不同部门间共享时，出现在管理和会计系统中已知的脆弱性。

（2）业务通信系统中信息的脆弱性，如记录电话呼叫或会议呼叫、呼叫的保密性、传真的存储、打开的邮件、邮件的分发。

业务信息系统要有管理信息共享的策略和适当的控制措施。如果系统不提供适当级别的保护，则排除敏感业务信息和分级文件。允许使用系统的工作人员、承包方人员或业务伙伴的类别，以及可以访问该系统的位置，对特定类别的用户应限制在所选定的设施。应识别出用户的身份，如组织机构的雇员或为其他用户利益的目录中的承包方人员。

业务信息系统要有系统上存放信息的保留和备份，有基本维持运行的要求和安排，有限制访问与特定人员相关的日志信息。

办公信息系统可通过结合使用文件、计算机、移动计算、移动通信、邮件、语音邮件、通用语音通信、邮政服务/设施和传真机，来快速传播和共享业务信息。

6.7.9　电子商务服务

电子商务服务的目标是保证电子商务服务安全及其安全使用。

与电子商务服务相关的安全包括在线交易和控制要求，这种安全应考虑。通过公共可用系统电子排版的信息，其完整性和可用性也应当考虑。

通过公网的电子商务信息应防止欺诈性活动、合同争议，以及未授权的泄露和修改。

在线交易的信息应当保护，以防止这些信息传送不完整、发错地方、未授权消息更改、未授权泄露、未授权消息复制或重发。

在公共可用系统中信息的完整性应当保护，防止未授权修改。

6.7.10　监视

监视的目标是检测未经授权的控制系统活动。

这些控制系统活动应监视，并记录信息安全事态，应使用操作员日志和故障日志以确保识别出信息系统的问题。

控制系统监视应用于核查所采用控制措施的有效性，并验证与访问策略模型的一致性。

组织机构的监视和日志记录活动必须遵守相关法律的要求。

1．审计记录

应产生记录用户活动、异常情况和信息安全事态的审计日志，并保持一个已设的周期以支持将来的调查和访问控制监视。

审计日志在需要时应包括如下内容：

（1）用户 ID。

（2）日期、时间和关键事态的细节，如登录和退出。

若有可能，要有系统配置的变更；要有终端身份或位置；要有特殊权限的使用；要有系统实用工具和应用程序的使用；要有访问的文件和访问类型；要有网络地址和协议；要有成功的和被拒绝的对系统尝试访问的记录；要有成功的和被拒绝的对数据及其他资源尝试访问的记录；要有防护系统的激活和停用，如防病毒系统和入侵检测系统；要有访问控制系统引发的警报。

审计日志包含入侵和保密人员的数据，要采取适当的隐私保护措施。如有可能，系统管理员不应删除或停用他们自己活动日志的权利。

2．监视系统的使用

建立控制系统设施的监视使用规程，并经常评审监视活动的结果。

应按照风险评估，决定各个设施的监视级别。

组织机构监视系统的使用要符合相关的适用于监视活动的法律要求，需要考虑授权访问、所有特殊权限操作、未授权访问尝试、系统报警或故障，以及改变系统的安全设置和控制措施。

3．日志信息的保护

应当保护记录日志的设施和日志信息，防止篡改和未授权访问。

应当实施控制措施，防止日志设施被未授权更改和出现操作问题。

4．系统管理员和操作员日志

系统管理员和操作员的活动应记入日志。

日志内容要包括事件发生的时间、事件或故障信息。

系统管理员和操作员日志应进行定期评审。

5．故障日志

应记录、分析故障，并采取适当措施。

对与控制系统或通信系统的问题有关的用户或系统程序所报告的故障应加以记录。对于处置所报告的故障要有明确的规则。

6．时钟同步

应使用已设的精确时间源对组织机构或安全域内的所有相关控制系统的时钟进行同步。

如果控制系统的计算机或通信设备有能力运行实时时钟，则应置时钟为商定的标准时间，如世界标准时间或本地标准时间。如果已知某些时钟随时间漂移，则要有一个核查和校准所有重大变化的规程。日期/时间格式的正确解释对确保时间戳反映实时日期/时间是重要的。此外，还需考虑局部特殊性，如夏令时间。

设置正确的控制系统计算机时钟，确保审计记录的准确性。审计日志可用于调查或作为法律、纪律处理的证据；不准确的审计日志可能会妨碍调查，同时也损害证据的可信度。链接到国家原子钟无线电广播时间的时钟可用于记录系统的主时钟，通过网络时间协议保持所有服务器与主时钟同步。

6.8 访问控制

工业控制系统信息访问控制需要考虑访问控制业务要求、用户访问管理、用户职责、网络访问控制、操作系统访问控制、应用和信息访问控制、移动计算和远程工作等。

6.8.1 访问控制业务要求

访问控制业务要求的目标是控制对控制系统和任何受保护信息的访问。

对控制系统、信息和业务过程的访问应在业务和安全要求的基础上加以控制。

访问控制规则应考虑信息传播、受控记录和控制系统授权策略。

访问控制策略如下：

（1）应建立访问控制策略和形成文件，并根据业务和访问的安全要求进行评审。

（2）每个用户或每组用户的访问控制规则和权利应在访问控制策略中清晰地规定。访问控制包括逻辑的和物理的，两者需要一起考虑。访问控制策略要给用户和服务提供商提供一份清晰的满足业务要求的说明。

6.8.2 用户访问管理

用户访问管理的目标是确保授权用户访问控制系统，并防止未授权访问。

对控制系统访问权的分配应由正式的规则来控制。

这些规则应涵盖用户访问生命周期内的每个阶段，从新用户初始注册到不再需要访问控制系统用户的最终注销。在适当的时侯，要特别注意对有特殊权限的访问权的分配加以控制的需要，这种访问权可以使用户越过系统的控制措施。

1. 用户注册

授权和撤销对所有控制系统及服务的访问，应有正式的用户注册及注销规程。

用户注册和注销的访问控制规程应包括以下几点：

（1）使用唯一用户 ID，使得用户与其行为链接起来，并对其行为负责。在对于业务或操作而言必要时才允许使用组 ID，并经过批准和形成文件。

（2）核查使用控制系统的用户是否具有该系统拥有者的授权，取得管理层时访问权的单独批准也是合适的。

用户注册，要核查所授予的访问级别是否与业务目的相适合，是否与组织机构的安全方针保持一致。要给用户一份关于其访问权的书面声明，用户签署表示理解访问条件的声明；要确保已经完成授权规程，服务提供者才提供访问；要维护一份注册使用该服务的所有人员的正式记录；要立即取消或封锁工作角色或岗位发生变更或离开组织机构的用户的访问权；要确保多余的用户 ID 不会发给其他用户；要定期核查并取消或封锁多余的用户 ID。

2．特殊权限管理

对特殊权限的分配及使用应限制和控制。

多用户系统需要防范未授权访问，应通过正式的授权过程拥有特殊权限的分配。

3．用户口令管理

应通过正式的管理过程控制口令的分配。

为了保证个人口令的保密性和组口令仅在该组成员范围内使用，要求用户签署一份声明，签署的声明可包括在任用条款和条件中。

如果需要用户维护自己的口令，则在初始时提供给他们一个安全的临时口令，并强制其立即改变；在提供一个新的、代替的或临时的口令之前，要建立验证用户身份的规程；要通过安全的方式将临时口令给予用户；要避免使用第三方或未保护的电子邮件消息；临时口令对个人而言是唯一的、不可猜测的。

用户要确认收到口令；口令不要以未保护的形式存储在计算机系统内；要在系统或软件安装后改变提供商的默认口令。

口令是按照用户授权赋予对控制系统的访问权之前，验证用户身份的一种常用手段。用户标识和鉴别的其他技术，如生物特征识别（如指纹验证）、签名验证和硬件标记的使用（如智能卡），这些技术均可用，若合适，要进行考虑。

4．用户访问权的复查

管理层应通过正式过程对用户的访问权进行定期复查。

在用户访问权更新之后，对用户的访问权应进行复查。当用户岗位发生变化时，也要复查和重新分配用户的访问权。

6.8.3　用户职责

用户职责的目标是防止未授权用户对控制系统及其资产访问、损害或窃取。

已授权用户的合作对实现有效的安全是非常重要的。

用户应知悉其维护有效访问控制的职责，特别是关于口令使用和用户设备的安全职责。

桌面清空策略应实施，以降低未授权访问或破坏纸、介质和控制系统的风险。

1．口令使用

用户在选择及使用口令时，应遵循良好的安全习惯。

对于所有用户，要在初次登录时更换临时口令；要选择具有最小长度的优质口令；要保密口令；除非可以对其进行安全存储及存储方法得到批准，否则避免保留口令的记录（如在纸上、软件文件中或手持设备中）；当有任何迹象表明系统或口令受到损害时要变更口令；要定期或以访问次数为基础变更口令（有特殊权限的账户的口令应比常规口令更频繁地予以变更），并且避免重新使用旧口令或周期性地使用旧口令；在任何自动登录过程

（如以宏或功能键存储）中，不要包含口令；不要在业务目的和非业务目的中使用相同的口令。

2．无人值守的用户设备

对于无人值守的控制系统设备，用户应确保有适当的保护。

用户要了解保护无人值守设备的安全要求和规程，以及对实现这种保护所负的职责。

3．清洁桌面和屏幕策略

用户应采取清空桌面上文件、可移动存储介质和控制系统设施屏幕的策略。

清空桌面和屏幕策略应考虑信息分类、法律和合同要求、潜在的 HSE 问题、相应的风险和组织机构的文化方面。当不用，特别是当离开办公室时，要将敏感或关键业务信息锁起来（如在保险柜或保险箱，或者其他形式的安全设备中）。当无人值守时，计算机和终端要注销，或使用由口令、令牌或类似的由用户鉴别机制控制的屏幕和键盘锁定机制进行保护。当不使用时，要使用带钥匙的锁、口令或其他控制措施进行保护。邮件进出点和无人值守的传真机要受到保护。要防止复印机或其他复制技术（如扫描仪、数字照相机）的未授权使用。对包含敏感或涉密信息的文件要及时从打印机中清除。

6.8.4　网络访问控制

网络访问控制的目标是防止对网络服务的未授权访问。

应控制内部和外部网络服务的用户。

访问网络和网络服务的用户，不应损害网络服务的安全，确保在本组织机构的网络和其他组织机构拥有的网络及公共网络之间有合适的接口；确保对用户和设备应采用合适的鉴别机制；确保对用户访问控制系统的强制控制。

1．网络服务策略

用户应仅能访问已获专门授权使用的服务。

应制定使用网络和网络服务的策略。

网络服务策略包括允许被访问的网络和网络服务、确定允许哪个人访问哪些网络和网络服务的授权规程、保护访问网络连接和网络服务的管理控制措施和规程，以及访问网络和网络服务使用的手段。

2．外部连接的用户鉴别

对控制远程用户的访问应使用适当的鉴别方法。

远程用户的鉴别可以使用如密码技术、硬件令牌或询问/响应协议等来实现。在各种各样的虚拟专用网（VPN）解决方案中可以发现这种技术的可能实施。专线也可用来作为连接来源的保证。

3．网络上的设备标识

应考虑自动设备标识，并将其作为鉴别特定位置和设备连接的方法。

若通信只能从某特定位置或设备处开始，则可使用设备标识。设备内的或贴在设备上的标识符可用于表示此设备是否允许连接网络。若存在多个网络，尤其是如果这些网络有不同的敏感度，那么这些标识符要清晰地指明设备允许连接到哪个网络。考虑设备的物理保护以维护设备标识符的安全可能是必要的。

这些控制措施可补充其他技术以鉴别设备的用户。此外，设备标识可用于用户鉴别。

4．远程诊断和配置端口的保护

对于物理和逻辑访问诊断与配置端口，应进行控制。

对于诊断和配置端口的访问可采取的控制措施包括使用带钥匙的锁和支持规程。

有些控制系统安装了远程诊断或配置工具，以便维护工程师使用。如果未加保护，则这些诊断端口提供了一种未授权访问的手段。

如果没有特别的业务需要，那么安装在控制系统设施中的端口、服务和类似设施要禁用或取消。

5．网络隔离

应在网络中隔离各组控制系统资产。

控制大型网络安全的一种方法是将该网络分成独立的逻辑网络域，如组织机构的内部网络域和外部网络域，每个域受到已定义安全周界的保护。不同等级的控制措施集可应用于不同的逻辑网络域，以进一步隔离网络安全环境。域的定义要基于风险评估和每个域内的不同安全要求。

6．网络连接控制

对于共享网络，尤其是越过组织机构边界的网络，用户的联网能力应按照访问控制策略和业务进行限制。

按照访问控制策略的要求，维护和更新用户的网络访问权。

7．网络路由控制

在网络中实施路由控制，确保计算机连接和信息流不违反业务应用的访问控制策略。路由控制措施要基于确定的源地址和目的地址校验机制。

6.8.5　操作系统访问控制

操作系统访问控制的目标是防止对操作系统的未授权访问。

使用安全设施以限制授权用户访问操作系统。这些设施应按照已定义的访问控制策略鉴别授权用户，应记录成功和失败的系统鉴别企图及专用系统特殊权限的使用，当违背系统安全策略时发布警报，必要时限制用户的连接时间，以及提供合适的鉴别手段。

1．安全登录规程

应通过安全登录规程对访问操作系统进行控制。

登录到操作系统的规程要设计成使未授权访问的机会减到最少。因此，登录规程要公开有关系统的最少信息，以避免给未授权用户提供任何不必要的帮助。

2．用户标识和鉴别

每个用户应有唯一的、专供其个人使用的标识符，并选择一种适当的鉴别技术证实用户所宣称的身份。

这种控制措施应用于所有类型的用户，包括技术支持人员、操作员、网络管理员、系统程序员和数据库管理员。

使用用户 ID 来将各个活动追踪到各个责任人。常规的用户活动不应使用有特殊权限的账户执行。

3．口令管理系统

必须采用交互式的口令管理系统，并确保是优质口令。

一个口令管理系统要能够强制使用个人用户 ID 和口令，以保持可核查性；要允许用户选择和变更他们自己的口令，并且包括一个确认规程；要强制选择优质口令；要强制口令变更；在第一次登录时强制用户变更临时口令；维护用户以前使用的口令记录，并防止重复使用；在输入口令时，不在屏幕上显示；要分开存储口令文件和应用系统数据；要以保护的形式（如加密或哈希运算）存储和传输口令。

口令是确认用户具有访问计算机服务授权的主要手段之一。

在大多数情况下，口令由用户选择和维护。

4．系统实用工具的使用

应限制并严格控制可能超越系统和应用程序控制措施的实用工具的使用。

对于系统实用工具的使用，应有对系统实用工具使用标识、鉴别和授权的规程；应将系统实用工具和应用软件分开；应将使用系统实用工具的用户限制到可信的、已授权的最少实际用户数；应对系统实用工具使用特别的授权；应限制系统实用工具的可用性，如在授权变更期间内；应对系统实用工具的授权级别进行定义并形成文件；应移去或禁用所有不必要的基于软件的实用工具和系统软件；当要求责任分割时，禁止访问系统中应用程序的用户使用系统实用工具；应记录系统实用工具的所有使用。

大多数计算机装有一个或多个可能超越系统和应用控制措施的系统实用工具。

5．会话超时

在一个设定的休止期后，必须关闭不活动会话。

在一个设定的休止期后，超时设施要清空会话屏幕，并且也可在超时更长时，关闭应用和网络会话。超时延迟要反映该范围的安全风险、被处理的信息和被使用的应用程序类别，以及与设备用户相关的风险。

有些系统可以提供一种受限制的超时设施形式，即清空屏幕并防止未授权访问，但不关闭应用或网络会话。

这种控制在高风险位置特别重要，包括那些在组织机构安全管理之外的公共或外部区域。要关闭会话，以防止未授权人员访问和拒绝服务攻击。

6．联机时间的限制

通过联机时间的限制，为高风险应用程序提供额外的安全。

对敏感的计算机应用程序，特别是安装在高风险位置（如超出组织机构安全管理范围的公共或外部区域）的应用程序，要考虑使用联机时间的控制措施。

联机时间限制应使用预先定义的时隙，如对批文件传输，或定期的短期交互会话。如果没有超时或延时操作要求，则将联机时间限于正常办公时间。另外，应考虑定时进行重新鉴别。

限制与计算机服务连接的允许时间，减少了未授权访问机会。限制活动会话的持续时间，可以防范用户保持会话打开而阻碍重新鉴别。

6.8.6　应用和信息访问控制

应用和信息访问控制的目标是防止对应用系统中信息的未授权访问。

根据组织机构信息安全方针，安全设施用于限制对应用系统和应用系统内的访问。

对应用软件和信息的逻辑访问应只限于授权用户。应用系统要按照已确定的访问控制策略，控制用户访问信息和应用系统功能；要提供防范能够超越或绕过系统和应用控制措施的任何实用工具、操作系统软件和恶意软件的未授权访问；要不损害与之共享信息资源的其他系统安全。

1．信息访问的限制

用户和支持人员对应用和信息系统功能的访问，必须依照已确定的访问控制策略进行限制。

对信息访问的限制，应基于每个用户和支持人员的角色。访问控制策略还应与组织机构的访问策略保持一致。

2．敏感系统的隔离

敏感系统应有专用的、隔离的运算环境。

系统的责任人要明确识别系统的敏感程度，并形成文件。同时，责任人要识别并接受与其共享资产源的应用系统及相关风险。

敏感系统的隔离可通过使用物理或逻辑手段实现。

6.8.7 移动计算和远程工作

移动计算和远程工作的目标是使用移动计算和远程工作设施时确保控制系统的信息安全。

要求的保护措施应与这些特定工作方式引起的风险相称。

当使用移动计算时，要考虑在不受保护环境中的工作风险，并采取合适的保护措施。在远程工作的情况下，组织机构要在远程工作地点采用保护措施，并确保对这种工作方式有合适安排。

1. 移动计算和通信

为了防范使用移动计算和通信设施时所造成的风险，必须有正式策略并采用适当的安全措施。

使用移动计算和通信设施时要特别小心，确保业务信息不会损害，同时也要考虑在不受保护的环境下使用移动计算设备工作的风险。

2. 远程工作

应为远程工作活动开发和实施策略、操作计划和规程。

组织机构应仅在有合适的安全部署和控制措施到位且符合组织机构安全方针的情况下，才授权远程工作活动。

6.9 信息获取、开发与维护

信息获取、开发与维护需要考虑控制系统安全要求、应用中的正确处理、密码控制、系统文件安全、开发和支持过程中的安全、技术脆弱性管理等。

6.9.1 控制系统安全要求

控制系统安全要求的目标是确保安全是控制系统的一个有机组成部分。

控制系统包括操作系统、基础设施、业务应用、非定制产品、服务和用户开发的应用。支持业务过程的控制系统的设计和实施对安全来说可能是关键的，在控制系统开发或实施之前，应识别并商定安全要求。

在项目需求阶段应识别所有安全要求并证明这些安全要求的合理性，对这些安全要求加以商定，并且将这些安全要求形成文件作为控制系统整体业务情况的一部分。

在新的控制系统或增强已有控制系统的业务要求陈述中，应规定对安全控制措施的要求。

控制措施要求的说明应考虑将自动控制措施并入信息系统中，以支持人工控制措施的需要。当评价业务应用的软件包时，已开发或采购软件包，应进行类似考虑。

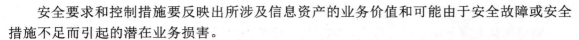

安全要求和控制措施要反映出所涉及信息资产的业务价值和可能由于安全故障或安全措施不足而引起的潜在业务损害。

信息安全的系统要求与实施安全的过程要在控制系统项目的早期阶段集成。在设计阶段引入控制措施要比在实现期间或实现后引入控制措施实施和维护的费用低得多。

若购买产品，则需要遵循一个正式的测试和获取过程。与供货商签订的合同要给出已确定的安全要求。如果推荐的产品的安全功能不能满足安全要求，那么在购买产品之前要重新考虑引入的风险和相应的控制措施。如果产品提供的附加功能引起了安全风险，那么要禁用该功能，或者要评审所推荐的控制结构，以判定是否可以利用该附加功能。

6.9.2　应用中的正确处理

应用中的正确处理的目标是防止在应用中信息的差错、遗失、未授权修改或误用。

应用系统包括用户开发的应用系统，应设计合适的控制措施以确保正确处理。这些控制措施包括对输入数据、内部处理和输出数据的确认。

针对处理敏感的、有价值的、关键的信息系统或对这些信息有影响的系统，可以要求额外的控制措施。这些控制措施要在安全要求和风险评估的基础上加以确定。

1．输入数据确认

对输入应用系统的数据应进行确认，确保数据是正确且恰当的。

对用于业务交易、常备数据和参数表的输入应进行检查。如适用，为了减小出错的风险和预防包括缓冲区溢出和代码注入等常见攻击，可以考虑对输入数据进行自动检查和确认。

2．内部处理控制

确认核查应合并到应用中，以检验由于处理差错或故意行为造成的信息的任何讹误。

应用的设计与实施应确保导致完整性损坏的处理故障的风险减至最小。

正确输入的数据可能被硬件错误、处理出错或通过故意行为所破坏。所需的确认核查取决于应用的性质和毁坏数据对业务的影响。

3．消息完整性

确保消息真实性和保护消息完整性的要求在应用中应进行识别，以及识别并实施适当的控制措施。

通过安全风险评估，可判定是否需要消息完整性，并确定最合适的实施方法。

密码技术可作为一种合适的实现消息鉴别的手段。

4．输出数据确认

来自应用系统输出的数据应进行确认，以确保对所存储信息的处理是正确且适于这些环境的。

输出确认通常包括合理性检查、调节控制计数、为后续处理系统提供足够的信息、响应输出确认测试的规程、定义数据输出过程中人员的职责、创建过程中活动的日志等。

6.9.3　密码控制

密码控制的目标是通过密码方法保护信息的保密性、真实性或完整性。

应开发使用密码控制的策略，应有密钥管理以支持使用密码技术。

1．使用密码控制的策略

应开发和实施使用密码控制措施保护信息的策略。

制定密码策略时，应考虑组织机构使用密码控制的管理方法、基于风险评估确定所需的保护级别、密钥管理方法等。

2．密钥管理

应有密钥管理，以支持组织机构使用密码技术。

所有的密钥应被保护，免遭修改、丢失和毁坏。此外，秘密密钥和私有密钥要防范非授权泄露。用于生成、存储和归档密钥的设备应进行物理保护。

密钥管理系统应基于已商定的标准、规程和安全方法。此外，安全管理秘密密钥和私有密钥还需考虑公开密钥的真实性。

6.9.4　系统文件安全

系统文件安全的目标是确保系统文件的安全。

对系统文件和程序源代码的访问应进行控制。要以安全的方式管理信息系统项目和支持活动。在测试环境中要小心谨慎以避免泄露敏感数据。

1．运行软件的控制

在运行的控制系统上安装软件应有规程来控制，使控制系统被破坏的风险减到最小。

在运行的控制系统中所使用的由厂商供应的软件要在供应商支持的级别上进行维护。经过一段时间后，软件供应商将停止支持旧版本软件。因此，组织机构要考虑依赖于这种不再支持软件的风险。

升级到新版的任何决策要考虑变更的业务要求和新版本的安全，即引入的新安全功能或影响该版本安全问题的数量和严重程度。当软件补丁有助于消除或减少安全弱点时，要使用软件补丁。

必要时在管理层批准的情况下，仅为了技术支持的目的，才授予供应商物理或逻辑访问权，并对供应商的活动进行监督。

计算机软件可能依赖于外部提供的软件和模块，要对这些产品进行监视和控制，以避免可能引入安全弱点的非授权变更。

操作系统应仅在需要升级的时候才进行升级，如在操作系统的当前版本不再支持业务要求时，只有在具有可用的新版本操作系统后才能进行升级。

2．系统测试数据的保护

控制系统测试数据应认真地进行选择、保护和控制。

要避免使用包含个人信息或其他敏感信息的运行数据库用于测试。如果测试使用个人或其他敏感信息，则在使用之前要删除或修改所有的敏感细节和内容。

3．对程序源代码的访问控制

对程序源代码和相关事项（如设计、说明书、验证计划和确认计划）的访问应严格进行控制，以防引入非授权功能和避免无意识的变更。对于程序源代码的保存，可以通过这种代码的中央存储控制来实现，最好是放在源程序库中。

维护和复制源程序库，要严格遵守变更控制规程。

6.9.5　开发和支持过程中的安全

开发和支持过程中的安全目标是维护控制系统和信息的安全。

项目和支持环境应严格控制。负责应用系统的管理人员也应负责项目和环境的安全。他们要确保评审所有推荐的系统变更，以核查这些变更不会损害系统或操作系统的安全。

1．变更控制规程

变更的实施应使用正式的变更控制规程来进行控制。

为了将对控制系统的损坏减到最小，应将正式的变更控制规程文件化，并强制实施。引入新系统和对已有系统进行大的变更要按照从文件、规范、测试、质量控制到实施管理这个正式的过程进行。

这个过程需要包括风险评估、变更影响分析和所需的安全控制措施规范，以及需要确保不损害现有的安全和控制规程、确保支持程序员仅能访问系统中那些必要的部分、确保任何变更均要获得正式商定和批准。

2．操作系统变更后应用的技术评审

当操作系统发生变更时，包括升级、更新和打补丁，控制系统的应用需要进行评审和测试，以确保组织机构的运行和安全没有受到负面影响。

3．软件包变更的限制

软件包的修改应进行劝阻，只限于必要的变更，并且对所有的变更加以严格控制。

若可能且可行，应直接使用厂商提供的软件包，并且不能修改。

若变更是必要的，则应保留原始软件，并将变更应用于已明显确定的复制软件包。

4. 信息泄露

必须防止信息泄露的可能性。

限制信息泄露的风险，要考虑扫描隐藏信息的对外介质和通信；要考虑掩盖和调整系统及通信的行为，以减小第三方从这些行为中推断信息的可能性；要考虑使用被认为具有高完整性的系统和软件，如使用经过评价的产品；要考虑在现有法律或法规允许的情况下，定期监视个人和系统的活动；要考虑监视计算机系统的资源。

5. 外包软件开发

外包软件开发应由组织机构管理和监视。

在外包软件开发时，应考虑许可证安排、代码所有权和知识产权；应考虑工作的质量和认证；应考虑第三方出现故障的契约安排，审核工作质量和访问权，在安装前检测恶意代码等。

6.9.6　技术脆弱性管理

技术脆弱性管理的目标是降低利用公布的技术脆弱性导致的风险。

技术脆弱性管理应以一种有效的、系统的、可重复的方式实施，并经测量证实其有效性。这些考虑事项应包括使用中的操作系统和任何其他在用的应用程序。

控制系统技术脆弱性的信息应及时获得，以评价组织机构对这些脆弱性的暴露程度，并采取适当的措施来处理相关风险。

有效技术脆弱性管理的先决条件是当前完整的资产清单。支持技术脆弱性管理所需的特定信息包括软件供应商、版本号、部署的当前状态（如在什么系统上安装什么软件），以及组织机构内负责软件的人员。

6.10　信息安全事件管理

信息安全事件管理需要考虑报告信息安全事态和弱点、信息安全事件和改进管理等。

6.10.1　报告信息安全事态和弱点

报告信息安全事态和弱点的目标是确保与控制系统有关的信息安全事态和弱点能够以某种方式传达，以便及时采取纠正措施。

应当具备正式的事态报告和上报规程。所有雇员、承包方人员和第三方人员都要对这些规程进行培训，以便报告可能对组织机构的资产安全造成影响的不同类型的事态和弱

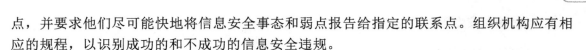

点，并要求他们尽可能快地将信息安全事态和弱点报告给指定的联系点。组织机构应有相应的规程，以识别成功的和不成功的信息安全违规。

1．报告信息安全事态

控制系统信息安全事态必须尽快地通过适当的管理渠道进行报告。

应建立正式的信息安全事态报告规程和事件响应及上报规程，在收到信息安全事态报告时着手采取措施。为了报告信息安全事态，要建立联系点，并确保整个组织机构都知道该联系点，该联系点一直保持可用并能提供充分且及时的响应。

所有雇员、承包方人员和第三方人员都应经培训并知道他们有责任尽快地报告任何信息安全事态。他们还应知道报告信息安全事态的规程和联系点。识别事件的细节应形成文件，以记录本次事件、响应、吸取的教训，以及采取的行动。

2．报告信息安全弱点

应要求控制系统和服务的所有雇员、承包方人员和第三方人员记录并报告他们观察到的或怀疑的任何系统或服务的安全弱点。

为了预防信息安全事件，所有雇员、承包方人员和第三方人员应尽快地将这些事情报告给他们的管理层，或者直接报告给服务提供者。报告机制应尽可能容易、可访问和可利用。

雇员、承包方人员和第三方人员建议不要试图去证明被怀疑的安全弱点。因为测试弱点可能被看作是潜在的系统误用，可能导致控制系统或服务的损害，并导致测试人员的法律责任。

6.10.2　信息安全事件和改进管理

信息安全事件和改进管理的目标是确保采用一致和有效的方法对信息安全事件进行管理。

组织机构应实施事件响应计划，以识别负责的人员及其采取的行动，同时应有职责和规程，一旦信息安全事态和弱点被报告上来，就能有效地处理这些事件。此外，应使用一个连续的改进过程对信息安全事件进行响应、监视、评价和整体管理。

如果需要证据，则收集证据，并确保符合相关法律要求。

1．职责和规程

应建立管理职责和规程，确保按照已建立的规程快速、有效和有序地响应信息安全事件。

除了对信息安全事态和弱点进行报告外，还要利用对系统、报警和脆弱性的监视来检测信息安全事件。

2．对信息安全事件的总结

对信息安全事件的总结，要有一套机制能够量化和监视信息安全事件的类型、数量和代价。

信息安全事件评价中获取的信息，应用于识别再发生的事件或高影响的事件。

3．证据的收集

若一个信息安全事件涉及民事或刑事诉讼，需要进一步对个人或组织机构进行起诉时，应收集、保留和呈递证据，以使其符合相关管辖区域对证据的要求。

在组织机构内进行纪律处理措施而收集和提交证据时，应制定和遵循内部规程。

6.11　业务连续性管理

业务连续性管理主要考虑业务连续性管理信息安全方面。

业务连续性管理信息安全方面的目标是防止业务活动中断，保护关键业务过程免受控制系统重大失误或灾难的影响，并确保及时恢复。

业务连续性管理过程通过使用预防和恢复控制措施，将对组织机构的影响减到最小，并从信息资产的损失（如自然灾害、意外事件、设备故障和故意行为的结果）中恢复到可接受的程度，实施业务连续性管理过程。这个过程要确定关键的业务过程，并且将业务连续性的信息安全管理要求同其他连续性要求如运行、员工、材料、运输和设施等结合起来。

由灾难、安全失效、服务丢失和服务可用性引起的后果应经受业务影响分析。应制订和实施业务连续性计划，确保重要的运行能及时恢复。信息安全是整体业务连续性过程和组织机构内其他管理过程的一个有机组成部分。

业务连续性管理，除了一般的风险评估过程之外，还应包括识别和减小风险的控制措施，以限制破坏性事件的后果，并确保业务过程需要的信息方便使用。

1．在业务连续性管理过程中包含信息安全

为贯穿于组织机构的业务连续性，必须开发和保持一个管理过程，解决组织机构的业务连续性所需的信息安全要求。

这个过程包含业务连续性管理的关键要素：及时理解组织机构所面临的风险，识别关键业务过程中涉及的所有资产。

由信息安全事件引起的中断可能对业务产生影响，重要的是找到处理产生较小影响的事件和可能威胁组织机构生存的严重事件的解决方案，并建立控制系统设施的业务目标。

2．业务连续性和风险评估

事态能引起业务过程中断，因此，应当识别这些事态，连同这种中断发生的概率和影响，以及它们对信息安全所造成的后果。

业务连续性的信息安全方面要基于识别可能导致控制系统中断的事态或事态顺序，例如，设备故障、人为差错、盗窃、火灾、自然灾害和恐怖行为。随后是风险评估，根据时间、损坏程度和恢复周期，确定中断发生的概率和影响。

业务连续性风险评估应有业务资源和过程责任人的全面参与执行。这种评估考虑所有业务过程，并不局限于控制系统设施，包括信息安全特有的结果。重要的是，要将不同方面的风险连接起来，以获得一幅完整的组织机构业务连续性要求的构图。评估要按照组织机构的相关准则和目标，包括关键资源、中断影响、允许中断时间和恢复的优先级，来识别、量化并列出风险的优先顺序。

3. 制订和实施包含信息安全的业务连续性计划

必须制定、实施、测试和更新业务连续性计划，以保持或恢复运行，并在关键业务过程中断或失败后能够在要求的水平和时间内确保控制系统的可用性。

4. 业务连续性计划框架

必须保持业务连续性计划的单一框架，确保所有计划是一致的，能够协调地解决信息安全要求，并为测试和维护确定优先级。

每个业务连续性计划应说明实现连续性的方法，如确保信息或信息系统可用性和安全的方法。每个计划还要规定上报计划和激活该计划的条件，以及负责执行该计划每一部分的人员。当确定新的要求时，现有的应急规程，如撤离计划或退回安排，应做出相应修正。这些规程应包括在组织机构的变更管理程序中，确保业务连续性事宜总能够得到适当解决。

每个计划要有一个特定的责任人。应急规程、人工退回计划，以及重新使用计划要属于相应业务资源或所涉及过程的责任人的职责范围。可替换技术服务的退回安排，如控制系统和通信设施，通常应是服务提供者的职责。

5. 测试、维护和再评估业务连续性计划

应定期测试和更新业务连续性计划，以确保其及时性和有效性。

业务连续性计划的测试要确保恢复小组中所有成员和其他有关人员了解该计划和他们对于业务连续性和信息安全的职责，并知道在计划启动后他们的角色。

业务连续性计划的测试计划安排要指出如何和何时测试该计划的每个要素。计划中的每个要素建议经常测试。

6.12　符　合　性

符合性需要考虑符合性法律要求、符合安全策略和标准及技术符合性、控制系统审计

考虑等。

6.12.1　符合性要求

符合性法律要求的目标是避免违反任何法律、法令、法规或合同义务及任何安全要求。

控制系统的设计、运行、使用和管理都要受到法令、法规，以及合同安全要求的限制。

特定的法律要求建议从组织机构的法律顾问或合格的法律从业人员处获得。法律要求因国家而异，并且对于一个国家所产生的信息发送到另一个国家（即越境的数据流）的法律要求也不同。

1．可用法律的识别

对控制系统和组织机构而言，所有相关的法令、法规和合同要求，以及为满足这些要求组织机构所采用的方法，必须明确定义、形成文件并保持更新。

为了满足这些要求，特定控制措施和人员的职责应类似定义并形成文件。

2．知识产权（IPR）

为了确保在使用具有知识产权的材料和具有所有权的软件产品时符合法律、法规和合同的要求，应实施适当的规程。

3．保护组织机构的记录

重要的记录应防止遗失、毁坏和伪造，以满足法令、法规、合同和业务的要求。

控制系统记录或分类信息应分为记录类型（如账号记录、数据库记录、事务日志、审计日志等）和运行规程。每个记录都带有详细的保存周期和存储介质的类型，如纸质、缩微胶片、磁介质、光介质等。此外，要保存与已加密的归档文件或数字签名相关的任何有关密钥材料，以使得记录在保存期内能够解密。

4．数据保护和个人信息的隐私

按照相关法律、法规和合同条款的要求，应确保数据保护和隐私。

应制定和实施组织机构的数据保护和隐私策略。该策略通知到涉及私人信息处理的所有人员。

符合该策略和所有相关数据保护的法律法规需要合适的管理结构和控制措施。通常，这一点最好通过任命一个负责人来实现，如数据保护官员，该数据保护官员应向管理人员、用户和服务提供商提供他们各自的职责，以及应遵守的特定规程的指南。处理个人信息和确保了解数据保护原则的职责应根据相关法律法规来确定，应实施适当的技术和组织机构措施以保护个人信息。

目前，许多国家已经具有控制个人数据收集、处理和传输的法律。根据不同的国家法

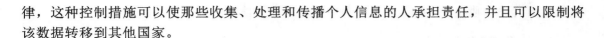

律，这种控制措施可以使那些收集、处理和传播个人信息的人承担责任，并且可以限制将该数据转移到其他国家。

5．防止滥用控制系统

应禁止用户使用控制系统用于未授权的目的。

管理层应批准控制系统的使用。在没有管理层批准的情况下，任何出于非业务或未授权目的使用这些设施，均应看作不正确地使用设施。如果通过监视或其他手段确定了任何非授权活动，则该活动引起相关管理人员的注意。

在实施监视规程之前，应征求法律建议。

所有用户应知道允许其访问的准确范围和采取监视手段检测非授权使用的准确范围。这一点可以通过一定的方式实现，给用户一份书面授权，该授权的副本应由用户签字，并由组织机构加以安全保存。应建议组织机构的雇员、承包方人员和第三方人员，除所授权的访问外，不允许任何访问。

6．密码控制措施的规则

使用密码控制措施应遵从相关协议、法律和法规。

为符合相关协议、法律和法规，要考虑限制执行密码功能的计算机硬件和软件的入口和/或出口；要考虑限制被设计用于增加密码功能的计算机硬件和软件的入口和/或出口；要考虑限制密码的使用；要考虑利用国家对硬件或软件加密信息的授权的强制或任意访问方法提供内容的保密性。

通过征求法律建议，确保符合国家法律法规。在将加密信息或密码控制措施转移到其他国家之前，也要获得法律建议。

6.12.2　安全策略、标准和技术符合性

符合安全策略和标准及技术符合性的目标是确保系统符合组织机构的信息安全策略及标准。

控制系统的信息安全应进行定期评审。这种评审按照适当的安全策略进行，应审核技术平台和控制系统，看其是否符合适用的信息安全实施标准和文件的安全控制措施。

1．符合安全策略和标准

管理人员应确保在其职责范围内的所有安全规程被正确执行，以实现符合安全策略及标准。

管理人员要对自己职责范围内的控制系统是否符合合适的安全策略、标准和任何其他安全要求进行定期评审。

如果评审结果发现任何不符合，则管理人员应确定不符合的原因，评价确保不符合不再发生的需要措施，确定并实施适当的纠正措施，评审所采取的纠正措施。

应记录评审结果和管理人员采取的纠正措施，并且应维护这些记录。当在管理人员的

职责范围内进行独立评审时，管理人员应将结果报告给执行独立评审的人员。

2．技术符合性核查

应定期核查控制系统是否符合信息安全实施标准。

技术符合性核查建议应由有经验的系统工程师手动方式或在自动化工具辅助下实施，以产生供技术专业人士进行后续解释的技术报告。

若使用渗透测试或脆弱性评估工具，则要格外小心，因为这些活动可能导致系统安全的损害。这样的测试应预先计划，形成文件，并且可重复执行。

6.12.3　控制系统审计考虑

控制系统审计考虑的目标是将控制系统审计过程中的有效性最大化，干扰最小化。

在控制系统审计期间，应有控制措施防护运行系统和审计工具。

为防护审计工具的完整性和防止滥用审计工具，也要求有保护措施。

1．控制系统审计控制措施

涉及对运行控制系统核查的审计要求活动，需要谨慎地加以规划并取得批准，以便最小化造成业务过程中断的风险。

控制系统审计控制措施应与相应的管理层商定审计要求，以及商定和控制审查范围。审查限于软件和数据的只读访问，非只读访问仅限于系统文件的复制，审计完成时按审计要求及时删除或保留这些复制，识别和提供审查所需资源、识别和商定特定的处理要求、监视和记录所有访问。此外，执行审计的人员要独立于被审计的活动。

2．控制系统审计工具的保护

对于控制系统审计工具的访问应加以保护，以防止任何可能的滥用或损害。

控制系统审计工具，如软件或数据文件，要与开发和运行系统分开，并且不能保存在磁带或用户区域内，除非给予合适级别的附加保护。

如果审计涉及第三方，则可能存在审计工具被第三方滥用，以及信息被第三方组织机构访问的风险。因此，应有解决这种风险和后果的控制措施，并采取相应行动。

第 7 章 工业控制系统信息安全项目工程

7.1 项目工程简介

在第 5 章中我们曾提到，不能把信息安全当作一个有开始日期和结束日期的项目来处理，但是新建的工业项目包括工业控制系统部分。因此，我们需要按照新建工业项目的要求和流程，做好新建工业控制系统信息安全建设。

在新建工业项目中，工业控制系统信息安全是项目工程中工业安全的重要组成部分，其具体工作贯穿于项目工程中的各个阶段。

7.1.1 工业项目工程简介

工业项目工程一般包括规划阶段、工程设计阶段、施工阶段和调试运行阶段。

工程设计阶段的划分一般根据工程规模的大小、技术的复杂程度，以及是否有设计经验来决定。正常情况下一般分为三个阶段、两个阶段、一次完成设计三种情况。凡是重大的工程项目，在技术要求严格、工艺流程复杂、设计又往往缺乏经验的情况下，为了保证设计质量，设计过程一般分为三个阶段来完成，即初步设计、技术设计和施工图设计三个阶段。技术成熟的中小型工程，为了简化设计步骤，缩短设计时间，可以分为两个阶段进行，两个阶段设计又分为两种情况：一种情况是分为技术设计和施工图设计两个阶段；另一种情况是将初步设计和技术设计合并为扩大初步设计和施工图设计两个阶段。技术既简单又成熟的小型工程或个别生产车间可以一次完成设计。此外，对于一些大型化工联合企业，为了解决总体部署和开发问题，还要进行总体规划设计或总体设计。总之，一个具体工程项目的设计阶段如何划分，要看建设管理的要求、工程项目的具体情况、设计力量的强弱和有无设计经验，就目前来说，一般采用两个阶段设计，即扩大初步设计和施工图设计。

7.1.2 工业控制系统信息安全项目工程简介

工业控制系统信息安全随着项目工程的启动而开始，但是不会随着项目的结束而结束。因为新的威胁和漏洞随着技术的不断改变而出现，网络信息安全风险也在不断发生变化。因此，一个典型的工业控制系统信息安全通常包括规划与初步设计阶段、详细设计阶段、施工调试阶段、运行维护阶段和升级优化阶段，其典型项目阶段示意图如图 7-1 所示。由此可见，在规划与初步设计阶段、详细设计阶段和施工调试阶段，工业控制系统信息安全项目工程与一般工业项目工程是一致的，相关工作应同期进行并完成。在工业项目工程竣工后，工业项目就宣告结束，而工业控制系统信息安全项目工程并未结束，还需要经过运行维护阶段和升级优化阶段。因此，工业控制系统信息安全项目工程与一般工业项目工程有相同阶段，也有不同阶段。

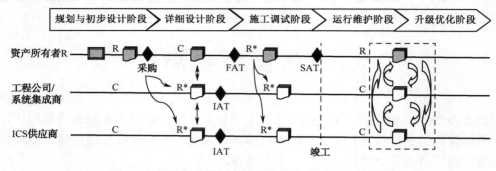

图 7-1　典型工业控制系统信息安全项目阶段示意图

同时也应该看到，工业控制系统信息安全项目工程作为工业项目工程中的重要组成部分，目前还处于起步和发展阶段。工业项目工程包括如何开展工业控制系统信息安全项目工程，如何合理设定信息安全保障检查点，如何组织工程公司、系统集成商、控制系统供应商等相关单位，如何进行工业控制系统信息安全评估等。本章参照目前工业项目惯例进行分析，目的在于建立比较完善的项目体系，促进工业控制系统信息安全项目工程建设。

7.2　规　划　设　计

规划设计是工业项目工程的第一个阶段。正确理解规划设计，并认真做好规划设计，是开展项目工程的首要任务。

7.2.1　规划设计简介

规划设计又称为方案设计或概念设计，是投资决策之后，由咨询单位经可行性研究提出意见和问题，并与业主协商获得认可后提出的具体开展建设的设计文件，其深度应当满足编制初步设计文件和控制概算的需要。

7.2.2　工业控制系统信息安全规划设计

规划设计阶段的目的是识别系统的业务战略，以支持工业控制系统信息安全需求及安全战略等。规划设计阶段的评估应能够描绘信息系统建成后对现有业务模式的作用，包括系统能力、管理等方面，并根据其作用确定系统建设应达到的安全目标。

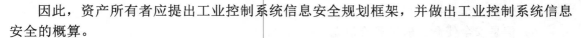

因此，资产所有者应提出工业控制系统信息安全规划框架，并做出工业控制系统信息安全的概算。

工业控制系统信息安全规划框架应包括以下几个方面：

（1）根据相关规则，建立与业务战略相一致的工业控制系统信息安全规划，并获得最高管理者的认可。

（2）明确该系统开发的组织机构、业务变更的管理及开发优先级。

（3）明确该系统开发的威胁、环境，并制定总体的信息安全方针。

（4）描述该系统预期使用的信息，包括预期的应用、信息安全资产的重要性、潜在价值、可能的使用限制、对业务的支持程度等。

（5）描述所有与该系统信息安全相关的运行环境，包括物理和人员的安全配置，以及明确相关的法规、组织机构信息安全策略、专业技术和知识等。

工业控制系统信息安全规划框架应体现在工业控制系统规划或项目建议书中。

7.3　初　步　设　计

初步设计是工业项目工程的第二个阶段。准确把握初步设计，并认真做好初步设计，对项目工程的执行是有帮助的。

7.3.1　初步设计简介

初步设计又称为基础设计，其内容根据项目的类型不同而有所变化。一般来说，它是项目的宏观设计，即项目的总体设计、布局设计、主要的工艺流程、设备的选型和安装设计、土建工程量及费用的估算等。初步设计文件应当满足编制施工招标文件、主要设备材料订货和编制施工图设计文件的需要，是下一阶段施工图设计的基础。

通常，建设单位或资产所有者选择工程公司或设计院进行初步设计。

7.3.2　工业控制系统信息安全初步设计

初步设计阶段的目的是根据规划阶段所明确的工业控制系统运行环境、系统或资产的重要性，提出信息安全功能需求。

因此，资产所有者应提出进行工业控制系统信息安全高层次评估，明确信息安全功能需求，为项目采购提供依据。

在初步设计阶段，建议提供下列文件：

（1）初步的工业控制系统架构图。

（2）初步的工业控制设备布置图。

（3）工业控制系统信息安全高层次评估报告。

（4）财产设备、资产、服务、人员等保护等级需求文档。

（5）信息安全方针。

（6）信息安全使命、前景和价值观。

（7）信息安全管理体系。

在初步设计阶段结束时，建议进行第一次信息安全保障检查，进一步确定上述文件已经准备充分，为后续阶段做准备。

7.4 详 细 设 计

详细设计是工业项目工程的第三个阶段。认真开展详细设计，并及时做好详细设计，对项目工程的执行是很关键的。

7.4.1 详细设计简介

详细设计又称为施工图设计，其主要内容是根据批准的初步设计，绘制出正确、完整和尽可能详细的建筑、安装图纸，包括建设项目部分工程的详图，零部件结构明细表，验收标准、方法，施工图预算等。此设计文件应满足设备材料采购、非标准设备制作和施工的需要，并注明建筑工程合理使用年限。

通常，建设单位或资产所有者选择工程公司或设计院进行详细设计。在这个阶段，建设单位选出设备供应商，设备供应商也开始进行设备部分的详细设计和生产部署。

7.4.2 工业控制系统信息安全详细设计

详细设计阶段的目的是根据初步阶段所提出的信息安全功能需求进行详细的系统功能设计和信息安全设计。

根据资产所有者提供的工业控制系统信息安全高层次评估，工程公司和控制系统集成商进行工业控制系统信息安全详细等级评估，实施信息安全功能需求。之后，控制系统集成商会同资产所有者和工程公司开展项目验收测试（FAT 和 IAT）。

在详细设计阶段，建议提供下列文件：

（1）详细的工业控制系统图。

（2）详细的工业控制设备布置图。

（3）培训文档和培训记录。

（4）资产管理程序。

（5）变更管理程序。

（6）详细的区域设计边界和访问控制端口。

（7）工业控制系统信息安全详细等级评估报告。

（8）更新的财产设备、资产、服务、人员等保护等级需求文档。

（9）更新的信息安全方针。

（10）更新的信息安全使命、前景和价值观。

（11）更新的信息安全管理体系。

在详细设计阶段结束时，建议进行第二次信息安全保障检查，进一步确定上述文件已经准备充分，为后续阶段做准备。

7.5　施　工　调　试

施工调试是工业项目工程的第四个阶段，也是项目工程的最后一个阶段。抓好施工调试，对项目工程的执行也是很关键的。

7.5.1　施工调试简介

建设实施阶段主要进行施工前的准备、组织施工和竣工前的生产准备三项工作。本阶段的主要任务是将"蓝图"变成工程项目实体，实现投资决策意图。在这一阶段，通过施工，在规定的范围、工期、费用、质量内，按设计要求高效率地实现项目目标。在项目建设周期中本阶段的工作量最大，投入的人力、物力和财力最多，项目管理的难度也最大。

在开工建设项目之前，各项准备工作主要包括获得土地、拆迁、"三通一平（水、电、道路通，场地平整）"、组织施工设备、材料订货，准备必要的施工图纸，组织施工招投标，择优选定施工单位。

接下来是项目设备进场安装、调试、集成调试和验收测试。

7.5.2　工业控制系统信息安全施工调试

施工调试阶段的目的是根据工业控制系统信息安全需求和运行环境对系统进行开发和实施，并对系统建成后的信息安全功能进行验证。

根据工业控制系统信息安全详细等级评估，实现信息安全功能需求。在现场验收测试（SAT）后，资产所有者接收控制系统并使之投入运行。同时，会同 IT 人员做好公司网与控制网之间的搭建工作，做好访问控制。

在施工调试阶段，建议提供下列文件：

（1）详细的工业控制系统图。

（2）详细的工业控制设备布置图。

（3）培训文档和培训记录。

（4）控制系统测试记录。

（5）资产管理程序。

（6）变更管理程序。

（7）详细的区域设计边界和访问控制端口。

（8）工业控制系统信息安全详细等级评估报告。

（9）更新的财产设备、资产、服务、人员等保护等级需求文档。

（10）更新的信息安全方针。

（11）更新的信息安全使命、前景和价值观。

（12）更新的信息安全管理体系。

在施工调试阶段结束时，项目会进行竣工验收。此时建议进行第三次信息安全保障检查，进一步确定上述文件已经准备充分，为后续运行维护做准备。

7.6　运 行 维 护

运行维护是工业项目工程结束后的第一个阶段，是工业生产的开始阶段。认真做好运行维护，是工业生产的基本要求。

7.6.1　运行维护简介

运行维护阶段主要进行工业生产运行管理和设备维护管理两项工作。本阶段的主要任务是保证工业生产的稳定运行，实现预定的生产目标。

7.6.2　工业控制系统信息安全运行维护

工业控制系统信息安全运行维护是一项长期而又艰巨的任务。了解和控制运行过程中的安全风险是工业控制系统信息安全运行维护阶段的主要工作。

根据工业控制系统信息安全管理体系，资产所有者做好控制系统的运行和符合性监视，必要时可获得系统集成商或控制系统供应商的支持。

在运行维护阶段，建议做好下列文件：

（1）控制系统运行记录。

（2）资产管理程序。

（3）变更管理程序。

（4）区域设计边界和访问控制端口文件。

（5）工业控制系统信息安全详细等级评估报告。

（6）财产设备、资产、服务、人员等保护等级需求文档。

（7）信息安全管理体系。

（8）补丁管理程序。

7.7　升 级 优 化

升级优化是工业生产的必经阶段。认真做好升级优化，是工业生产顺利进行的有效保证和支撑。

7.7.1　升级优化简介

升级优化阶段主要进行工业控制系统升级和优化两项工作。本阶段的主要任务是保证工业生产的稳定运行，有条件地实施工业控制系统的升级和优化，提高工业控制系统的可靠性和稳定性。

7.7.2　工业控制系统信息安全升级优化

工业控制系统信息安全升级优化是一项长期工作，应理解工业控制系统的生命周期，及时发现控制系统的漏洞和不完善之处，积极应对不断增长的工业控制系统安全要求。

根据工业控制系统信息安全管理体系，资产所有者做好控制系统信息安全的升级和优化工作，必要时可获得系统集成商或控制系统供应商的支持。

在升级优化阶段，建议做好下列文件：

（1）控制系统升级优化记录。

（2）资产管理程序。

（3）变更管理程序。

（4）区域设计边界和访问控制端口文件。

（5）工业控制系统信息安全详细等级评估报告。

（6）财产设备、资产、服务、人员等保护等级需求文档。

（7）信息安全管理体系。

（8）补丁管理程序。

（9）控制系统升级优化培训记录。

第8章 工业控制系统信息安全产品认证

8.1 产品认证概述

工业控制系统信息安全必须通过工业控制系统产品来实现。这里所说的产品包括控制系统内所有与信息安全相关的设备。

下面对产品认证的意义、产品认证的范围和产品认证的检测技术进行简单分析。

8.1.1 产品认证的重要意义

工业控制系统信息安全产品认证对于保护工业控制系统信息安全有着极其重要的意义，能促进工业控制系统产业的进步与成熟；帮助工业控制系统及安全产品的供应商及时发现问题，用更高、更严的标准规范产品开发流程，提高工业控制系统及其安全产品的市场竞争力；有利于国家对工业控制系统及其安全产品的市场准入进行管理，保证工业控制系统运营单位采购产品的安全性；帮助工业控制系统运营单位强化员工的信息安全意识，规范组织信息安全行为，降低潜在的风险隐患。

鉴于工业控制系统信息安全产品认证的重要意义，各国政府、行业协会、学术机构及相关企业等单位都积极推动此项工作的开展，依托现有工业控制系统信息安全标准，推进产品认证项目，设计认证制度。

8.1.2 产品认证的范围

第 4 章中我们提到工业控制系统信息安全所需考虑的系统范围，在这个范围里的产品，如工业防火墙、各种服务器及工作站、DCS 控制器、SIS 控制器、PLC、RTU 等，都必须进行产品认证。产品认证的范围如图 8-1 中的考虑系统界限范围所示。

对于工业控制系统信息安全系统界限范围外的产品，如检测仪表、控制阀、电动机控制单元等，是否要考虑其信息安全产品认证，目前尚无定论。但是，我们可以看到，随着总线技术、智能现场设备和无线技术的应用，工业控制系统信息安全所需考虑系统的范围必然会扩大，相应的产品认证范围也会扩大，这都需要大家关注。

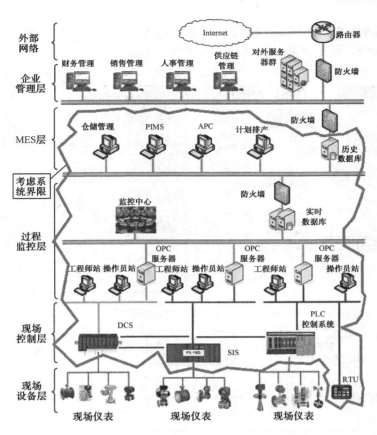

图 8-1   产品认证范围界定举例

8.1.3   产品认证的检测技术

工业控制系统信息安全产品认证的检测技术也在逐步完善。目前，这些检测技术包括构建工业控制系统漏洞库、工业控制系统漏洞库扫描技术、工业控制协议模糊测试，以及工业病毒行为特征提取与攻击模拟技术等。

1. 构建工业控制系统漏洞库

鉴于工业控制系统在操作系统、应用软件和通信协议方面的特殊性，传统信息技术系统漏洞库并不适用于工业控制系统安全测试领域。因此，需要构建工业控制系统专有漏洞库。

工业控制系统漏洞数据库如图 8-2 所示。通过工业控制系统在操作系统、应用软件、通信协议等上的漏洞收集和分析，找出解决方案，并生成测试用例。

工业控制系统漏洞数据库的构建在国外一些认证机构已经有一定积累，但在我国还在起步阶段。

2. 工业控制系统漏洞库扫描技术

基于工业控制系统漏洞库的漏洞扫描技术，依靠漏洞扫描引擎、检测规则的自动匹配，通过工业控制系统漏洞库，扫描工控系统中的关键设备，检测工控系统的脆弱性。以智能电网系统为例，绘制其漏洞扫描技术原理图，如图 8-3 所示。

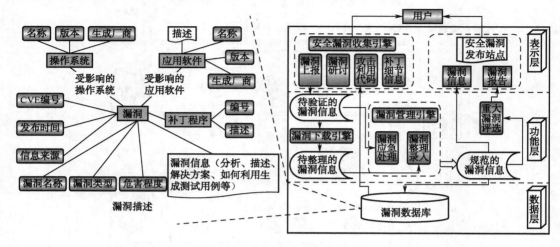

图 8-2　工业控制系统漏洞数据库

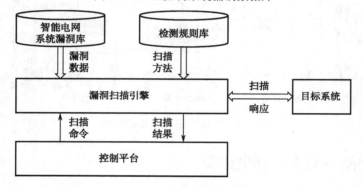

图 8-3　智能电网系统漏洞库的漏洞扫描技术原理图

工业控制系统漏洞扫描技术支持 Modbus、DNP3、Profinet 等工业通信协议漏洞，支持 ICMP Ping 扫描、端口扫描等传统扫描技术。

3．工业控制协议模糊测试

面向工业控制协议的模糊（Fuzzing）测试，其原理图如图 8-4 所示。

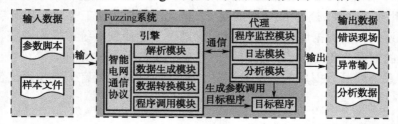

图 8-4　面向工业控制协议的 Fuzzing 测试原理图

通过运用模糊测试原理，设计变异测试用例并构造变异报文，检查工业控制协议实现的缺陷。

构建完整、可扩展的动态随机分析测试框架，监控测试目标，管理测试结果，并支持多目标（如文件、网络协议等）、多协议（如 Modbus TCP、DNP3 等不同类型的协议）、多线程（加速测试进度）。

4．工业病毒行为特征提取与攻击模拟技术

工业病毒行为特征提取与攻击模拟技术的原理如图 8-5 所示。

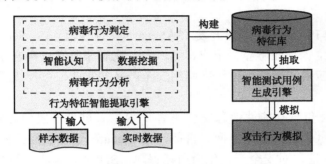

图 8-5　工业病毒行为特征提取与攻击模拟技术原理图

根据数据挖掘智能认知工业病毒攻击行为，实现工业病毒行为判定，提取工业病毒行为特征。

根据网络流量情况、具体协议内容、交互模式及主机或设备行为，检测工业控制环境特种木马等复杂攻击。

8.2　产品认证机构

由于工业控制系统信息安全认证的重要性，各国政府、行业协会、学术机构及相关企业等单位都积极推动此项工作的开展，依托现有工业控制系统信息安全标准，推进认证项目，设计认证制度，建立认证机构，为工业控制系统信息安全产品认证搭建测试平台。

目前，ISA 安全符合性研究院的 ISASecure 嵌入式设备安全保障认证（Embedded Device Security Assurance，EDSA）、Wurldtech 的 Achilles 认证、全球工业网络安全专业认证（Global Industrial Cyber Security Professional，GICSP）是工业控制系统信息安全领域已推出且得到业界普遍认可的信息安全认证。

8.2.1　国外产品认证机构

国外工业控制系统产品的研发和生产比较广，其信息安全产品认证机构建立得也比较早，主要分布在美国、德国、法国、加拿大、日本等国家。

由于工业控制系统信息安全刚刚起步，其他国家也在加紧建立其信息安全产品认证机构。

下面对已建立的国外工业控制系统信息安全产品认证机构进行介绍。当然，由于工业控

制系统信息安全刚刚兴起，许多国家都在建立此类认证机构，本书只简单介绍其中几家。

1. ISA 信息安全符合性研究院

ISA 信息安全符合性研究院（ISA Security Compliance Institute，ISCI）是美国仪表协会（ISA）自动化标准符合性研究院（ASCI）于 2007 年成立的一个由工业控制系统运营单位、产品供应商及工业组织组成的合作机构，其任务是为工业控制系统产品的测试和认证建立一套很好的技术规范和流程，对工业控制系统信息安全标准的符合性进行认证。

ISCI 通过推行 ISASecure 项目开发 ISASecure 认证规范。ISASecure 认证规范均由工业控制系统运营单位、行业协会、用户、学术界、政府和监管机构合作共同审核，帮助工业控制系统设备供应商和运营单位识别网络安全产品并实践，可授权第三方测试实验室进行信息安全认证。

ISASecure 认证包含功能性信息安全评估（FSA）、软件开发信息安全评估（SDSA）和通信鲁棒性测试（CRT）三个方面。目前，ISASecure 认证已经开始针对嵌入式设备安全保障（EDSA）认证，对安全开发生命周期保障（SDLA）认证和系统安全保障（SSA）认证还在规划中。

目前授权的 ISASecure 测试实验室有 JAB CCSC 和 Exida LLC。

目前认可的 ISASecure 嵌入式设备安全保障的通信鲁棒性测试（CRT）平台有三个，分别是 Codenomicon 的 Defensics、FFRI 的 Raven 和 Wurldtech 的 Achilles。

2. Exida LLC

Exida LLC 是 ANSI/ACLASS 认可的认证机构，于 1999 年建立，总部在美国，在德国、英国、亚太地区均有分支机构，可以提供功能性安全认证、报警管理认证和工业控制系统信息安全认证。

Exida LLC 是 ISCI 授权的测试实验室。

3. Wurldtech

Wurldtech 是总部在加拿大的一家专业的工业控制系统信息安全认证公司，在美国和荷兰有分支机构，于 2006 年成立，并于 2014 年被通用电气（GE）收购。

Wurldtech 的 Achilles 测试工具采用漏洞扫描和模糊测试方法，测试工业控制系统中设备和软件的安全问题，在业界享有很高的知名度。

Wurldtech 的 Achilles 认证确保产品供应商的相关产品、系统和服务可以满足最终客户的工业控制系统信息安全标准，已成为事实上的行业标准。Achilles 认证主要有通信认证和实践认证。

Achilles 通信认证主要是针对关键基础设施中常见的利用有线或无线通信协议的应用、设备和系统间健壮性的测试认证。通过该认证的产品，已经达到通信稳定性的最高标准要求，可以有效地防范上万种"零日漏洞"，以及其他未公开的漏洞或隐患。目前，来自全球前十大自动化公司中 8 个（如 Siemens、Schneider、ABB、HIMA、HIRSCHMANN

等）公司的自动化产品已经成功通过了"Achilles 通信认证"的所有要求。适用于"Achilles 通信认证"的产品有以下几种。

（1）嵌入式设备：运行嵌入式软件，用于实现监视、控制，或者执行工业过程控制的设备，如 PLC、SIS 或 DCS 等。

（2）主机设备：运行通用操作系统完成多个应用、数据存储等功能的设备，如 HMI、工程师站等。

（3）控制应用：作为过程控制接口，在嵌入式、主机或网络设备中执行的软件程序，如 HMI 软件、历史数据库软件、PLC 逻辑等。

（4）网络组件：实现了数据传输或限制了数据流的设备，如路由器、交换机、网关、防火墙、无线设备等。

Achilles 实践认证主要依据国际仪器用户协会（WIB）为工业控制系统产品供应商建立的一整套要求来评估安全工程流程，这些要求是 Wurldtech 根据 35 个重要的过程现场中评估了人、流程和执行的过程后开发的 272 个安全基准。通过该认证的产品供应商，可以确保系统的整个开发周期，包括实施、维护和退市等都符合最好的安全管理实践。最重要的是，该认证也符合 WIB 的测试要求。该协会的 50 多家全球企业巨头已经将该认证作为企业的强制性标准，要求他们的产品供应商需通过该认证。目前，Siemens、Honeywell、Emerson、Invensys 等产品供应商已经成功获得该认证。"Achilles 实践认证"完全参照 IEC62443-2-4 标准进行执行。

Wurldtech 的 Achilles 测试平台是认可的 ISASecure 嵌入式设备安全保障认证中的通信鲁棒性测试（CRT）平台。

4．JAB（Japan Accreditation Bureau）

JAB（日本认证局）是 ANSI/ACLASS 认可的认证机构，于 2012 年建立控制系统信息安全中心（Control System Security Center）。

JAB CSSC 是 ISCI 授权的测试实验室。

5．Codenomicon

Codenomicon 是总部在芬兰的专业提供信息安全的公司，在美国和亚太地区均设有分支机构，于 2001 年成立。

Codenomicon 的 Defensics 工控健壮性/安全性测试平台，采用基于主动性安全漏洞挖掘的健壮性评估与管理方案，与 ISASecure 合作，遵循 IEC 62443 标准。

Codenomicon 的 Defensics 测试平台是认可的 ISASecure 嵌入式设备安全保障认证中的通信鲁棒性测试（CRT）平台。

6．GIAC 机构

全球工业网络安全专业认证（Global Industrial Cyber Security Professional，GICSP）是全球信息保障认证（GIAC）机构的一种认证，是基于 ANSI/ISO/IEC 17024 的信息安全认证，也是全球范围内工业控制系统在网络安全领域的网关认证。

8.2.2 国内产品认证机构

国内工业控制系统产品的研发和生产速度比较慢，其信息安全产品认证机构建立的速度也比较慢。

我国在工业防火墙方面已有产品认证机构，也在加紧建立其他工业控制系统信息安全产品认证机构。

下面对已建立的国内工业控制系统信息安全产品认证机构进行介绍。

1. 公安部第三研究所信息系统安全产品检验中心

公安部第三研究所信息系统安全产品检验中心（以下简称检验中心）是在"公安部计算机信息系统安全产品质量监督检验中心"的基础上于 2003 年成立的，是公安部为了加强计算机信息产品安全等级检测与系统安全保护等级评估的技术工作，根据原国家发展计划委员会（计高技〔2000〕2037 号）的要求设立的，于 2004 年 10 月 28 日通过国家质量监督检验检疫总局的计量认证〔（2004）量认（国）字（L2408）号）和公安部部级中心的审查认可。同年，通过中国实验室国家认可委员会认可，是具有第三方公证地位的检验机构。检验中心的主要工作是信息安全产品的检测和系统测评。

目前专用信息安全产品均需要申请销售许可证，一般流程是申请测试—测试通过—申领销售许可证。

检测通过后才能向公安部申请销售许可证。

工控主机一般不部署杀毒软件，即使部署了也不能保证及时更新病毒库，也没有相应鉴权鉴别的访问控制措施。主机防护产品采取铠甲式外挂，实现人员审核与访问控制、操作行为与审计、数据安全交换与杀毒功能。其特色就是在不对工控主机采取任何软硬件加载的前提下提高安全性。

在工控系统测评方面，主要是借鉴计算机等级保护制度，从技术和管理两个方面对工控系统运行的环境和使用的人员进行测评，保证其在测试点的安全合规性，以及测试点之间的动态安全性。目前相关的技术要求和测评方法正在制定过程中。

2. 中国信息安全测评中心

中国信息安全测评中心是我国专门从事信息技术安全测试和风险评估的权威职能机构，创立于 1997 年。

中国信息安全测评中心的主要职能包括：负责信息技术产品和系统的安全漏洞分析与信息通报；负责党政机关信息网络、重要信息系统的安全风险评估；开展信息技术产品、系统和工程建设的安全性测试与评估；开展信息安全服务和专业人员的能力评估与资质审核；从事信息安全测试评估的理论研究、技术研发、标准研制等。

中国信息安全测评中心是国家信息安全保障体系中的重要基础设施之一，在国家专项投入的支持下，拥有国内一流的信息安全漏洞分析资源和测试评估技术装备；建有漏洞基础研究、应用软件安全、产品安全检测、系统隐患分析和测评装备研发等多个专业性技术实验

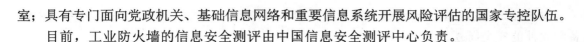

室；具有专门面向党政机关、基础信息网络和重要信息系统开展风险评估的国家专控队伍。

目前，工业防火墙的信息安全测评由中国信息安全测评中心负责。

3．中国信息安全认证中心（ISCCC）

中国信息安全认证中心是经中央编制委员会批准成立，由国务院信息化工作办公室、国家认证认可监督管理委员会等八个部委授权，依据国家有关强制性产品认证、信息安全管理的法律法规，负责实施信息安全认证的专门机构。

中国信息安全认证中心是唯一被指定为国家信息安全产品认证的机构，负责实施国家信息安全产品认证。获得国家信息安全产品认证证书的产品，表明其符合相应的信息安全规范和标准要求。

8.3　产　品　认　证

8.3.1　工业防火墙认证

工业防火墙是工业控制网络隔离的关键设备，因此，工业防火墙的安全认证尤为重要。了解工业防火墙的认证，熟悉其认证流程，对构建工业控制系统信息安全是有帮助的。

目前，市面上出现了一些工控防火墙，其认证证书各不相同，有来自国外的，也有来自国内的。为了进一步了解这方面的知识，本节将对市面上常见的工业防火墙认证进行分析，未列入的工业防火墙请各自找产品参考。

1．国外工业防火墙认证

国外的工业控制系统信息安全认证机构比较多，其工业防火墙认证兴起得比较早。随着工业控制系统信息安全的发展和需求，国外工业防火墙进入我国市场，在各个工业领域都有运用。国外工业防火墙认证比较常见的是 Wurldtech 的 Achilles 认证、Byres 的 MUSIC 认证等。

下面以 Wurldtech 的 Achilles 认证为例，介绍国外工业防火墙的认证情况。

Wurldtech 的 Achilles 认证共分为以下两个级别。

（1）Level 1：该级别测试和监视受测设备基于 Ethernet、ARP、IP、ICMP、TCP 和 UDP 的数据包的详细执行过程，用于验证是否满足 OSI2-4 层定义的可靠性和稳定性级别要求。该级别已经成为工控产品健壮性的行业标杆，并得到全球主要自动化产品供应商和全球工业企业巨头的认可。

（2）Level 2：该级别是 Level 1 认证的扩展，采用了更多测试和更多通信成功/失败要求。Level 2 通过进一步产生更多测试值、检测协议状态、使用更高频率的 DoS 攻击测试每一种通信协议。

Achilles 认证的工业防火墙是"Achilles 通信认证"产品中的网络组件部分。

Wurldtech 的 Achilles 测试工具采用漏洞扫描和模糊测试的方法，测试工控系统中设备和软件的安全问题。

Wurldtech 的 Achilles 认证专为产品供应商量身打造的认证过程包括认证范围、供应商准备、评估和生成报告四个阶段。

经过 Wurldtech 的 Achilles 认证的工业防火墙，可以获得 Achilles 认证证书。该认证证书如图 8-6 所示。

图 8-6　Achilles 产品认证证书

当然，国外工业防火墙除获得上述信息安全认证外，还需获得其他相关的产品认证，在此不做介绍。

2．国内工业防火墙认证

国内工业防火墙的认证必须通过公安部独立性产品测试，取得信息技术产品安全测评证书、国家信息安全产品认证证书和工控防火墙销售许可证。

1）独立性产品测试与销售许可证

由于现在工业控制信息安全产品的标准尚在制定过程中，没有可以直接用于检测的标准作为依据，所以现在的测试依据现有的类似产品标准（如工业防火墙就是参照传统防火墙的标准），抽取适用性条款，再补充测试适用于工业控制环境的其他要求，特别是协议支持方面的内容。

以工业防火墙为例，大部分传统防火墙的要求均适用，但对 NAT、路由不做要求。

工业控制环境的要求主要包括：

（1）支持基于白名单策略的访问控制，包括网络层和应用层。

（2）工业控制协议过滤，应具备深度包检测功能，支持主流工控协议的格式检查机制、功能码与寄存器检查机制。

（3）支持动态开放 OPC 协议端口。

（4）工业防火墙应支持多种工作模式，保证防火墙的区分部署和工作过程，以实现对被防护系统的最小影响。例如，学习模式，防火墙记录运行过程中经过防火墙的所有策略、资产等信息，形成白名单策略集；验证模式或测试模式，该模式下防火墙对白名单策略外的行为做告警，但不拦截；工作模式，即防火墙的正常工作模式，严格按照防护策略进行过滤等动作保护。

工业防火墙应具有高可靠性，包括故障自恢复、在一定负荷下 72 小时正常运行、无风扇、支持导轨式或机架式安装等。

工业防火墙的功能测试拓扑图如图 8-7 所示，将待测的工业防火墙串联部署在内、外网之间，通过内、外网的工控协议模拟器建立通信，来测试在防火墙上配置的策略。

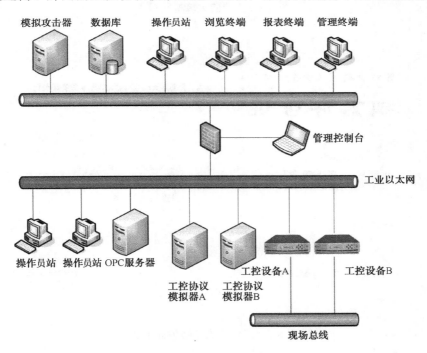

图 8-7　工业防火墙的功能测试拓扑图

工业防火墙检验通过后再向公安部申请销售许可证，其检验报告和销售许可证分别如图 8-8 和图 8-9 所示。

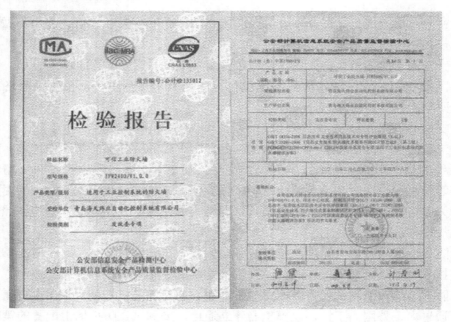

图 8-8　工业防火墙检验报告

图 8-9　工业防火墙销售许可证

2）信息技术产品安全测评证书

安全测评依据标准 GB/T 18336—2008《信息技术 安全技术 信息技术安全性评估准则》，评估级别为 EAL1、EAL2、EAL3、EAL4 证书。

信息技术产品安全测评业务流程如图 8-10 所示。

信息技术产品安全测评证书如图 8-11 所示。

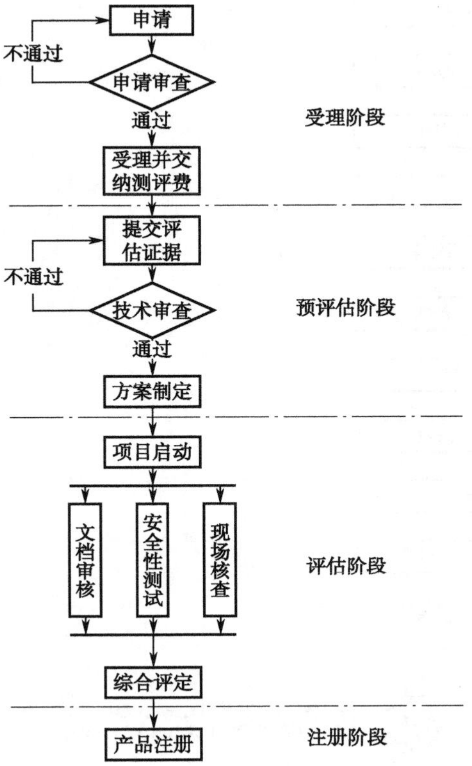

申请
不通过
申请审查
通过
受理阶段
受理并交纳测评费
提交评估证据
不通过
技术审查
通过
预评估阶段
方案制定
项目启动
文档审核
安全性测试
现场核查
评估阶段
综合评定
产品注册
注册阶段

图 8-10　信息技术产品安全测评业务流程

国家信息安全测评
信息技术产品安全测评证书
级别：EAL3

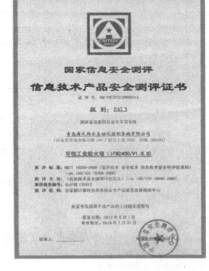

图 8-11　信息技术产品安全测评证书

3）国家信息安全产品认证证书

认证依据标准为 GB/T 20281《信息安全技术 防火墙技术要求和测试评价方法》。

ISCCC 安全认证获证级别分别为第一级、第二级和第三级。

《信息安全产品强制性认证实施规则 防火墙产品》中所指的防火墙产品是指一个或一组在不同安全策略的网络或安全域之间实施网络访问控制的系统。

该规则适用的产品范围是以防火墙功能为主体的软件或软硬件组合；不适用于个人防火墙产品。

拟用于涉密信息系统的上述产品，按照国家有关保密规定和标准执行，不适用该规则。

国家信息安全产品受理认证流程如图 8-12 所示。

国家信息安全产品认证证书如图 8-13 所示。

国内产品以 Guard 工业防火墙为例，是由青岛海天炜业联合中科院软件研究所共同研发、推出，国家发改委首批重点资金支持的工业信息安全专项产品，已通过公安部独立性产品测试，取得 EAL3 证书、ISCCC 安全认证和工控防火墙销售许可证。其产品外形图和资质证书图如图 8-14 所示。

申请方向ISCCC递交申请资料
申请资料审查
ISCCC发出送样通知单
申请方向实验室送样
型式试验
ISCCC发出缴费通知单
申请方向ISCCC缴费
初始工厂检查
综合评价、认证决定
颁发证书
证后监督

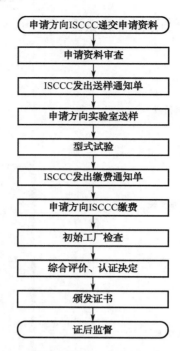

图 8-12　国家信息安全产品受理认证流程

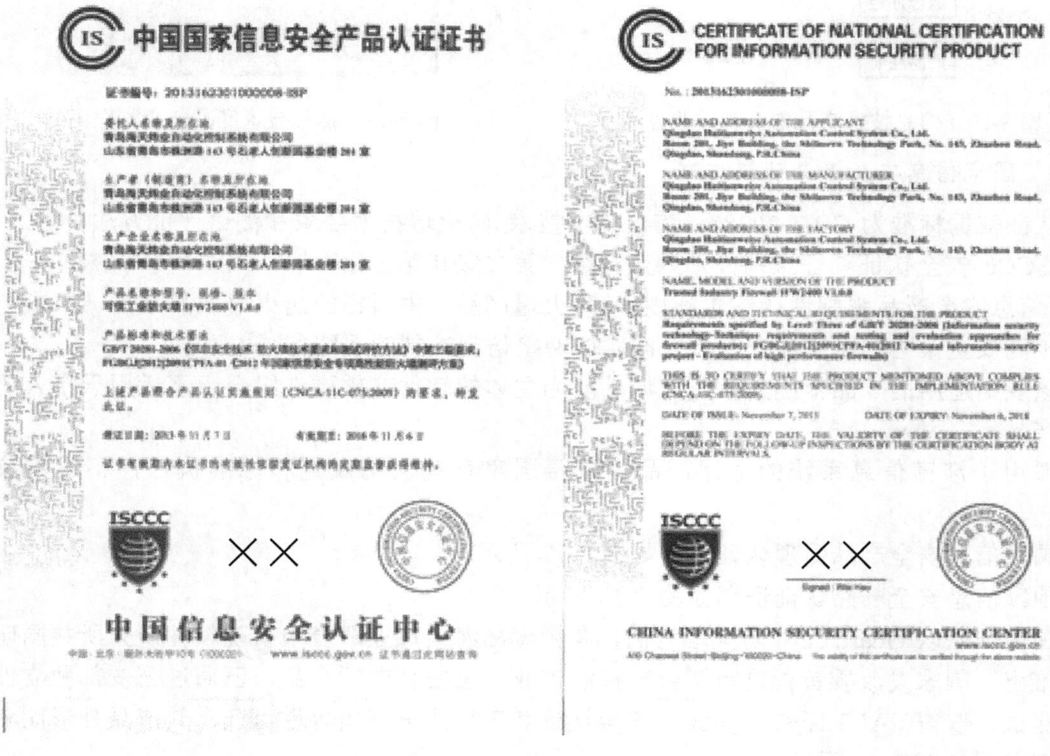

中国国家信息安全产品认证证书
ISCCC
××
中国信息安全认证中心
CERTIFICATE OF NATIONAL CERTIFICATION FOR INFORMATION SECURITY PRODUCT
ISCCC
××
CHINA INFORMATION SECURITY CERTIFICATION CENTER

图 8-13　国家信息安全产品认证证书

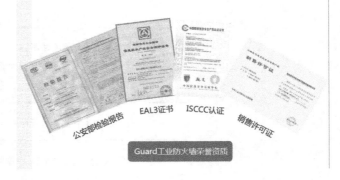

图 8-14　Guard 工业防火墙产品外形图和资质证书图

8.3.2　嵌入式设备安全保障认证

1．嵌入式设备安全保障（EDSA）认证简介

ISA 信息安全符合性研究院通过推行 ISASecure 项目开发 ISASecure 认证规范，ISASecure 认证规范均由工业控制系统运营单位、行业协会、用户、学术界、政府和监管机构合作共同审核，帮助工业控制系统设备供应商和运营单位识别网络安全产品及实践。

ISA 信息安全符合性研究院推行的 ISASecure 项目之一是嵌入式设备安全保障（EDSA）认证。EDSA 作为第一个 ISASecure 认证项目，目的在于促进工业行业加强工业控制系统的网络安全。

嵌入式设备主要由嵌入式处理器、相关支撑硬件和嵌入式软件组成，是集软硬件于一体的可独立工作的器件。嵌入式设备包括但不仅限于 PLC、DCS 控制器、安全逻辑控制器（SLC）、可编程自动控制器（PAC）、智能电子设备（IED）、数字保护继电器、智能电动机控制器、SCADA 控制器、远程终端单元（RTU）、汽轮机控制器、振动监控控制器、压缩机控制器。

嵌入式设备具备便利灵活、性价比高及嵌入性强等特点，广泛应用于工业控制系统中，直接监视、控制或执行工业过程。EDSA 提供了一套通用的设备及过程规范，从设备开发、生产、采购等各阶段保障嵌入式设备的安全。

2．嵌入式设备安全保障（EDSA）认证要素

根据不断发展的工业设备安全趋势，EDSA 提供安全保障要求逐级提高的三个设备认证级别为级别 1、级别 2 和级别 3。这三个级别都对以下三个技术要素进行认证：软件开发安全性评估（Software Development Security Assessment，SDSA）、功能安全性评估（Functional Security Assessment，FSA）、通信健壮性测试（Communication Robustness Testing，CRT）。SDSA 用于检测设备在开发过程中的安全性；FSA 用于审查设备功能的安全性；CRT 用于测试设备在从正常到极高网络速率下遭受正常和异常网络流量时保证必要服务的能力。级别 2 和级别 3 对于 SDSA 和 FSA 的要求是逐级递增的，CRT 标准适用于各个级别。EDSA 认证架构如图 8-15 所示。

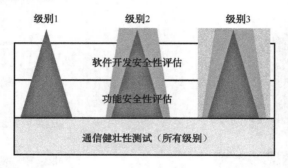

图 8-15　EDSA 认证架构

嵌入式设备安全保障（EDSA）认证要素如图 8-16 所示，三个要素介绍如下。

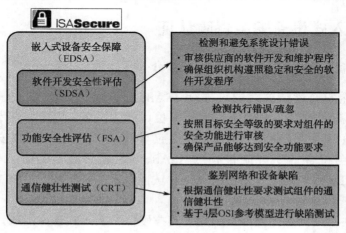

图 8-16　EDSA 认证要素

1）软件开发安全性评估（SDSA）

考虑到嵌入式设备开发的整个生命周期，SDSA 的认证要求包括：安全要求规范、软件架构设计、安全风险评估和威胁建模、详细的软件设计、文档安全指引、软件模块执行和核查、安全集成测试、安全过程验证、安全响应中心规划、安全性验证测试、安全响应执行、安全性管理流程等。

通常，SDSA 的基本标准适用于所有认证级别，随着认证级别的递增，认证要求逐渐严格。例如，所有级别的 ISASecure 嵌入式设备需要确立书面的安全要求与指定的适用范围。再如，所有认证级别要求改变管理过程，然而级别 2 和级别 3 会对这一过程提出更多的要求。

2）功能安全性评估（FSA）

FSA 从安全功能和执行准确性的角度来测试嵌入式设备。嵌入式设备的安全功能可能由嵌入式设备本身或系统环境中支持该设备的更高级别组件来决定，例如，在某些情况下，特定设置的防火墙需与其他设备一起部署才能实现安全性。FSA 的组织形式遵照 ISA-99.03.03 系统安全要求和安全保障级别所公认的 ISA99 基金会要求，涉及范围包括访问控制、使用控制、数据完整性、数据可信度、数据流量限制、及时响应事件、网络资源的可用性等。

通常，FSA 的基本标准适用于各级别认证，随着认证级别的递增，FSA 的标准会相应提高。例如，各级别的 ISASecure 设备必须支持自动执行基于授权用户的访问控制，除非此功能被明确分配给更高级别系统结构中的组件。

3）通信健壮性测试（CRT）

CRT 用于测试嵌入式设备或其他关联设备在非正常或恶意网络通信流量的情况下执行网络协议的情况，CRT 又称为"协议模糊测试"。在不同的流量速率下，生成无效的消息和消息序列发送至嵌入式设备，设备对于每种协议已知攻击的对抗程度也是本测试的一部分内容。

当出现不正常的信息响应或设备无法继续保证基本服务时，表明设备存在潜在安全漏洞，CRT 不检查执行的正确性或是否符合强制性控制协议标准的规定。因此，ISASecure CRT 的一个关键定义是"充分保证必要的服务"，这些必要的服务包括过程控制/安全回路、过程视图、命令（如改变过程控制参数的设定点）和过程警报。通过 ISASecure 的该项测试，过程控制/安全回路需要适应所有网络流量条件，当然也可以允许一些必要服务，如提供关键过程的历史信息，对照控制通信由于网络接口的大流量而不是由于其他网络流量条件的干扰而丢失。

ISCI 为表 8-1 中的协议开发 CRT 规范，按照优先级将协议分组，其中，优先级由高到低依次为组 1、组 2、组 3、组 4 和组 5。

表 8-1　ISCI 为协议开发的 CRT 规范表

组 1	组 2	组 3	组 4	组 5
IEEE 802.3（Ethernet）	BOOTP	HTTPS	IPv6	SNMPv3
ARP	DHCP	TLS	OPC	SSH Server
IPv4	DNS	Modbus/TCP	Ethernet/IP/CIP	OPC-UA
ICMPv4	NTP，SNTP		Profinet	MMS
TCP	FTP，TFTP		FFHSE	IEC61850
UDP	HTTP		Selected wireless protocols/stacks with elements such as IEEE 802.11 ISA100.11a	SMTP
	SNMPv1-2			
	Telnet			

3．嵌入式设备安全保障（EDSA）认证设备清单

满足 ISASecure 认证规范的嵌入式设备可以获得 ISASecure EDSA 的认证证书，拥有该认证的产品即拥有了一个标志，证明其产品在安全特性和功能上得到了认可。目前，已有一些工业控制系统设备获得了 ISASecure 嵌入式设备安全保障认证证书，ISASecure EDSA 认证设备一览表如表 8-2 所示。

表 8-2　ISASecure EDSA 认证设备一览表（部分摘录）

供 应 商	类 型	型 号	版 本	等 级
Honeywell	Safety Manager	HPS 1009077 C001	R145.1	EDSA 2010.1 Level 1
RTP	Safety Manager	RTP 3000	A4.36	EDSA 2010.1 Level 2
Honeywell	DCS controller	Experion C300	R400	EDSA 2010.1 Level 1
Honeywell	Fieldbus controller	Experion FIM	R400	EDSA 2010.1 Level 1
Yokogawa	Safety control system	ProSafe-RS	R3.02.10	EDSA 2010.1 Level 1
Yokogawa	DCS controller	CENTUM VP	R5.03.00	EDSA 2010.1 Level 1
Hitachi	DCS controller	HISEC 04/R900E	01-08-A1	EDSA 2010.1 Level 1
Azbil	DCS controller	Harmonas/Industrial-DEO/Harmonas-DEO system Process Controller DOPCⅣ （Redundant type）	R4.1	EDSA 2010.1 Level 1

ISASecure EDSA 认证证书如图 8-17 所示。

图 8-17　EDSA 认证证书举例

8.3.3　安全开发生命周期保障认证

ISA 信息安全符合性研究院推行的 ISASecure 项目之一是安全开发生命周期保障（SDLA）认证。

安全开发生命周期保障（SDLA）认证项目用于控制系统产品供应商的开发生命周期过程。一个 SDLA 证书可以授予以下三种情况：

（1）一个提名的开发组织或多个组织。

（2）一个指定的提名且有文档记录的开发生命周期的版本，版本由组织控制。

（3）认证级别为 1、2、3、4。

为一个过程设立的四个认证级别是为开发生命周期安全保障提供逐渐增长的级别。这些认证级别称为 ISASecure SDLA 级别 1、ISASecure SDLA 级别 2、ISASecure SDLA 级别 3 和 ISASecure SDLA 级别 4。

记录的过程本身应指明是否适应系统、组件或系统和组件，以及该组织的产品范围。

为了使 ISASecure SDLA 认证达到某个特定的认证级别，认证机构需要评估该组织过程明确记录的版本，估计其是否满足 SDLA 规范要求；另外，认证机构要审查代表性产品，核实该过程范围的产品遵循每项 ISASecure 要求。产品供应商应提供不同要求的包括有代表性的产品在内的产品清单，认证机构可从中选择审查。

产品供应商的开发生命周期经评估满足 ISASecure SDLA 认证规范，该产品供应商可以获得 ISASecure SDLA 的认证证书，并且可以显示 ISASecure 标志。证书的参考号为一个 3 位数的认证版本，对应于认证的 ISASecure 规范。例如，证书的参考号为 ISASecure SDLA 2.6.1，Level 2。

目前，此项认证项目正在开发中，部分认证产品已在市场上推出。

8.3.4　系统安全保障认证

1．系统安全保障（SSA）认证简介

ISA 信息安全符合性研究院推行的 ISASecure 项目之一是系统安全保障（SSA）认证。

系统安全保障（SSA）认证是针对控制系统某个特定部分的认证项目。一个控制系统的产品满足下面几项准则即可进行 SSA 认证：

（1）该控制系统由一整套组件组成。

（2）该控制系统可用且由一家供应商支持，当然其中的硬件和软件可来自几个制造商。

（3）该供应商已给控制系统分配一个独特的产品标识，整体是一套组件。

（4）该系统需进行组态控制和版本管理。

2．系统安全保障（SSA）认证要素

供应商要获得系统安全保障（SSA）认证，必须通过一个安全开发生命周期过程的评估。此评估可作为 SSA 评估的一部分，或者前面已完成，即该供应商持有 SDLA 过程认证。供应商可以同时申请 SSA 认证和 SDLA 认证。ISASecure SSA 认证有四个额外要素：系统安全开发样品（SDA-S）、系统功能安全性评估（FSA-S）、嵌入式设备功能安全性评估（FSA-E）和系统健壮性测试（SRT）。

SDA-S 是供应商申请系统认证时的检查样品，这些样品出自供应商安全开发过程；FSA-S 是系统的安全能力；FSA-E 用于检查系统组件中嵌入式设备的安全能力；SRT 有三个单元，即漏洞识别测试（VIT）、通信健壮性测试（CRT）和网络应力测试（NST）。VIT

扫描系统所有组件，查看是否有已知的漏洞出现。CRT 和 NST 核实在网络接口处从正常到极高网络速率下遭受正常和异常网络流量时系统是否足够维持必要的功能。

ISASecure SSA 认证要素如图 8-18 所示。

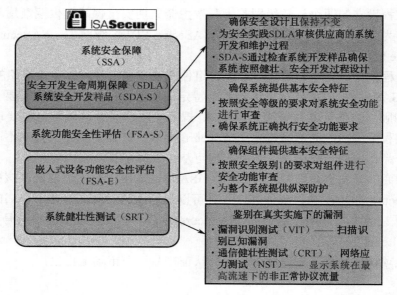

图 8-18　SSA 认证要素

如果前面提到 ISASecure EDSA 认证的嵌入式设备是系统的组件，那么该系统的 SSA 认证过程可以进行相应调整。尤其是其中系统的一个组件是经 ISASecure EDSA 认证的嵌入式设备，那么 SSA 认证过程中的 FSA-E 和 SRT 中的 CRT 不必测试，因为这些评估在 ISASecure EDSA 认证过程中已做过。

3. 系统安全保障（SSA）认证设备清单

目前，此项认证项目正在开发中，部分认证产品已在市场上推出。

8.4　产品认证趋势

工业控制系统信息安全已经上升为国家战略，因此工业控制系统信息安全认证尤为重要。工业控制系统产品供应商、系统集成商、工业控制系统资产拥有单位必须认真对待产品认证。

从工业控制系统市场发展和市场出现的来自不同认证机构的产品认证来看，工业控制系统信息安全产品认证正逐步向准入机制和产品认证级别趋势发展。

1. 准入机制

工业控制系统信息安全事件的频繁发生及其导致的严重后果，引起各国政府和相关企业人员的高度重视，工业控制系统产品市场将出现准入机制，而产品准入机制的先决条件是产品的信息安全认证。

目前，有些国家对工业控制系统在本国工业控制领域的应用明确提出产品信息安全认证要求，而有些国家在项目采购方面也已经明确工业控制系统产品信息安全认证的要求，工业控制系统资产拥有单位在新建或改造项目中也明确提出此类要求。

2．产品认证级别趋势

从前面几节的介绍可以看出，目前出现的产品认证机构给出的认证级别不太相同。如何处理这个问题已经摆在我们面前。

随着工业控制系统信息安全标准体系的建立，其产品认证级别将走向互认机制或同一机制。

（1）产品认证级别互认机制。

为了占领市场，每家认证机构的产品认证都在快速推进；工业控制系统资产拥有单位为保持其系统产品的多种选择策略，必然会购买经不同认证机构认证的产品。因此，产品认证级别互认机制有一定的可能性。

（2）产品认证级别统一机制。

目前，国际标准协会也认识到产品认证市场的纷繁复杂，正在组织各国专家协商此事，努力建立一个各国广泛接受的通用标准，促进产品认证级别走向统一机制，为产品供应商、工业控制系统资产拥有单位节约时间、人力和物力，共同实现工业控制系统的信息安全。

第9章　工业控制系统入侵检测与防护

9.1　入侵检测系统与防护系统简介

工业控制系统的发展对工业控制系统信息安全提出了更高的要求。如果工业控制系统发生入侵攻击，则可能严重威胁系统的可用性，对于工业控制系统来说可能产生人员伤亡、环境污染等严重后果。因此，工业控制系统信息安全更需要"未雨绸缪，防患于未然"的主动防御，将入侵攻击扼杀于萌芽中。

入侵检测系统和入侵防护系统是工业控制系统运行安全防护的两个有效手段，在工业控制系统信息安全防护中起着举足轻重的作用，它们对工业控制系统网络传输和系统运行过程中的入侵行为进行实时监视，在发现可疑时发出警报或触发入侵反应系统采取反应措施。

由于工业控制系统与传统 IT 系统有一定的区别，系统的功能和结构相对稳定，通信协议固定而有限，这使得开发符合工业控制系统特点的入侵检测与防护系统成为可能，尤其可以克服 IT 系统中基于异常行为的入侵检测系统的误报率高的缺点。

目前，工业控制系统的入侵检测与防护系统正处于理论研究和应用阶段，其发展方向必将对工业控制系统信息安全产生深远影响。因此，对入侵检测与防护系统的知识及应用应有一定的理解和掌握。

9.2　入侵检测系统

入侵检测的概念最早由 Anderson 于 1980 年提出。任何企图危害计算机或网络资源的机密性、完整性和可用性的行为都可以称为入侵。

入侵检测（Intrusion Detection，ID），顾名思义，是对入侵行为的发觉，并对此做出反应的过程。通过对工业控制系统的设备或网络中的若干关键点收集信息并对其进行分析，从中发现工业控制系统设备或网络系统中是否有违反安全策略的行为和被攻击的迹象，根据分析和检查的情况，做出相应响应（告警、记录、中止等）。入侵检测在工业控制系统信息安全架构中位于防护线之后，作为第二道防线，及时发现入侵和破坏行为，合理弥补静态防护技术的不足，减轻工业控制系统安全事件带来的损失。

9.2.1　入侵检测系统的定义

入侵检测技术是一种主动保护自己的网络和系统免遭非法攻击的网络安全技术，它从计算机系统或网络中收集、分析信息，检测任何企图破坏计算机资源的完整性（Integrity）、机密性（Confidentiality）和可用性（Availability）的行为，即查看是否有违反安全策略的行为和遭到攻击的迹象，并做出相应的反应。

根据国际计算机安全协会（ICSA）的定义，入侵检测是通过从计算机网络或计算机系统中的若干关键点收集信息并对其进行分析，从中发现网络或系统中是否有违反安全策略的行为和遭到袭击的迹象的一种安全技术。违反安全策略的行为通常包括两种：入侵，即非法用户的违规行为；误用，即用户的违规行为。

入侵检测系统（Intrusion Detection System，IDS）是可以实现入侵检测功能的独立系统，是一个软硬件的组合体，能够检测未授权对象（人或程序）针对系统的入侵企图或行为，同时监控授权对象对系统资源的非法操作。

9.2.2　入侵检测系统的功能

入侵检测系统的应用：能够在入侵攻击对系统产生危害前检测到入侵攻击，并利用报警与防护系统驱逐入侵攻击；在入侵攻击过程中，能减少入侵攻击所造成的损失；在被入侵攻击后，收集入侵攻击的相关信息，作为防范系统的知识添加到知识库内，以增强系统的防范能力。

入侵检测系统的功能如图 9-1 所示，其主要功能介绍如下。

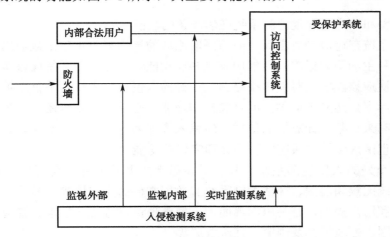

图 9-1　入侵检测系统的功能

1．监测、分析用户和系统的活动

监测、分析用户和系统的活动是入侵检测系统能够完成入侵检测任务的前提条件。

入侵检测系统通过获取进、出某台主机或整个网络的数据，或者通过查看主机日志等信息来实现对用户和系统活动的监控。通常，获取网络数据的方法是"抓包"，即将数据流中的所有包截获并进行分析。因此，对入侵检测系统的效率提出了较高要求。如果入侵检测系统不能实时地截获数据包并对它们进行分析，那么就会出现漏包或网络阻塞现象。如果是前一种情况，系统漏报就会很多；如果是后一种情况，就会影响入侵检测系统所在主机或网络的数据流速，使得入侵检测系统成为整个系统的瓶颈，这显然是我们不愿看到的结果。因此，入侵检测系统不仅要能够监控、分析用户和系统的活动，还要使这些操作足够快。

2. 发现入侵企图或异常现象

发现入侵企图或异常现象是入侵检测系统的核心功能。

这种核心功能主要包括两个方面：一方面是入侵检测系统对进出网络或主机的数据流进行监控，看是否存在对系统的入侵行为；另一方面是评估系统关键资源和数据文件的完整性，看系统是否已经遭受入侵。前者的作用是在入侵行为发生时及时发现，从而避免系统遭受攻击，而后者一般是系统在遭到入侵时没能及时发现和阻止，攻击行为已经发生，但可以通过攻击行为留下的痕迹了解攻击行为的一些情况，从而避免再次遭受攻击。对系统资源完整性的检查也有利于对攻击者进行追踪，并对攻击行为进行取证。

网络数据流的监控可以使用异常检测的方法，也可以使用误用检测的方法，目前已提出了很多新技术，但多数还在理论研究阶段，入侵检测产品使用的主要是模式匹配技术。这些检测技术的好坏直接关系到系统能否精确地检测出攻击，因此，对于这方面的研究是IDS研究领域的主要工作。

3. 记录、报警和响应

记录、报警和响应是入侵检测系统必然具备的功能。

入侵检测系统在检测到攻击后，应该采取相应的措施来阻止攻击或响应攻击。入侵检测系统作为一种主动防御策略，必然应该具备此功能。入侵检测系统应该首先记录攻击的基本情况，其次应该能够及时发出报警。一个好的入侵检测系统，不仅能把相关数据记录在文件或数据库中，还应该提供好的报表打印功能。必要时，系统还应该采取响应行为，如拒绝接收所有来自某台计算机的数据、追踪入侵行为等。此外，实现与防火墙等安全部件的响应互动也是入侵检测系统需要研究和完善的功能之一。

当然，一个好的入侵检测系统，除了具备以上主要功能外，还可以包括其他一些功能，如核查系统配置和漏洞、评估关键系统和数据文件的完整性等。另外，入侵检测系统应该为管理员和用户提供友好易用的界面，方便管理员设置用户权限、管理数据库、手工设置和修改规则、处理报警及浏览、打印数据等。

9.2.3　入侵检测系统的分类

随着入侵检测技术的不断发展，目前出现了很多入侵检测系统，不同的入侵检测系统具有不同的特征。按照不同的分类标准，入侵检测系统可分为不同类别。对于入侵检测系统，需要考虑的因素（分类依据）主要有信息源、入侵、事件生成、事件处理、检测方法

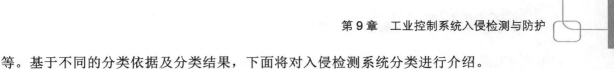

等。基于不同的分类依据及分类结果，下面将对入侵检测系统分类进行介绍。

1．按照原始数据的来源分类

按照原始数据的来源分类，入侵检测系统可以分为基于主机的入侵检测系统、基于网络的入侵检测系统和基于应用的入侵检测系统。入侵检测系统要对其所监控的网络或主机的当前状态做出判断，并不是凭空臆测，它需要以原始数据中包含的信息为基础做出判断。

其中，基于主机的 IDS 和基于网络的 IDS 作为不同体系结构的 IDS，将在 9.2.5 节中进一步介绍。

2．按照检测原理分类

按照检测原理分类是传统的观点，即根据入侵行为的属性将其分为异常和误用两种，分别对其建立异常检测模型和误用检测模型。

异常入侵检测是指能够根据异常行为和使用计算机资源的情况来检测入侵。异常入侵检测试图用定量的方式描述可以接受的行为特征，以区分非正常的、潜在的入侵行为。

误用入侵检测是指利用已知系统和应用软件的弱点攻击模式来检测入侵。

IDS 异常检测和误用检测的原理请参考相关资料，在此不做详细介绍。

3．按照体系结构分类

按照体系结构分类，IDS 可分为集中式、等级式和协作式三种。

集中式 IDS 可能有多个分布于不同主机上的审计程序，但只有一个中央入侵检测服务器。审计程序把从当地收集到的数据踪迹发送给中央服务器进行分析处理。因此，这种结构的 IDS 在可伸缩性、可配置性方面存在致命缺陷。随着网络规模的增加，主机审计程序和服务器之间传送的数据量会骤增，导致网络性能大大降低，并且当中央服务器出现故障时，整个系统会陷入瘫痪。基于各个主机的不同需求，服务器的配置也是非常复杂的。

等级式 IDS，又称为部分分布式 IDS，定义了若干个分等级的监控区域，每个 IDS 负责一个区域，每一级 IDS 只负责所监控区域的分析，然后将当地的分析结果传送给上一级 IDS。这种结构也存在一些问题：当网络拓扑结构改变时，区域分析结果的汇总机制也需要做出相应调整；此外，这种结构的 IDS 最后还是要把从各地收集到的结果传送到最高级的检测服务器进行全局分析，所以系统的安全性并没有实质性改进。

协作式 IDS，又称为分布式 IDS，可将中央检测服务器的任务分配给多个基于主机的 IDS，这些 IDS 不分等级，各司其职，负责监控当地主机的某些活动。因此，这种 IDS 的可伸缩性、安全性都得到了显著提高，但其维护成本也高了很多，并且增加了所监控主机的工作负荷，如通信机制、审计开销、踪迹分析等。

4．按照工作方式分类

按照工作方式分类，入侵检测系统可分为离线检测系统和在线检测系统两种。

离线检测系统是一种非实时工作的系统，在事件发生后分析审计事件，从中检查入侵事件。这类系统的成本低，可以分析大量事件，调查事件情况。但由于是在事后进行，所以不能对系统提供及时保护，并且很多入侵在完成后都将审计事件去掉，使其无法审计。

在线检测系统对网络数据包或主机的审计事件进行实时分析，可以快速反应，保护系统的安全，但在系统规模较大时难以保证实时性。

通过这些不同的分类方法，可以从不同的角度了解入侵检测系统，认识入侵检测系统所具有的不同功能，但对实际的入侵检测系统而言，基于实用性的考虑，经常要综合采用多种技术，并具备多种功能，因此，很难将一个实际的入侵检测系统归于某一类。它们通常是这些类别的混合体，某个类别只是反映了这些系统的一个侧面而已。

9.2.4　入侵检测系统的不足

入侵检测系统经过十几年的发展，在信息管理系统中应用较多，在工业控制系统中的应用也在开发中。

目前，入侵检测系统主要存在以下不足：

（1）IDS 本身还在迅速发展和变化，远未成熟。

绝大多数商业 IDS 的工作原理和病毒检测相似，自身带有一定规模和数量的入侵特征模式库，可以定期更新。这种工作方式存在很多弱点：不灵活，仅对已知的攻击手段有效；特征模式库的提取和更新依赖于手工方式，维护不易；具有自适应能力、能自我学习的 IDS 还远未成熟，检测技术在理论上还有待突破。因此，IDS 领域当前正处于不断发育成长的幼年时期。

（2）事件响应与恢复机制不完善。

这部分对 IDS 非常重要，而目前几乎都被忽略，并没有一个完善的响应恢复体系，远不能满足人们的期望和要求。

（3）IDS 与其他安全技术的协作性不够。

目前，网络系统中往往采用很多其他安全技术，如防火墙、身份认证系统、网络管理系统等，它们之间能够相互沟通、相互配合，对 IDS 进一步增强自身的检测和适应能力是有帮助的，但协作性方面还需加强。

（4）现有 IDS 的虚警率偏高。

虚警率（也就是错报率）偏高，严重干扰了检测结果。如果 IDS 对原本不是攻击的事件产生了错误警报，则将错误警报称为虚警（False Positive）。通常这些错报会干扰管理员的注意力，进而产生两种后果：忽略警报，但这样做的结果与安装 IDS 的初衷相背；重新调整临界阈值，使系统对虚报的事件不再敏感，但这样做之后一旦有真的相关攻击事件发生，IDS 将不再报警，同样损失了 IDS 的功效。

（5）IDS 的规范和标准化有待建立。

目前，还没有关于描述入侵过程和提取攻击模式的统一规范，没有关于检测和响应模型的统一描述语言，检测引擎的处理也没有标准化。

互联网工程任务组（The Internet Engineering Task Force，IETF）的入侵检测工作组 IDWG 正在制定这些标准，提出的建议草案包括三部分内容：入侵检测消息交换格式（IDMEF）、入侵检测交换协议（IDXP）及隧道轮廓（Tunnel Profile）。

9.2.5　入侵检测系统的体系结构

入侵检测系统的体系结构分为基于主机的 IDS 结构、基于网络的 IDS 结构和分布式 IDS 结构。基于主机的 IDS 结构与基于网络的 IDS 结构体现了 IDS 不同的体系结构，分布式 IDS 结构能够较好地融合前两者的优点，下面分别对它们进行介绍。

1．基于主机的入侵检测系统（HIDS）结构

1）HIDS 结构的定义

基于主机的入侵检测系统（Host-based IDS，HIDS）的检测目标主要是主机系统和本地用户。对 HIDS 结构做一个确切定义：基于主机的入侵检测系统就是安装在单个主机或服务器系统上，对针对主机或服务器系统的入侵行为进行检测和响应，对主机系统进行全面保护的系统。

HIDS 的检测原理是在每个需要保护的端系统（主机）上运行代理程序（Agent），以主机的审计数据、系统日志、应用程序日志等为数据源，主要对主机的网络进行实时连接及对主机文件进行分析和判断，发现可疑事件并做出响应。

HIDS 结构出现在 20 世纪 80 年代初期，那时网络还没有今天这样普遍、复杂，并且网络之间也没有完全连通。在这种较为简单的环境里，检查可疑行为的检验记录是很常见的操作。由于入侵在当时是相当少见的，所以对攻击的事后分析就可以防止今后的攻击。

HIDS 主要是对该主机的网络连接行为及系统审计日志进行智能分析和判断。如果其中主体活动十分可疑，入侵检测系统就会采取相应措施。作为对主机系统的全面防护，主机入侵检测通常包括网络监控和主机监控两个方面。

2）HIDS 结构的模型

基于主机的入侵检测系统模型如图 9-2 所示。数据收集装置负责收集反映状态信息的审计数据，然后传给检测分析器完成入侵分析，并发出告警信息。知识库为入侵检测提供必需的数据支持。控制台根据告警信息做出响应动作。

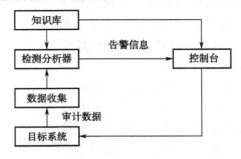

图 9-2　基于主机的入侵检测系统模型

3）HIDS 结构的优点

HIDS 在发展过程中融入了其他技术。对关键系统文件和可执行文件入侵检测的一个常用方法是通过定期检查校验和来进行，以便发现意外变化。反应的快慢与轮询间隔的频

率有直接关系。另外，许多产品都是监听端口的活动，并在特定端口被访问时向管理员报警。这类检测方法将基于网络入侵检测的基本方法融入基于主机的检测环境中。尽管基于主机的入侵检测系统不如基于网络的入侵检测系统快捷，但它确实具有基于网络的入侵检测系统无法比拟的优点。这些优点包括以下几点。

（1）性价比高。

在主机数量较少的情况下，这种方法的性价比可能更高。尽管基于网络的入侵检测系统能很容易地提供广泛覆盖，但其价格通常是昂贵的，配置一个基于网络的入侵检测系统要花费 10 000 美元以上，而主机入侵检测系统标价仅几百美元，并且客户只需支付很少的费用用于最初安装。

（2）对网络流量不敏感。

用代理的方式一般不会因为网络流量的增加而丢掉对网络行为的监视。

（3）更加细腻。

这种方法可以很容易地检测一些活动，如对敏感文件、目录、程序或端口的存取，而这些活动很难在基于网络的入侵检测系统中被发现。HIDS 监视用户和文件访问活动，包括文件访问、改变文件权限、试图建立新的可执行文件并且/或者试图访问特许服务。例如，HIDS 可以监督所有用户登录及退出登录的情况，以及每位用户在连接到网络以后的行为。基于网络的入侵检测系统要做到这个程度是非常困难的。基于主机技术还可监视通常只有管理员才能实施的非正常行为。操作系统记录了任何有关用户账号的添加、删除及更改情况。一旦发生了更改，HIDS 就能检测到这种不适当的更改。HIDS 还可审计能影响系统记录的校验措施的改变。最后，基于主机的入侵检测系统可以监视关键系统文件和可执行文件的更改，能够检测到那些欲重写关键系统文件或安装特洛伊木马或后门的尝试，并将它们中断；而基于网络的入侵检测系统有时会检测不到这些行为。

（4）易于用户剪裁。

每一个主机都有其自己的代理，当然用户剪裁更方便了。

（5）较少的主机。

有时，基于主机的方法不需要增加专门的硬件平台。基于主机的入侵检测系统存在于现有的网络结构之中，包括文件服务器、Web 服务器及其他共享资源。这些使得基于主机的系统效率很高，因为它们不需要在网络上另外安装登记、维护及管理的硬件设备。

（6）适用于被加密及交换的环境。

由于基于主机的系统安装在遍布企业的各种主机上，它们比基于网络的入侵检测系统更加适用于交换及加密的环境。交换设备可将大型网络分成许多小型网络段加以管理，所以从覆盖足够大的网络范围的角度出发，很难确定配置基于网络的 IDS 的最佳位置。业务镜像和交换机上的管理端口对此有帮助，但这些技术有时并不适用。基于主机的入侵检测系统可安装在所需的重要主机上，在交换的环境中具有更高的能见度。某些加密方式也向基于网络的入侵检测系统发出了挑战。根据加密方式在协议堆栈中位置的不同，基于网络的 IDS 可能对某些攻击没有反应。基于主机的 IDS 没有这方面限制。当操作系统及基于主机的 IDS 发现即将到来的业务时，数据流已经被解密了。

（7）视野集中。

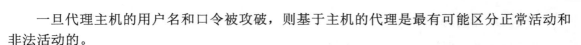

一旦代理主机的用户名和口令被攻破，则基于主机的代理是最有可能区分正常活动和非法活动的。

（8）确定攻击是否成功。

由于 HIDS 使用含有已发生事件的信息，它们可以比基于网络的 IDS 更加准确地判断攻击是否成功。在这方面，HIDS 是基于网络的 IDS 的完美补充，网络部分可以尽早提供告警，主机部分可以确定攻击成功与否。

4）HIDS 结构的弱点

HIDS 依赖于审计数据或系统日志的准确性和完整性，在一定程度上还依赖于系统的可靠性及合理的设置，但是对于熟悉操作系统的攻击者来说，仍然可能设法逃避审计（使用某些系统特权或调用比审计本身更低的操作等），在入侵行为完成后及时修改系统日志，从而不被发现。另外，主机日志能够提供的信息是有限的，不可能在日志中反映出所有的入侵手段和途径。这些弱点使 HIDS 在网络环境下显得难以适应安全的需求。HIDS 必须部署在被保护的主机上，占用主机资源，或多或少地影响系统效率。HIDS 除了检测自身的主机以外，不能检测网络上的情况，也不能通过发现审计记录来检测网络攻击，如端口扫描、域名欺骗等。

2．基于网络的入侵检测系统（NIDS）结构

1）NIDS 结构的定义

基于网络的入侵检测系统（Network-based IDS，NIDS）的检测目标主要是受保护的整个网络段。其检测原理是在受保护的网络段安装感应器（Sensor）或检测引擎（Engine），通常是利用一个运行在混杂模式下的网络适配器来实时监视并分析通过网络的所有数据包。

因此，网络入侵检测利用一个运行在混杂模式下网络的适配器来实时监视并分析通过网络的所有通信业务。网络入侵检测使用原始网络包作为数据源，它的攻击辨识模块通常使用四种常用技术来识别攻击标志：模式、表达式或字节匹配、频率或穿越阈值、次要事件的相关性和统计学意义上的非常规现象检测。

一旦检测到了攻击行为，IDS 的响应模块就提供多种选项以通知、报警并对攻击采取相应的反应，其反应因产品而异，但通常包括通知管理员、中断连接，或者为法庭分析和收集证据而做的会话记录。

网络入侵检测有许多仅靠基于主机的入侵检测无法提供的功能。实际上，许多客户在最初使用 IDS 时，都配置了基于网络的入侵检测系统。

2）NIDS 结构的模型

基于网络的入侵检测系统模型如图 9-3 所示。嗅探器的功能是按一定规则从网络段上获取相关数据包，然后传递给检测引擎，检测引擎将接收到的数据包结合攻击模式库进行分析，将分析结果传送给管理/配置器，一方面触发响应，另一方面管理/配置器把检测引擎的结果构造为嗅探器所需的规则。

3）NIDS 结构的优点

基于网络的入侵检测系统有以下优点。

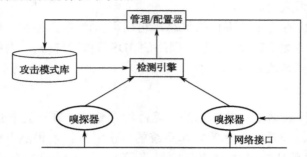

图 9-3　基于网络的入侵检测系统模型

（1）视野更宽。

基于网络的入侵检测甚至可以在网络的边缘上，即攻击者还没能接入网络时就被发现并制止。

（2）侦测速度快。

基于网络的监测器通常能在微秒或秒级发现问题，而大多数基于主机的产品要依靠对最近几分钟内审计记录的分析才能发现问题。

（3）较少的监测器。

由于使用一个监测器就可以保护一个共享网络段，所以不需要很多监测器。相反，如果基于主机，则在每个主机上都需要一个代理，花费昂贵，并且难以管理，但是如果在一个交换环境下，则需要特殊的配置。

（4）攻击者不易转移证据。

NIDS 使用正在发生的网络通信进行实时攻击检测，所以攻击者无法转移证据。被捕获的数据不仅包括攻击的方法，而且包括可识别黑客身份和对其进行起诉的信息。许多黑客都熟知审计记录，他们知道如何操纵这些文件掩盖其作案痕迹，如何阻止需要这些信息的基于主机的入侵检测系统去检测入侵。

（5）操作系统无关性。

NIDS 作为安全检测资源，与主机的操作系统无关。与之相比，基于主机的入侵检测系统必须在特定的、没有遭到破坏的操作系统中才能正常工作，生成有用的结果。

（6）占用资源少。

在被保护的设备上不用占用任何资源。

（7）隐蔽性好。

一个网络上的监视器不像一个主机那样明显和易被存取，因而也不那么容易遭受攻击。基于网络的监视器不运行其他应用程序，不提供网络服务，可以不响应其他计算机，因此可以做得比较安全。

4）NIDS 结构的弱点

基于网络的入侵检测系统存在一些弱点，主要有：

（1）基于网络的入侵检测系统仅检查与它直接连接网络段的通信，不能检测在不同网络段的网络包。

（2）在使用交换以太网的环境中会出现检测范围的局限。

（3）安装多台网络入侵检测系统的传感器，使部署整个系统的成本大大增加。

（4）为了性能目标，基于网络的入侵检测系统通常采用特征检测的方法，它可以检测出一些普通的攻击，但很难实现一些复杂的、需要大量计算与分析时间的攻击检测。

（5）基于网络的入侵检测系统可能会将大量数据传回分析系统，在一些系统中监听特定的数据包会产生大量的分析数据流量。一些系统在实现时采用一定的方法来减少回传的数据量，对入侵判断的决策由传感器实现，而中央控制台成为状态显示与通信中心，不再作为入侵行为分析器。这样系统中的传感器协同工作能力较弱。

此外，基于网络的入侵检测系统处理加密的会话过程比较困难，目前通过加密通道的攻击尚不多，但随着 IPv6 的普及，这个问题会越来越突出。

3．分布式入侵检测系统（DIDS）结构

1）DIDS 结构的定义

基于主机的入侵检测系统和基于网络的入侵检测系统各有自己的优缺点。联合使用基于主机和基于网络这两种方式能够达到更好的检测效果。例如，HIDS 使用系统日志作为检测依据，因此，它在确定攻击是否已经取得成功时与 NIDS 相比具有更高的准确性。在这方面，HIDS 对 NIDS 是一个很好的补充，人们完全可以使用 NIDS 提供早期报警，而使用 HIDS 来验证攻击是否取得成功，这实际上就是混合入侵检测系统的概念，分布式入侵检测系统（Distributed Intrusion Detection System，DIDS）结构可以是混合入侵检测系统的一种，也可以仅是 NIDS 的分布式整合。

分布式入侵检测系统一般指的是部署于大规模网络环境下的入侵检测系统，其任务是监视整个网络环境中的安全状态，包括网络设施本身和其中包含的主机系统。

2）DIDS 结构的模型

传统的集中式入侵检测技术的基本模型是在网络的不同网络段中放置多个传感器或探测器来收集当前网络状态的信息，然后将这些信息传送到中央控制台进行处理和分析。或者更进一步的情况是，这些传感器具有某种主动性，能够接收中央控制台的某些命令和下载某些识别模板等。

传统的集中式模型存在几个明显缺陷。首先，面对在大规模、异质网络基础上发起的复杂攻击行为，中央控制台的业务负荷将会达到不可承受的地步，以至于没有足够的能力处理来自四面八方的消息事件，这种情况会造成对许多重大消息事件的遗漏，大大增加漏警率。其次，由于网络传输的时延问题（在大规模异质网络中尤其如此），到达中央控制台的数据包中的消息事件只是反映了它刚被生成时的环境状态情况，已经不能反映可能随着时间已经改变的当前状态。这将使得基于过时信息做出的判断的可信度大大降低，同时也使得返回去确认相关信息来源变得非常困难。异质网络环境所带来的平台差异性也将给集中式模型带来诸多困难。因为每种攻击行为在不同的平台操作环境中都表现出不同类型的模

式特征，而已知的攻击方法数目非常之多，所以，在集中式模型的系统中，想要进行较为完全的攻击模式的匹配就已经非常困难，更何况还要面对不断出现的新型攻击手段。

面对这些难题，许多新的思路已经出现，其中一种就是攻击策略分析（Attack Strategy Analysis）方法。它采用了分布式智能代理的结构方式，由几个中央智能代理和大量分布的本地代理组成，其中本地代理负责处理本地事件，而中央代理负责整体的分析工作。与集中式模型不同，它强调的是通过全体智能代理协同工作来分析入侵者的攻击策略，中央代理扮演的是协调者和全局分析员的角色，但绝不是唯一的事件处理者，其地位有点类似于战场上的元帅，根据对全局形式的判断指挥部下开展行动。本地代理有较强的自主性，可以独立对本地攻击进行有效检测；同时，它也与中央智能代理和其他本地代理通信，这种方法有明显优势，同时接受中央智能代理的调度指挥并与其他代理协同工作，但同时带来了其他一些问题，如大量代理的组织和协作、相互之间的通信、处理能力和分析任务的分配等。

一个典型的分布式入侵检测系统框图如图 9-4 所示。系统中的部件是具有特定功能的独立应用程序、小型的系统或仅仅是一个非独立的应用程序的功能模块。部署时，这些部件可能在同一台计算机上，也可以各自分布在一个大型网络的不同地点，能够完成某一特定的功能。部件之间通过统一的网络接口进行信息交换，既简化了部件之间数据交换的复杂性，使部件非常容易地分布在不同主机上，也给系统提供了一个扩展接口。

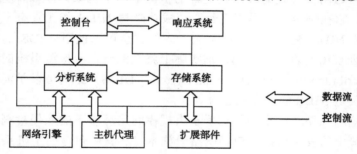

图 9-4　分布式入侵检测系统框图

系统的主要部件包括网络引擎（Network Engine）、主机代理（Host Agent）、存储系统（Storage System）、分析系统（Analyzers）、响应系统（Response System）、控制台（Manager Console）。

网络引擎和主机代理属于互联网工程任务组（IETF）的通用入侵检测框架工作组（CIDF）中的事件产生器（Event Generators）。网络引擎截获网络中的原始数据包，并从中寻找可能的入侵信息或其他敏感信息。主机代理在所在主机以各种方法收集信息，包括分析日志、监视用户行为、分析系统调用、分析该主机的网络通信等，但网络引擎和主机代理也具有数据分析功能，对于已知的攻击，在这些部件中用模式匹配的方法来检测可以大大提高系统的处理速度，同时可以减小分析部件的工作量及系统网络传输的影响。

存储系统的作用是用于存储事件产生器捕获的原始数据、分析结果等。存储的原始数据在对入侵者进行法律制裁时提供确凿的证据。存储系统也是不同部件之间数据处理的共

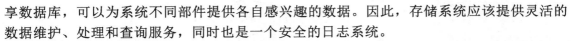

享数据库,可以为系统不同部件提供各自感兴趣的数据。因此,存储系统应该提供灵活的数据维护、处理和查询服务,同时也是一个安全的日志系统。

分析系统是对事件发生器捕获的原始信息、其他入侵检测系统提供的可疑信息进行统一分析和处理的系统。

响应系统是对确认的入侵行为采取相应措施的子系统。响应包括消极的措施,如给管理员发电子邮件、消息、传呼等;也可以采取保护性措施,如切断入侵者的 TCP 连接、修改路由器的访问控制策略等;也可以采取主动的反击策略,对攻击者进行如 DoS 等攻击,但这种以毒攻毒的方法在法律上是不许可的。

控制台是整个入侵检测系统和用户交互的界面。用户可以提供控制台配置系统中的各个部件,也可以通过控制台了解各部件的运行情况。

3)DIDS 结构的优点

DIDS 结构的优点:可以进行多点监控,克服检测单一网络出入口的弱点;可以将日志统一管理,协同工作分析,更易于分析网络中的安全事件;全局预警控制可以保证各个控制中心一处发现异常,全网进行戒备,有效阻断攻击。

4)DIDS 结构的弱点

目前,入侵检测系统一般采用集中模式,这种模式的缺点是难以及时对在复杂网络上发起的分布式攻击进行数据分析以至于无法完成检测任务,入侵检测系统本身所在的主机还可能面临因负荷重而崩溃的危险。此外,随着网络攻击方法的日趋复杂,单一的检测方法难以获得令人满意的检测效果。另外,在大型网络中,网络的不同部分可能分别采用不同的入侵检测系统,各系统之间通常不能互相协作,这样不仅不利于检测工作,甚至还会产生新的安全漏洞。对于这些问题,采用分布式结构的入侵检测模式是解决方案之一,也是目前入侵检测技术的研究方向。这种模式的系统采用分布式智能代理的结构,由一个或多个中央智能代理和大量分布在网络各处的本地代理组成。本地代理负责处理本地事件,中央代理负责统一调控各地代理的工作,以及从整体上完成对网络事件进行综合分析的工作。检测工作通过全部代理互相协作完成。

9.2.6　入侵检测系统的部署

1. IDS 的一般部署

与防火墙不同,IDS 是一个监听设备,没有挂接在任何链路上,无须网络流量流经它便可以工作,因此,对 IDS 部署的唯一要求是 IDS 应当挂接在所有所关注流量都必须流经的链路上。在这里,"所关注流量"指的是来自高危网络区域的访问流量和需要进行统计、监视的网络报文。在如今的网络拓扑中,已经很难找到以前的 HUB 式的共享介质冲突域网络,绝大部分的网络区域已经全面升级到交换式网络结构。

因此,IDS 在交换式网络中的位置一般选择在尽可能靠近攻击源及受保护资源。这些位置通常在服务器区域的交换机上、Internet 接入路由器之后的第一台交换机上或重点保护网段的局域网交换机上。入侵检测系统的典型部署方式如图 9-5 所示。

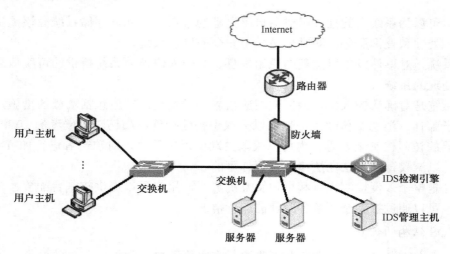

图 9-5　入侵检测系统的典型部署方式图

2．NIDS 的部署

　　基于网络的入侵检测系统可以在网络的多个位置进行部署，这些部署主要是指对网络入侵检测器的部署。根据检测器部署位置的不同，NIDS 具有不同的工作特点。用户需要根据自己的网络环境及安全需求确定具体的部署方式。总体来说，入侵检测的部署点可以分为四个位置：DMZ 区域、外网入口、内网主干和关键子网，如图9-6 所示。

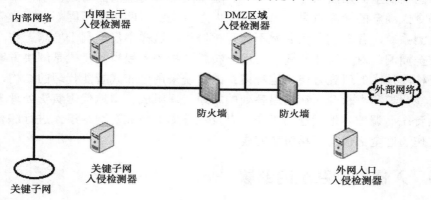

图 9-6　NIDS 部署位置图

　　（1）DMZ 区域。

　　DMZ 区域是为了解决安装防火墙后外部网络不能访问内部网络服务器的问题而设立的一个非安全系统与安全系统之间的缓冲区，这个缓冲区位于企业内部网络和外部网络之间的小网络区域内，在这个小网络区域内可以放置一些必须公开的服务器设施，如企业 Web 服务器、FTP 服务器、PIMS 服务器、维修服务器和中继服务器等。

　　DMZ 区域的部署点在 DMZ 区域的总入口上，这是 IDS 最常见的部署位置。在这里，入侵检测系统可以检测到所有针对向外提供服务的服务器进行攻击的行为。对于企业用户来说，防止对外服务的服务器受到攻击是极为重要的。由于 DMZ 区域中的各个服务器是提供对外服务的且这些服务器是外网可见的，因此，在这里部署 IDS 是非常重要的。

（2）外网入口。

外网入口部署点在防火墙之前，IDS 在这个部署点上可以检测出所有进出防火墙外网口的数据。入侵检测器可以检测到所有来自外部网络的可能攻击行为并进行记录，这些攻击包括对内部服务器的攻击、对防火墙的攻击及与内部网络的一切异常数据通信的行为。

这种部署方式对整体入侵行为的检测记录有帮助，但由于入侵检测器本身性能的局限，这种部署方式的实际效果并不理想，同时对于进行 NAT 的内部网络来说，入侵检测不能定位攻击的源地址或目的地址，系统管理员在处理攻击行为上存在一定难度。

（3）内网主干。

内网主干部署点是最常用的部署位置，在这里入侵检测器主要检测内网流出和经过防火墙过滤后流入内网的网络数据。在这个部署点上，入侵检测器可以检测所有通过防火墙过滤后的攻击及内部网络向外的异常网络通信，并且可以准确定位攻击的源地址和目的地址，方便系统管理员对记录信息的审计处理。

由于防火墙的过滤作用，已经根据规则抛弃了大量非法数据包，从而降低了通过 IDS 的数据流量，使入侵检测器能够更有效地工作。当然，由于入侵检测器在防火墙的内部，防火墙也阻断了部分攻击行为，所以入侵检测器不能记录所有可能的攻击行为。

（4）关键子网。

在内部网络中会出现一些子网因为存放关键的数据和服务，而需要更加严格的安全控制，如企业网络中的数据中心子网、工业控制系统子网等。在关键子网外部署 IDS，可以检测到来自内部和外部所有针对关键子网的非法网络行为，这样可以有效地保护关键子网不会被外部或内部没有足够访问权限的用户入侵，避免关键数据信息的泄露或破坏。由于关键子网位于内部网络中，因此，流量相对较小，可以保障入侵检测器的有效检测。

3．HIDS 的部署

在 HIDS 部署并配置完成之后，可以给主机系统提供更高级别的保护，但是将 HIDS 安装到企业的每一台主机上，设备成本和维护成本都是很高的，所以 HIDS 一般只安装在关键主机上。

根据网络威胁原理，离被防护信息点越近，保护的作用就会越有效。由于 HIDS 部署在被保护主机上，从空间上满足了网络安全的先决条件；同时，由于监听的是用户的整个访问行为，所以 HIDS 可以有效地利用操作系统本身提供的功能，结合异常分析，准确报告攻击行为，在时间上保证了网络安全进程实现的过程。

HIDS 和 NIDS 在很大程度上是互补的，许多机构的网络安全解决方案都同时采用了基于主机和基于网络的入侵检测系统。实际上，许多用户在使用 IDS 的同时配置了基于网络的入侵检测系统，但不能保证检测，并能防止所有攻击，特别是一些加密包的攻击，而网络中的 DNS、E-mail 和 Web 服务器经常是被攻击的目标，而它们又必须与外部网络交互，不可能对其进行全部屏蔽。因此，应当在各个服务器上安装基于主机的入侵检测系统。此外，即便是小规模的网络结构，也常常需要基于主机和基于网络的入侵检测能力。

4．混合部署

在部署一个基础的混合型入侵检测系统时，应把基于网络的入侵检测系统安装于网络信息集中通过的地方，如中心交换机、集线器等，对所有通过的网络数据进行收集、分析，并对攻击行为做出响应。同时，应把基于主机的入侵检测系统安装于受保护的主机上，收集信息，对主机攻击行为做出响应。

联合使用基于主机和基于网络两种方式会达到更好的检测效果。例如，基于主机的IDS使用系统日志作为检测依据，因此在确定攻击是否已经取得成功时与基于网络的IDS相比具有更高的准确性。人们完全可以使用基于网络的IDS提供早期报警，而使用基于主机的IDS来验证攻击是否取得成功。在下一代的入侵检测系统中，将把现在的基于网络和基于主机这两种检测技术很好地集成起来，提供集成化的攻击签名、检测、报告和事件关联功能。

此外，部署基于硬件的入侵检测系统应并联在网络中，通过旁路监听的方式实时地监视网络中的流量，这样可以实现对网络的运行和性能无任何影响地判断其中是否含有攻击企图，并通过各种手段向管理员报警，不但可以发现来自外部的攻击，也可以发现内部的恶意行为。因此，IDS能够形成网络安全的第二道闸门，是防火墙的必要补充。

小型网络的IDS部署拓扑图如图9-7所示。网络安全由IDS检测引擎、IDS管理主机两部分组成。IDS检测引擎在检测到攻击时，能即刻做出响应，如进行告警/通知（向控制台告警、向安全管理员发E-mail、SNMP Trap、查看实时会话和通报其他控制台等），记录现场（记录事件日志及整个会话），采取安全响应行动（终止入侵连接、调整网络设备配置，如防火墙、执行特定的用户响应程序）。IDS管理主机则可以接收实时报警，查询引擎中的数据，进行统计分析。

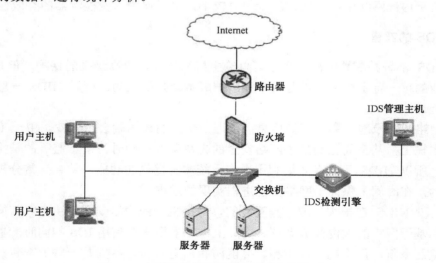

图9-7　小型网络的入侵检测系统部署拓扑图

在大中型网络的安全建设中，应增设检测引擎中心机，如图9-8所示。大中型网络的拓扑结构复杂、地域分布广、数据流量大，需要使用多个引擎才能对整个网络进行监控。为此专门增设一台检测引擎中心机，由它负责收集和保存各引擎检测到的数据，并进行二次分析，为管理员提供综合分析报告。当然，管理员的指令也可以通过检测引擎中心机自动下发到各引擎中去执行，从而提高了管理效率。

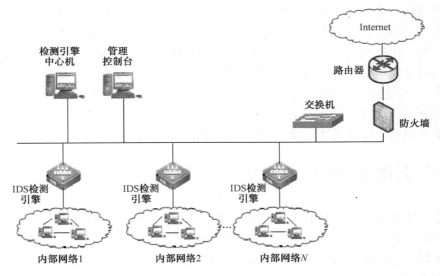

图 9-8 大中型网络入侵检测系统部署拓扑图

目前，大多数 IDS 产品由入侵检测引擎和管理控制台组成，在具体应用时可以根据网络结构和需求做出不同的部署。一般部署在需要重点保护的部位，如企业内部重要服务器所在的子网，对该子网 IDS 发展趋势网中的所有连接进行监控。根据网络拓扑结构的不同，入侵检测系统的监听端口可以接在共享介质的集线器或交换机的镜像端口（SpanPort）上，或者专为监听所增设的分接器（Tap）上。

9.3 入侵防护系统

IDS 一直以来充当了安全防护系统的重要角色，通过从网络上得到的数据包进行分析，从而检测和识别出系统中的未授权或异常现象。其注重的是网络监控、审核跟踪、告知网络是否安全，在发现异常行为时，自身不作为，通过与防火墙等安全设备联动的方式进行防护。

虽然 IDS 是一种受到企业欢迎的解决方案，但其目前存在以下几个显著缺陷。

（1）网络缺陷。例如，用交换机代替可共享监听的 HUB，使 IDS 的网络监听带来麻烦，并且在复杂的网络下，构造与发送的数据包也可以绕过 IDS 的监听。

（2）误报量大。只要一开机，报警不停。

（3）自身防攻击能力差等。

基于以上缺陷，IDS 还是不足以完成网络安全防护的重任。虽然入侵检测系统可以监视网络传输并发出警报，但并不能拦截攻击。因此，IDS 不能适应用户的需要、不能提供附加层面的安全，相反增加了企业安全操作的复杂性。入侵检测系统向入侵防护系统

（Intrusion Prevention System，IPS）的方向发展已成必然。

IPS 能够对所有数据包进行仔细检查，立即确定是否许可或禁止访问。IPS 具有一些过滤器，能够防止系统上各种类型的弱点受到攻击。当新的弱点被发现之后，IPS 就会创建一个新的过滤器，并将其纳入自己的管辖之下，试探攻击这些弱点的任何恶意企图都会立即受到拦截。IPS 技术能够对网络进行多层、深层、主动的防护以有效保证企业的网络安全。IPS 的出现可谓是企业网络、控制系统网络安全的革命性创新。简单地说，IPS 等于防火墙加上入侵检测系统，但并不代表 IPS 可以替代防火墙或 IDS。防火墙在基于 TCP/IP 协议的过滤方面表现得非常出色，IDS 提供的全面审计资料对于攻击还原、入侵取证、异常事件识别、网络故障排除等都有很重要的作用。

9.3.1 入侵防护系统的定义

IPS 是一种主动的、智能的入侵检测、防范、阻止系统，其设计旨在预先对入侵活动和攻击性网络流量进行拦截，避免造成任何损失，而不是简单地在恶意流量传送时或传送后才发出警报。它部署在网络的进出口处，当检测到攻击企图后，会自动将攻击包丢掉或采取措施将攻击源阻断。

IPS 是一种智能化的入侵检测和防御产品，它不但能检测入侵的发生，而且能通过一定的响应方式实时地终止入侵行为的发生和发展，实时地保护信息系统不受实质性的攻击。IPS 使得 IDS 和防火墙走向统一。防火墙是粒度比较粗的访问控制产品，它在基于 TCP/IP 协议的过滤方面表现出色，并且在大多数情况下，可以提供网络地址转换、服务代理、流量统计等功能，甚至有的防火墙还能提供 VPN 功能。和防火墙比较起来，IPS 的功能比较单一，它只能串联在网络上，类似于通常所说的网桥式防火墙，对防火墙所不能过滤的攻击进行过滤。这样一个两级过滤模式可以最大化地保证系统的安全。

IPS 技术的四大特征如下。

（1）只有以嵌入模式运行的 IPS 设备才能实现实时的安全防护，实时阻拦所有可疑的数据包。

（2）IPS 必须具有深入分析能力，以确定哪些恶意流量已经被拦截，根据攻击类型、策略等来确定哪些流量应该被拦截。

（3）高质量的入侵特征库是 IPS 高效运行的必要条件。

（4）IPS 必须具有高效处理数据包的能力。

9.3.2 入侵防护系统的分类

根据部署方式不同，IPS 可分为基于主机的入侵防护系统（Host Intrusion Prevention System，HIPS）、基于网络的入侵防护系统（Network Intrusion Prevention System，NIPS）及应用入侵防护（Application Intrusion Prevention，AIP）3 种。

1．基于主机的入侵防护系统（HIPS）

　　HIPS 通过在主机/服务器上安装软件代理程序，防止网络攻击入侵操作系统及应用程序。HIPS 可以根据自定义的安全策略及分析学习机制来阻断对服务器、主机发起的恶意入侵。

　　HIPS 如图 9-9 所示。HIPS 监视单个主机的特性和发生在主机内的可疑活动事件。HIPS 在要监视的主机上安装传感器（Sensor），因此会影响主机的性能。

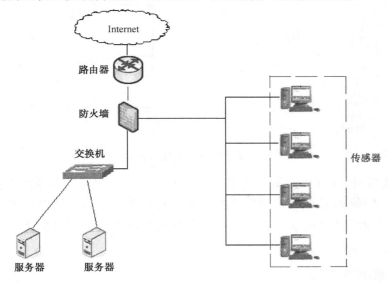

图 9-9　基于主机的入侵防护系统图

　　从技术方面来看，HIPS 采用独特的服务器保护途径，利用包过滤、状态包检测和实时入侵检测组成分层防护体系。这种体系能够在提供合理吞吐率的前提下，最大限度地保护服务器的敏感内容，提供对主机的安全保护，也可以更改操作系统内核程序的方式，提供比操作系统更加严谨的安全控制机制。

　　正因为 HIPS 工作在受保护的主机/服务器上，它不但能够利用特征和行为规则检测，阻止如缓冲区溢出之类的已知攻击，还能够防范未知攻击，防止针对 Web 页面、应用和资源的未授权的任何非法访问。HIPS 与具体的主机/服务器操作系统平台紧密相关，不同的平台需要不同的软件代理程序。

2．基于网络的入侵防护系统（NIPS）

　　NIPS 通过检测流经特定网段或设备的网络流量，提供对网络系统的安全保护。由于它采用在线连接方式，所以一旦辨识出入侵行为，NIPS 就可以去除整个网络会话，而不仅仅是复位会话。

　　NIPS 如图 9-10 所示。NIPS 传感器监视和分析一个或多个网段上的网络活动。

　　NIPS 必须基于特定的硬件平台，才能实现千兆级网络流量的深度数据包检测和阻断功能。这种特定的硬件平台通常可以分为三类：一是网络处理器；二是专用的 FPGA 芯片；三是专用的 ASIC 芯片。

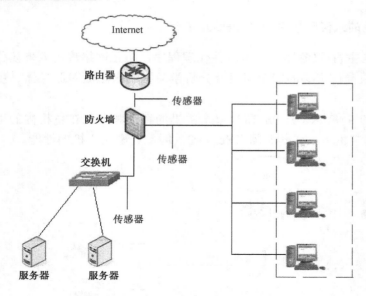

图 9-10　基于网络的入侵防护系统图

从技术方面来看，NIPS 吸取了目前 NIDS 的所有成熟技术，包括特征匹配、协议分析和异常检测。特征匹配是最应用广泛的技术，具有准确率高、速度快的特点。基于状态的特征匹配不但检测攻击行为的特征，还要检查当前网络的会话状态，避免受到欺骗攻击。

3．应用入侵防护（AIP）

AIP 是 NIPS 的一个特例，它把基于主机的入侵防护扩展成为位于应用服务器之前的网络设备。AIP 被设计成一种高性能的设备，配置在应用数据的网络链路上，以确保用户遵守设定好的安全策略，保护服务器的安全。由于 NIPS 工作在网络上，直接对数据包进行检测和阻断，因此，与具体的主机/服务器操作系统平台无关。

9.3.3　入侵防护系统的原理

IPS 在检测方面的原理与 IDS 相同，但在阻止入侵方面的原理只有 IPS 具备。它首先由信息采集模块实施信息收集，内容包括系统和网络的数据，以及用户活动的状态和行为，然后利用模式匹配、协议分析、统计分析和完整性分析等技术手段，由信号分析模块对收集到的有关系统、网络、数据及用户活动的状态和行为等信息进行分析，最后由反应模块对采集、分析后的结果做出相应的反应。

真正的 IPS 与传统的 IDS 相比有两点关键区别：自动阻截和在线运行，两者缺一不可。防护工具软/硬件方案必须设置相关策略，以自动对攻击做出响应，而不仅仅是在恶意通信进入时向网络管理员发出告警，要实现自动响应，系统就必须在线运行。当黑客试图与目标服务器建立会话时，所有数据都会经过 IPS 传感器，IPS 传感器位于活动数据路径中，并检测数据流中的恶意代码，核对策略，在未转发到服务器之前将信息包或数据流阻截。由于是在线操作，因而能保证处理方法适当且可预知，从而达到防护的目的。入侵防护系统模型如图 9-11 所示。

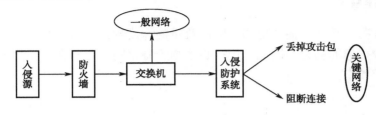

图 9-11　入侵防护系统模型图

9.3.4　入侵防护系统的关键技术

1．主动防御技术

对关键主机和服务的数据进行全面的强制性防护、对其操作系统进行加固，并对用户权利进行适当限制，以达到保护驻留在主机和服务器上数据的效果。这种防范方式不仅能够主动识别已知攻击方法，对于恶意的访问予以拒绝，而且能够成功防范未知攻击行为。例如，一个入侵者利用一个新的系统漏洞获得操作系统超级用户口令，下一步希望用这个账户和密码对服务器上的数据进行删除和篡改，此时，若利用主动防范的方式首先限制了超级用户的权限，然后通过访问地点、时间及所采用的应用程序等方面的因素予以限制，入侵者的攻击企图就很难得逞，同时系统会将访问企图记录下来。

2．防火墙和 IPS 联动技术

一方面，通过开放接口实现联动，即防火墙或 IPS 产品开放一个接口供对方调用，按照一定的协议进行通信，传输警报。这种方式比较灵活，防火墙可以行使其第一层防御功能——访问控制，IPS 系统可以行使其第二层防御功能——检测入侵，丢弃恶意通信，确保该通信不能到达目的地，并通知防火墙进行阻断。这种方式不影响防火墙和 IPS 的性能，对于两个系统自身的发展非常有利，但由于是两个系统的配合运作，所以要重点考虑防火墙和 IPS 联动的安全性。

另一方面，通过紧密集成实现联动，即把 IPS 技术与防火墙技术集成到同一个硬件平台上，在统一的操作系统管理下有序运行。所有通过该硬件平台的数据不仅要接受防火墙规则的验证，还要被检测判断是否含有攻击，以达到真正的实时阻断。

3．综合多种检测方法

IPS 可能引发误操作，阻塞合法的网络事件，从而导致数据丢失。为了避免这种情况的发生，IPS 采用了多种检测方法，最大限度地正确判断已知攻击和未知攻击。其检测方法包括误用检测和异常检测，增加状态信号、协议和通信异常分析功能，以及后门和二进制代码检测。为解决主动性误操作，采用通信关联分析的方法，使 IPS 全方位识别网络环境，减少错误告警。通过将琐碎的防火墙日志记录、IDS 数据、应用日志记录，以及系统弱点评估状况收集到一起，合理推断出将发生哪些情况，并做出适当响应。

4．硬件加速系统

为了实现百兆、千兆，甚至更高级网络流量的深度数据包检测和阻断功能，IPS 必须具有高效处理数据包的能力。因此，IPS 必须基于特定的硬件平台，采用专用硬件加速系统来提高其运行效率。

第10章　工业控制系统补丁管理

10.1　补丁简介

近二十年来，网络安全问题不断爆发，其主要表现在两个方面：一方面，大范围互联网攻击事件频繁发生，例如，2002 年全球的根域名服务器遭到大规模拒绝服务攻击；另一方面，随着网络应用的逐步深入和大范围推广，这些网络攻击事件造成的危害也越来越严重。2003 年 8 月 11 日，利用 MS03-26 漏洞的"冲击波"蠕虫病毒（W32.Blaster. Worm）开始在全世界范围内爆发，造成巨大的经济损失。在国内，两天时间就使数千个局域网陷于瘫痪状态，受害者中既包括几十人的小规模企业，也有电信、政府等大型企事业单位。

安全漏洞是这些网络安全问题的主要根源。据统计，几乎所有的网络攻击都是基于操作系统或应用程序的漏洞进行的。如果用户能够根据具体的应用环境，尽可能早地通过网络扫描来发现这些漏洞，并及时采取适当的处理措施进行修补，就可以有效地阻止入侵事件的发生，但是在相应的漏洞补丁发布后，用户使用补丁程序更新系统往往不够及时。一方面是因为用户安全意识薄弱，往往要等到大规模的网络攻击开始时，才会想起安装补丁；另一方面，即更重要的原因是，补丁管理工作本身也比较烦琐枯燥，以微软的 Windows 系统为例，每个星期都有漏洞警报和补丁程序发布，网络管理员不仅要追踪和应用这些最新的升级信息，还要从中鉴别哪些补丁是必需且适用的。

值得注意的是，大部分危害发生在漏洞已经发布补丁后，由于更新不及时而造成。例如，在微软发布 MS04-011 公告后的几小时内才出现了通用的攻击代码，如果能够及时进行漏洞修复，由此漏洞造成的危害将不会存在。

因此，用户和软件开发商针对以上问题进行广泛合作，提出一些行之有效的补丁解决方案，实现对操作系统和应用软件相关补丁的下载、检测及安装，确保补丁更新的及时性，完全可以避免因为安全漏洞修补不及时而造成的损失。同时，进一步研究开发一些补丁自动管理系统，支持多种组网方案的扩充，适应大规模网络的补丁分发。

10.1.1　补丁的定义

所谓补丁，是在原软件的基础上所做的修补程序，无法独立使用，要配合原软件才能够使用。简单地说，就像衣服烂了就要打补丁一样，软件也需要，软件是人设计的，而人的设计是有缺陷的，所以软件也就免不了会出现问题或漏洞，统称为 BUG，而补丁是专门为修复这些 BUG 做的，因为原来发布的软件存在缺陷，另外编制一个小程序使其完善。

通常，软件供应商对软件进行测试后投放市场，在使用过程中会出现干扰或有害于安全的问题或错误，这些问题或错误一般由黑客或病毒设计者发现，或者是用户在使用过程中产生的。这些问题或错误信息会反馈给软件供应商，软件开发人员进行纠正工作而发布的解决问题的小程序就是补丁。

可以通过访问供应商的网站下载补丁。当然，供应商也会及时通知相关用户进行补丁下载、安装和升级。

10.1.2　补丁的分类

补丁的作用是为了解决计算机中存在的漏洞，从而更好地优化计算机的性能。按照补丁影响的大小可分为以下几类。

（1）"高危漏洞"的补丁。这些漏洞可能会被木马、病毒利用，应立即修复。

（2）软件安全更新的补丁。这些补丁用于修复一些流行软件的严重安全漏洞，建议立即修复。

（3）可选的高危漏洞补丁。这些补丁安装后可能引起计算机和软件无法正常使用，应谨慎选择。

（4）其他及功能性更新补丁。这些补丁主要用于更新系统或软件的功能，可根据需要选择性安装。

（5）无效补丁。根据补丁失效原因的不同又可以细分为以下3类：

① 第一类是已过期补丁。这些补丁可能因为未及时安装，后又被其他补丁替代，无须再安装。

② 第二类是已忽略补丁。这些补丁在安装前进行检查，发现不适合当前的系统环境，补丁软件智能忽略。

③ 第三类是已屏蔽补丁。这些补丁因不支持操作系统或当前系统环境等原因被智能屏蔽。

10.1.3　补丁的作用

补丁的作用可以概括为如下几点：

（1）解决软件的漏洞或不完善的地方。在软件发行之后开发者对软件进一步完善，然后发布补丁文件，有效解决软件系统在使用过程中暴露的问题。

（2）改进软件的性能。补丁不仅可以解决现有软件的漏洞或不完善的地方，而且可以进一步改进软件的性能。

（3）提高系统的可靠性。补丁解决软件的漏洞和不完善的地方，改进软件的性能，最终提高了整个系统的可靠性。

10.2 工业控制系统补丁概述

工业控制系统的操作系统在系统级普遍采用通用的商业操作系统，而在设备级采用实时操作系统。同时，工业控制系统的应用软件运行在这些操作系统平台上。因此，工业控制系统的补丁包括工业控制系统操作系统的补丁和工业控制系统应用软件的补丁。

为了理解工业控制系统补丁，下面将详细介绍工业控制系统补丁的定义和工业控制系统补丁面临的问题，并对工业控制系统补丁与计算机系统补丁进行比较。

10.2.1 工业控制系统补丁的定义

工业控制系统补丁是为了解决工业控制系统的安全漏洞、可靠性或操作性问题而在原有操作系统软件和应用软件的基础上所做的修补程序。

工业控制系统补丁也称为软件更新、软件升级、紧固件升级、服务包、热修复、基本输入/输出系统（Basic Input Output System，BIOS）更新或其他软件更新。

10.2.2 工业控制系统补丁面临的问题

目前，工业控制系统补丁面临的是一个令资产所有者和工业控制系统供应商比较难以处理的问题，主要表现在以下几个方面。

（1）许多工业控制系统使用者选择不打补丁。许多用户不想承担降低服务质量和增加停机故障的风险，供应商反映他们发布的漏洞补丁只有 10%的下载率。这些也证实了补丁在工业控制领域的接受程度较低。

首先，用户对工业控制系统不打补丁的影响还没有正确认识。在一篇针对 OS 软件发布后公开披露的漏洞补丁的重要研究中指出，有 14.8%～24.4%的补丁是错误的并会直接危害最终用户。更糟糕的情况是，这些错误的"解决方案"中有 43%会导致系统崩溃、瘫痪、资料损坏或其他安全问题。

其次，用户错误地认为工业控制系统不与外界联网而不需打补丁。即便是孤立的工业控制系统，其本身也有漏洞或问题，供应商也会定期发布一些补丁，保证控制系统软件生命周期内的安全可靠。因此，用户需要及时打补丁，解决这些漏洞或问题，提高控制系统的可靠性。

最后，补丁管理意识严重缺乏。这是一个比较普遍的现象，在我国各行各业均应引起重视。

（2）补丁并不总能依照其所设计的那样解决对应的安全问题。正如工业控制系统-计算机应急响应小组（ICS-CERT）成员 Kevin Hemsley 所言，在 2011 年 ICS-CERT 发现，通过打补丁来修复发布的控制系统产品漏洞出现了 60%的失败率。

（3）并非所有漏洞都有对应的补丁。在 2012 年 1 月的 SCADA 信息安全技术研讨会上有专家表示，在 ICS-CERT 记录的 364 个公开漏洞中只有不到一半在当时有可用补丁。

有些人指责供应商无动于衷和懒惰，但其实有很多因素阻碍了补丁的及时发布。

2010 年，ICS 的一家重要供应商告知，在产品的关键任务内部测试中已经发现了安全隐患，但遗憾的是，这些漏洞嵌入在由第三方提供的 OS 软件中，现在 OS 提供商拒绝解决这些问题，因此，ICS 供应商及其客户将面临无可用补丁的情况。

2011 年的案例涉及另一家 ICS 供应商，一名独立的信息安全研究人员发现了 PLC 中的漏洞，并公开披露这些漏洞。该供应商开发了补丁准备撤除这些后门，但随即发现这些后门被那些为用户提供检修服务的团队广泛使用，而让这个问题更加棘手的是，这家公司产品变更的质保（QA）程序需要 4 个月才能完成，这意味着即使用户愿意为信息安全而放弃检修服务，仍需要接受 4 个月开放的空窗期等待正规的补丁测试流程结束。

（4）对合法产品的补丁支持也有问题。一个控制产品的生命周期一般为 15～20 年，而供应商为了适应市场的变化，其软件生命周期一般是 5 年左右。因此，用户会经常碰到他们的产品不再获得供应商的补丁支持的情况，尽管他们在运行中发现了漏洞。

按计划发布的补丁是有效补丁，应对性的补丁是无效补丁，紧急发布的补丁是危险补丁。

对任何控制系统而言，修补漏洞都是一项重要的进程；对良好的信息安全而言，修补漏洞很关键，但是从 IT 应对策略角度来说，每月或每周不间断地打补丁对 SCADA 和 ICS 来说并不可行，匆忙打补丁更加危险。

工业控制系统供应商在尝试开发"紧急"补丁时会面临多个问题，如需要考虑安全因素和质保要求，则通常会延迟补丁的发布。在有些情况下，一个合理且安全的补丁也不起作用。

工业控制系统的用户有类似顾虑。很坦白地讲，谁能因为不想增加系统故障或不想让自己的关键控制器或服务器系统面临安全威胁而备受责怪呢？

对合法产品的补丁支持也有问题——许多人希望一个控制产品能够运行 20 年，把它运行得比典型的 IT 支持窗口还好。正如下面 Slammer 病毒攻击例子中提到的，打补丁可能需要重要的人员帮助才能做到安全安装。

不要指望补丁能够迅速解决控制系统安全问题。如果用户的确是这样想的，则会发现新出现的问题比修补的漏洞更糟糕。

其实，应用补丁是一个完整的安全系统的关键部分。据 US-CERT（美国计算机应急响应小组）统计，大约 95%的网络入侵可以通过为系统更新适当的补丁来避免，而如果用户的控制系统从来不打补丁，那么将让自己的系统完全暴露在几十年的恶意软件前。

（5）即使是好的信息安全补丁也可能引起问题。

大多数的补丁需要关闭或重启正在运行的操作，有些可能也会中断或解除之前依靠控制系统运行的功能。例如，某蠕虫病毒攻击的其中一个漏洞是系统 SQL 数据库的硬编码密码。

与此同时，那些通过人为修改密码的客户则很快会发现，也多关键的控制功能都需要这个密码才能进入。在这种情况下，所用的"解决方案"要比原来的"疾病"后果更加严重。

（6）补丁管理比较混乱。有些用户依赖供应商的售后服务，也有些用户即便做了这方面工作，也未纳入常态管理。

10.2.3　工业控制系统补丁与 IT 系统补丁的比较

工业控制系统补丁在系统级与 IT 系统补丁相同，但在设备级与 IT 系统补丁完全不同。

下面将通过打补丁的危险和影响、计划方式和专业人员支持三方面进行分析，明确工业控制系统补丁与 IT 系统补丁有明显不同。

（1）在商用网络里可以存在病毒，几乎每天都有新的补丁出现，计算机可能会死机、暂停，而这些如果发生在控制网络里，所带来的危险和影响是不可想象的。

（2）计划性地打补丁是正确的，应对性地打补丁是错误的。不是说不要打补丁，恰恰相反，给漏洞打补丁对控制系统良好的安全性非常重要。然而，像 IT 策略那样定期迅速地、应对性地、不间断地打补丁并不适用于工业控制系统。

（3）给工业控制系统打补丁通常需要专家在场。关于打补丁还需要警惕的一点是打补丁的过程中需要有专门技能的人在场。举例来说，2003 年 1 月 Slammer 病毒攻击的漏洞其实原本有一个在 2002 年发布的补丁（MS02-039），遗憾的是，这并没有帮助一家在墨西哥海湾拥有大量采油平台的公司逃过一劫。这家公司在 2002 年夏天开始打了补丁运行，但服务器还是出现了问题，需要 Windows 专家在场打补丁，由于这些专家中只有极少人具有进入采油平台的安全认证，因而在六个月后受到 Slammer 病毒攻击时还有许多平台尚未打补丁。

10.3　工业控制系统补丁管理系统设计

工业控制系统补丁管理是现代工业控制系统信息安全的重要组成部分，是一个由资产所有者和工业控制系统供应商共同协作完成的工作。因此，搭建合理的工业控制系统补丁管理系统架构是当务之急。

工业控制系统补丁管理系统架构也是目前刚开始提出来的一种架构，理解和掌握这种架构对做好工业控制系统信息安全是有帮助的。

10.3.1　工业控制系统补丁管理系统架构

在第 3 章中曾提及，防火墙带 DMZ 位于公司网与控制网间的架构图适合于补丁管理服务器等的布置。一个典型的工业控制系统补丁管理系统架构如图 10-1 所示。

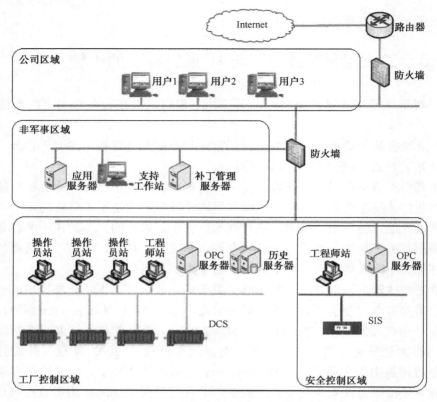

图 10-1　典型的工业控制系统补丁管理系统架构图

在这种架构中，公司网需要访问的设备放置在 DMZ，控制网要求补丁管理服务器、抗病毒服务器或其他安全服务器等必须放在 DMZ，公司网与控制网没有直接的通信途径，防火墙能够阻止任意来自公司网的数据包进入控制网，同时也能控制来自其他网络区的流量。通过计划好的规则集，能在控制网和其他网之间维持一个明确的界限。

安装和配置一个 DMZ，提供了一面良好的屏障，可以阻止来自外部的直接攻击。设计良好的 DMZ 可以强迫所有的通信都始于或终于 DMZ，这样做的结果是使攻击者很难与控制区直接通信。

补丁管理服务器提供非军事区域（DMZ）和工厂控制区域的相关设备的补丁管理，这台服务器的设置能够有效解决目前工业控制系统面临的补丁问题，是工业控制系统信息安全的重要组成部分。因此，补丁管理服务器会受到用户和供应商的欢迎。

补丁管理服务器中的补丁可以来自网络下载，也可以直接来自可信供应商的介质。注意，供应商的介质必须经过防病毒扫描后才可以安装在补丁管理服务器。

补丁管理服务器中补丁的分发一般选择在工业控制系统维修时间的计划中。因为维修时间的补丁分发和安装不会给工业生产造成不利影响，同时，工业用户维修人员有计划地安排供应商专业人员到场指导安装、测试和投用，保证补丁的正确实施。

10.3.2　工业控制系统补丁管理系统要求

工业控制系统补丁管理系统对工业控制系统资产用户和工业控制系统供应商都有一定的要求。

工业控制系统资产用户和工业控制系统供应商之间的密切合作，是做好工业控制系统补丁管理系统的基本要求。

1．资产用户要求

工业控制系统补丁管理系统对工业控制系统资产用户的要求主要包括以下几点：

（1）建立和维护工业控制系统所有电子设备的清单。

（2）建立和维护每个电子设备安装版本的准确记录。

（3）确定每个电子设备需要哪些升级和更新。

（4）确定哪些升级和更新获得产品供应商授权或与产品兼容。

（5）在生产环境下对部署补丁测试，确保补丁安装后不影响工业控制系统的可靠性和可操作性。经测试成功的补丁是合格补丁。

（6）安排合格补丁的安装计划。

（7）定期更新电子设备清单的记录。

（8）每年识别控制系统因不加补丁的安全漏洞。

（9）实施补丁或相关措施，减少控制系统的安全漏洞。

2．供应商要求

工业控制系统补丁管理系统对工业控制系统供应商的要求主要包括以下几点：

（1）提供有关产品软件补丁政策的文件。

（2）提供合格的相关补丁，包括产品用到的操作系统制造商和第三方软件的安全补丁。

（3）提供所有补丁清单及其批准状态。

（4）补丁发布后 30 天内通知资产用户并更新补丁清单。

10.3.3　工业控制系统补丁管理特性

工业控制系统补丁管理有及时性、严密性、持续性和平衡性四个特征，分述如下。

1．及时性

工业控制系统补丁管理需要有很强的及时性。如果补丁管理工作晚于漏洞或不完善的地方暴发，那么控制系统就有可能被攻击或系统出现可靠性/可操作性问题，造成机密信息泄露或生产中断，由此造成企业经济的重大损失。

由于黑客技术的不断积累和发展，留给控制系统管理人员的时间会越来越少，在最短的时间内安装补丁才可以保护企业机密或保证系统的可靠性/可操作性，同时可以使控制系统免受各种病毒的侵袭，避免企业经济受到重大影响。

2．严密性

工业控制系统补丁是工业控制系统供应商为了修补漏洞而制作的程序更改，迫于用户的压力，供应商一般会在最短的时间内发布补丁。因此，补丁的测试就会减少，补丁的兼容性很容易出问题。特别是针对系统底层的一些补丁，很容易导致应用不能正常运行，甚至系统不能正常启动。除了补丁测试需要严密性以外，补丁的推广同样也需要严密的计划，哪些系统设备需要安装补丁，什么时候开始安装，安装之前需要备份哪些数据，如何制订应急方案都需要一个严密的计划。

3．持续性

漏洞修补工作是一个长期的、持续性的工作。因为随着控制系统漏洞和不完善之处的不断发现，针对漏洞和不完善之处的补丁也会持续不断地发布。因此，要求企业的维修管理人员要时刻跟踪供应商的补丁公告和安全公司的安全公告。

4．平衡性

补丁管理就是对变动的风险管理。

工业控制系统补丁是对工业控制系统的改变，而对工业控制系统的这些改变都需要管理。一个资产用户不能盲目地对进程控制环境配置新的补丁而不面临操作紊乱的风险。因此，就需要资产用户精心地用政策措施和实践经验来平衡对控制系统的可靠性和安全性两方面的需求。

10.3.4　工业控制系统补丁的管理范围与任务

工业控制系统补丁的管理范围包含向操作的计算机系统获取、测试和安装多补丁的系统管理范围。

工业控制系统补丁的管理任务包括维护当前可用补丁信息、决定哪些补丁范围适用于特定系统、保证补丁安装适当、测试安装后的系统和记录所有的相关规程。例如，根据公认最佳实践而要求远程跨越不同环境的特定配置。

对于安装补丁、升级和策略的改变，若分别处理似乎是无害的，但可能会导致严重的网络安全后果。安装失败会产生严重的危险。因此，应采取相应方法来决定新补丁漏洞的相关性和临界点以使之减轻，同时，这些方法决定了补丁适用和不适用对维持目标安全等级的影响。

10.4　工业控制系统补丁管理程序

前面提到工业控制系统面临的补丁问题，工业控制系统补丁管理对工业控制系统资产所有者和供应商也提出一定的要求，建立一个工业控制系统补丁管理程序是很有必要的。

在第 6 章中曾提出控制系统文件安全及软件补丁的使用，工业控制系统补丁管理是工业控制系统信息安全管理的重要组成部分。因此，建立一个工业控制系统补丁管理程序是工业控制系统信息安全管理的要求。

业界对工业控制系统补丁管理程序的研究和制定还在起步阶段。工业控制系统补丁管理程序需要考虑工业控制系统的特性、用户对生产及环境的要求。本节仅介绍工业控制系统补丁管理流程，供业内人士参考，在他们制定工业控制系统补丁管理程序时提供一定的帮助。

10.4.1　工业控制系统补丁管理程序概述

微软公司推荐企业的 IT 系统采用一种"四步法"模型，用于 IT 系统补丁管理，其运作框图如图 10-2 所示。这些步骤包括以下四步：

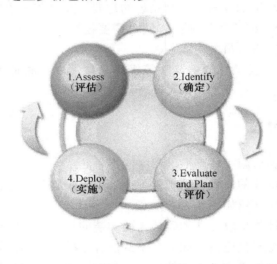

图 10-2　微软公司推荐的企业 IT 系统补丁管理运作框图

（1）评估。评估补丁实施的环境。

（2）确定。确定新的软件更新。

（3）评价。评价和计划软件更新部署。

（4）实施。部署软件更新。

基于微软公司推荐的 IT 系统补丁管理运作程序，同时结合工业控制系统的特性、用户生产的要求及对环境的要求，工业控制系统补丁管理流程如图 10-3 所示，其补丁管理流程分为评估、测试、部署、核实与报告、设备数据管理五个阶段。

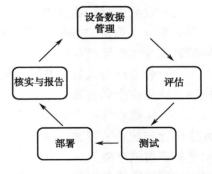

图 10-3　工业控制系统补丁管理流程图

10.4.2 评估阶段

本阶段的目的是基于补丁对于工业控制环境和风险的影响，为如何确定补丁是否适用提供程序性指导。

一般地，补丁评估阶段的流程包括补丁及漏洞监视、确定适用性、风险评估和确定安装四个步骤，具体介绍如下。

（1）补丁及漏洞监视：用户定期与供应商沟通，整理出一个现有补丁或最近发布的补丁清单。同时，用户对控制系统的漏洞进行统计并通知供应商。

（2）确定适用性：分析现有或最近发布的补丁是否适用于目前的控制系统，以及分析现有或最近发布的补丁是否能减少控制系统的漏洞，由此判断补丁是适应的，才可进入下一步评估。

（3）风险评估：如果前面一步分析该补丁是适用的，那么就必须考虑安装该补丁的风险。这就需要考虑控制环境的冲击、控制系统的重要性及漏洞的紧迫性。资产用户可以自己设置一些问题进行较详细的风险评估，同时需要控制系统管理员、信息安全人员、IT人员、供应商、工程与操作人员共同参与。

（4）确定安装：基于组织机构的风险等级确定补丁安装的时间表。若其风险等级越高，则早点安排安装该补丁；反之，则可晚一点安装该补丁。

10.4.3 测试阶段

本阶段的目的是为如何测试补丁提供程序性指导。

一般地，补丁测试阶段的流程包括文件证明、安装步骤、合格证与核实、卸载步骤、风险降低五个步骤，分别介绍如下。

（1）文件证明：经评估阶段评估和确认需要安装的补丁，其文件来源必须是被证明可信的。通常补丁文件来源于供应商。如果是下载的补丁软件，用户需要核对 checksum 和文件大小尺寸，以确保该补丁文件没有被修改。同时，用户也需用最近的抗病毒软件对补丁文件进行扫描，确保补丁文件是安全的。

（2）安装步骤：通常供应商会随补丁文件一起提供补丁安装步骤。用户应认真阅读补丁安装指令，确定安装补丁的先决条件，以及目标设备和测试样本，并且补丁安装和测试环境必须与生产环境相同。

（3）合格证与核实：补丁合格证的作用是建立信心和技术有效性，保证补丁不会影响控制系统的安全和可靠。

（4）卸载步骤：为减少补丁安装后潜在可靠性和操作性风险的发生，用户应准备有效程序删除安装补丁带来的变化。如果安装补丁后出现系统错误，用户应能保证系统返回未安装补丁前的配置。

（5）风险降低：系统不兼容、可靠性问题、运行问题、缺少供应商支持或先决条件未满足等问题通常会引起补丁不能安装的情况。因此，需要准备一些预案，如产品重新配置、删除受影响的软件等，以便减小因补丁不能安装带来的信息安全风险。

10.4.4　部署阶段

本阶段的目的是为安装部署补丁提供程序性指导。一般地，补丁部署阶段的流程包括通知、准备、时间安排、安装部署、核实五个步骤，分别介绍如下。

（1）通知，即通知供应商或用户相关人员。建议由同一批人员完成补丁安装。

（2）准备：根据组织机构的规模和复杂程度，统计设备，确定其物理位置，确定数据网络是否可用，做好补丁安装准备。

（3）时间安排：补丁文件分发完毕后，接下来是确定时间安排。通常由用户自己确定在控制系统对生产影响最小的时候进行安装。

（4）安装部署，即实施正确的补丁安装。

（5）核实：补丁安装后，需要核实补丁安装在相应设备、漏洞已解决等。

10.4.5　核实与报告阶段

本阶段的目的是为在补丁安装后进行核实与报告提供程序性指导。一般地，这个核实与报告阶段的流程包括系统/设备运行性能监视、漏洞监视、准备报告三个步骤，分别介绍如下。

（1）系统/设备运行性能监视：在补丁安装后，用户应对系统/设备的运行性能进行必要的测试，确保补丁安装后系统/设备运行的各项指标均达到要求。

（2）漏洞监视：在补丁安装后，用户应对系统/设备的漏洞进行必要的监测，确保补丁安装后系统/设备原有的漏洞已解决。

（3）准备报告：补丁安装报告是对系统软件更新的阶段性小结，可以保持系统的可持续性。同时，也可以提醒相关人员。

10.4.6　设备数据管理阶段

本阶段的目的是为管理设备数据提供程序性指导。一般地，该设备数据管理阶段的流程包括设备数据清单更新、系统/设备漏洞通知、控制系统优先级分类管理三个步骤，分别介绍如下。

（1）设备数据清单更新：用户应及时更新设备数据清单。操作系统采用什么版本、紧固件采用什么版本、应用软件采用什么版本、补丁安装情况等，都要有最新的记录，以便掌握控制系统的最新情况。

（2）系统/设备漏洞通知：可以采用一些自动化软件管理系统/设备漏洞情况，可以及时在设备数据清单中记录发现的漏洞，一旦供应商发布补丁信息，即可分析是否需要安装及何时实施安装。

（3）控制系统优先级分类管理：在设备数据清单中可以预先定义优先级，漏洞的影响也就可以排出优先级，从而指导补丁的安装。

10.5　工业控制系统补丁管理实施

用户建立工业控制系统补丁管理程序，安装部署补丁，随后便进入补丁管理程序的运行阶段。

建立工业控制系统补丁管理程序是不容易的，如果打补丁的努力能够维持或优化，那么久而久之通过补丁减少信息安全漏洞的目标就能够实现。

在实施补丁管理时，要注意变更管理、停机时间安排、新设备增加、安全加固等工作。

10.5.1　变更管理

用户应该把补丁管理纳入公司已有的变更管理程序中，确保所有控制系统的改动已获得相应的授权、审查和控制。公司的变更管理程序对控制系统管理有很大帮助，如减少未授权的改动、完善控制系统文档、保持系统修改的一致性、保证可靠性及对系统变动的可追溯性。

对于控制系统补丁管理，公司的变更管理程序应包括如下几点：

（1）补丁管理的工作应在变更控制的范围内，应符合变更管理程序。

（2）培训相关人员，增强意识，充分理解补丁管理符合变更管理程序。

（3）在相关人员进行安装补丁前，任何软件升级、打补丁或软件更新都是变更管理的一部分，必须经过审核和批准。

（4）比较安装补丁的风险、实施补偿控制或不安装补丁的风险，这个过程应包括信息安全风险评估。

（5）这个过程应包括控制系统工程设计人员和有信息安全经验的人员。

（6）变更完成后应及时更新控制系统的图纸和文件。

（7）核实变更成功且准确运行。

（8）如对补丁管理的变更管理进行审查，审查记录应明确确定目标设备、测试结果及安装核实结果。

10.5.2　停机时间安排

接到发布新的漏洞警告通知后，用户应对这些漏洞是否适用于自身的控制系统进行评估。如果发现系统处于漏洞范围，那么需要采取一些动作，包括在下一个周期进行打补丁，或者在暂时没有补丁的情况下，或者在有补丁情况下由于控制系统关键而没能打补丁，这些情况需采取必要的对策。

一般地，打补丁会选择在控制系统处于停机时间，如生产维修阶段、某些行业的大修期间。需要提醒的是，在控制系统停机前，控制系统的补丁应在非生产环境下进行测试，减少打补丁时出现问题。

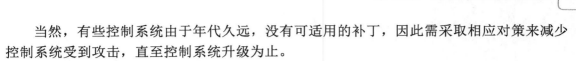

　　当然，有些控制系统由于年代久远，没有可适用的补丁，因此需采取相应对策来减少控制系统受到攻击，直至控制系统升级为止。

10.5.3　新设备增加

　　随着控制系统的发展，新的设备有可能加入到原有控制系统网络架构中。新设备的加入意味着新系统的加入，这些新系统由于缺乏最新的安全补丁，必然会对原有系统造成一定的冲击或损坏。因此，新系统应打好补丁后才可以接入原有的控制系统网络。

　　新系统除采用安全补丁外，用户还应按照供应商的建议对其加固，如取消一些不必要的服务、用户账号，激活主机防火墙等。

10.5.4　安全加固

　　控制系统的安全加固是可以采取的补偿措施，并且能减少安全补丁的需求。

　　通常，可以采取的控制系统的安全加固包括如下几点，但并不仅限于这几点。

　　（1）撤除一些不用的物理连接，如不用的串行口、以太网口、无线连接、调制解调器等。

　　（2）加强设备的物理保护，避免篡改、连接、乱用、未授权的改动及信息外漏。

　　（3）删除一些不必要的用户与用户组。

　　（4）删除一些不必要的软件，停止一些不必要的服务。

　　（5）加强密码管理，进行定期更换。

　　（6）管理控制系统访问控制权限。

　　（7）控制用户账号权限。

　　（8）停用系统不必要的能力、协议等。

第 11 章　工业控制系统信息安全软件与监控

11.1　工业控制系统信息安全软件与监控简介

为了符合工业控制系统信息安全标准要求和产品功能要求，工业控制系统供应商正在为工业控制系统产品开发信息安全软件，以满足当今主流市场工业用户的迫切需求，从而达到其产品在市场占主导地位的目的。正如 1.2.1 节所述，工业控制系统信息安全早就存在，只是当时人们并没有意识到，对于工业控制系统信息安全软件，工业控制系统供应商很早就在为其工控产品开发一些软件补丁、软件更新等。最近，由于工控信息安全事故频发，工业控制系统供应商也在为其工控产品进行开发一些更好的、更深层次的信息安全软件，同时为工业用户方便进行工业控制系统运作管理及其信息安全运作管理，工业控制系统供应商正努力应对并开发出相应的工业控制系统信息安全监控软件。因此，市场上开始涌现各工业控制系统供应商的信息安全监控软件。

随着网络安全的快速推进，工业控制系统网络安全作为网络安全的重要组成部分，已经引起人们的高度关注，工业控制系统供应商在这方面也是短板，因此网络信息安全产品供应商凭借其网络安全专业优势，正快速进入工业控制系统领域，为工业控制系统网络开发出相应的信息安全产品和信息安全软件。最初，网络信息安全产品供应商为满足工业控制系统用户信息安全要求，为工业控制系统安装必要的网络隔离设备，为用户配置相应的监控软件。然后，为扩展工业控制系统整个网络的监控，他们与工业控制系统供应商展开合作，共同开发，既扩展原网络隔离设备的监控，又整合工业控制系统供应商各个控制网络设备的部分事件、网络报警记录，使得工业控制系统整个网络的监控成为可能。于是，网络信息安全产品供应商在此领域展开工作，工业安全监测审计平台、工业安全管控平台等软件监控逐渐出现，从而满足工业控制系统用户信息安全的要求。

同时我们还应该看到，工业控制系统供应商为工业控制系统产品开发信息安全软件，网络信息安全产品商为工业控制系统开发网络隔离设备、工业安全监测审计平台、工业安全管控平台等软件监控，这对于一般的工业控制系统用户信息安全是足够的。然而，随着工业控制系统用户的快速发展，大型工业控制系统用户也在不断壮大，对于大型厂级的企业用户或集团公司级的用户来说，需要对各个工厂工业控制系统信息安全进行有效管理，那么他们如何获取这些信息安全信息呢？为此，一些专门从事企业资源计划（ERP）管理软件的供应商也开始考虑如何在原有 ERP 软件产品中增加这些工业控制系统信息安全信息，于是 GRC（Governance Risk and Compliance Management，企业管控、风险与符合性管理）软件开始走进大众的视野，也就是说，大型厂级、集团级企业用户的工业控制系统信息安全管理可以纳入 GRC 平台。

综上所述，工业控制系统供应商、网络信息安全产品供应商、企业管控软件供应商等通过相互合作，组成工业控制系统信息安全软件与监控构成图，如图 11-1 所示，共同推进工业控制系统信息安全软件与监控，为工业控制系统用户提供更多的工业控制系统信息安全管控选择。其中，工业控制系统供应商、网络信息安全产品供应商的软件与监控是必备配置，而企业管控软件供应商的软件与监控则要视企业自身规模和管理要求选择配置。

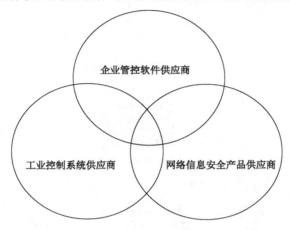

图 11-1　工业控制系统信息安全软件与监控构成图

下面对工业控制系统信息安全软件与监控架构进行介绍，对工业控制系统信息安全软件与监控进行详细分析，并对其发展趋势进行分析。

11.2　工业控制系统信息安全软件与监控架构

工业控制系统信息安全软件与监控架构按照 ANSI/ISA-99.00.01 企业分层模型，可绘制出典型工业控制系统信息安全软件与监控架构示意图，如图 11-2 所示。

如第 2 章所述，典型的企业生产或制造系统包括现场设备层、现场控制层、过程监控层、制造执行系统（MES）层、企业管理层和外部网络。工业控制系统信息安全软件与监控需要考虑在现场设备层、现场控制层、过程监控层、制造执行系统（MES）层和企业管理层的部署。从图中可以看出，在现场设备层和现场控制层，工业控制系统供应商需要为其产品配置相应的工业控制系统信息安全软件与监控；在过程监控层和制造执行系统（MES）层，工业控制系统供应商和网络信息安全产品供应商则需要为各自产品配置相应的工业控制系统信息安全软件与监控；在企业管理层，工业控制系统信息安全软件与监控则由企业管控软件供应商配置。当然，若企业规模较小，也可以由网络信息安全产品供应商配置。

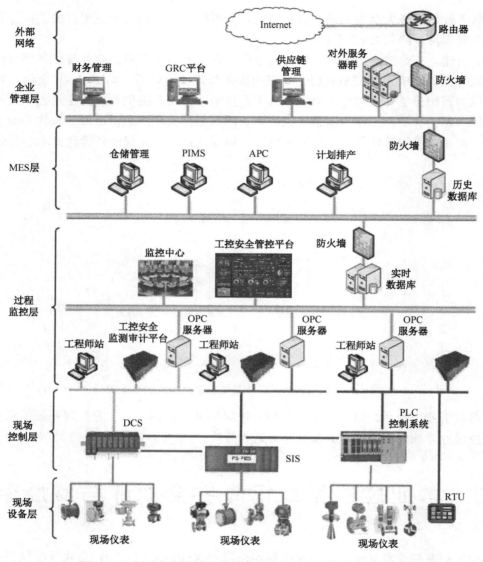

图 11-2 典型工业控制系统信息安全软件与监控架构示意图

在这个示意图中，每个设备都作为一个端点来考虑，每个网络都必须考虑。因此，工业控制系统信息安全软件与监控必须考虑所有端点和所有网络。早期，工业控制系统信息安全软件与监控主要集中在各端点上；近几年，控制网络、信息网络的软件监控也逐步形成。

11.3 工业控制系统信息安全软件与监控分析

为便于分析工业控制系统信息安全软件与监控，本节按照现场设备层、现场控制层、过程监控层、制造执行系统（MES）层、企业管理层的划分，对各层中出现的工业控制系统信息安全软件与监控进行详细分析。

11.3.1 现场设备层信息安全软件与监控

在现场设备层，需要对总线型现场设备、无线设备和 RTU 进行一些信息安全软件配置。

1. 总线型现场设备

总线型现场设备需要按照端点来保护。通常，这种端点保护包括以下两个方面：
（1）现场设备补丁软件。
（2）总线访问控制软件。（注：目前还在开发中。）

2. 无线设备

无线设备需要按照端点来保护。通常，这种端点保护包括以下几个方面：
（1）无线设备补丁软件。
（2）数据传输加密软件协议 WPA2。
（3）无线通信设备规范要求的软件。

3. RTU

RTU 需要按照端点来保护。通常，这种端点保护包括以下几个方面：
（1）RTU 补丁软件。
（2）监视、控制与数据采集要求的软件。（注：这点与下面提到的端点保护类似。）

11.3.2 现场控制层信息安全软件与监控

在现场控制层，需要对包括数据采集与监控系统（SCADA）、分散型控制系统（DCS）、安全仪表控制系统（SIS）、可编程逻辑控制系统的控制器或控制站进行一些信息安全软件配置。

每个控制器或控制站均需要按照端点来保护。通常，这种端点保护包括以下几个方面。
（1）补丁软件。

正如第 10 章提到的，工业控制系统供应商应提供合格的相关补丁，包括产品用到的操作系统制造商和工业控制系统应用软件的安全补丁。
（2）风暴保护。

对于控制器和通信模块来说，一旦出现网络风暴，就可以通过网络过滤，阻止不支持的流量并保护各控制节点。

11.3.3 过程监控层信息安全软件与监控

在过程监控层，需要对包括数据采集与监控系统（SCADA）、分散型控制系统（DCS）、安全仪表控制系统（SIS）、可编程逻辑控制系统的工程师站、操作员站、OPC 服务器、实时数据库、监控中心等进行信息安全软件与监控配置，可分为各端点保护和工控安全监测与审计平台。

1. 各端点保护

工程师站、操作员站、OPC 服务器等均需要按照端点来保护。通常，这种端点保护包括以下三个方面软件。

1）内置型软件

（1）补丁和防病毒软件。

正如第 10 章提到的，工业控制系统供应商应提供合格的相关补丁，包括产品用到的操作系统制造商和工业控制系统应用软件的安全补丁，对此层各端点也是适用的。

防病毒软件进行定时查毒和杀毒，发挥入侵检测和预防作用，确保各端点的安全。目前常见的防病毒软件有 McAfee、Symantec 等。

（2）访问与账户管理软件。

访问与账户管理通常采用基于用户、角色、位置的访问与账户管理，也可以基于对象和属性等级进行访问与账户管理。

（3）主机型防火墙软件。

正如第 3.1 节所述，基于主机的防火墙技术是部署在工作站或控制器的软件解决方案，用于控制进出特定设备的流量。

（4）备份与恢复软件。

通过有效的灾难性恢复，避免由于事故导致系统数据和应用数据的大量丢失。同时，通过系统管理特点，可选择全部备份与恢复、部分备份与恢复。

2）基本型软件

（1）审计跟踪软件。

审计跟踪是对系统活动的流水记录。该记录按事件从始至终的途径，顺序检查审计跟踪记录、审查和检验每个事件的环境及活动。审计跟踪通过日志方式提供应负责任人员的活动证据以支持职能的实现。审计跟踪记录系统活动和用户活动。系统活动包括操作系统和应用程序进程的活动；用户活动包括用户在操作系统和应用程序中的活动。通过借助适当的工具和规程，审计跟踪可以发现违反安全策略的活动、影响运行效率的问题及程序中的错误。

通常，审计日志包含操作的时间与日期、操作的节点、操作的用户名称、操作的类型、受操作影响的对象和属性及涉及系统的其他信息等。

（2）工作站、网络的监控软件。

工作站、网络设备的正确运行直接影响控制系统的运行和可靠性，通过连续监控这些设备，可以主动发现一些异常行为，优化系统的可用性。

（3）移动介质和设备的信息安全软件。

移动介质和设备的使用直接影响系统的安全。通过扫描和监控这些移动介质和设备，可以主动阻止其对系统的攻击。

3）增强型软件

（1）数字签名软件。

系统可以将一些配置信息、报表或控制运用定义为某个用户签名，从而保证这些信息不会轻易被修改。

（2）白名单软件。

通过白名单策略，在用户端和服务器端阻止未经批准的软件运行。

（3）高级访问控制软件。

为方便后期的维修支持，提供高级访问控制，实现安全远程访问。

2. 工控安全监测与审计平台

工控安全监测与审计平台是一款专门针对工业控制系统的审计和威胁监测平台。其主要功能包括：

（1）监测针对工业控制协议的网络攻击、工控协议畸形报文、用户异常操作、非法设备接入及蠕虫、病毒等恶意软件的传播，并实时报警。

（2）支持对工控系统通信记录的追溯，便于后续的事故调查。

（3）与工业控制系统供应商进行整合，提取其设备运行日志信息。

工控安全监测与审计平台与下面讲到的管控平台是独立运作且信息共享的关系。一方面，监测与审计平台为管控平台提供日志及分析数据，助其更好地监管全网系统与安全设备。另一方面，管控平台也为监测与审计平台更好地运行提供监控助力，保证其运行稳定、数据真实可信。

工控安全监测与审计平台已开始出现并投入使用。其典型的工控安全监测与审计平台信息示意图如图 11-3 所示。

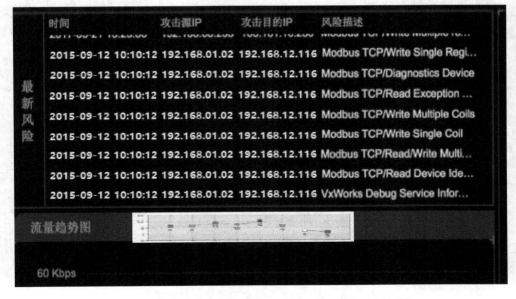

图 11-3　典型的工控安全监测与审计平台信息示意图

11.3.4 制造执行系统层信息安全软件与监控

在制造执行系统（MES）层需要对包括工厂信息管理系统、先进控制系统、历史数据库、计划排产、仓储管理等进行信息安全软件与监控配置，通常可分为各端点保护和工业安全管控平台。

1. 各端点保护

服务器等均需要按照端点来保护。通常，这种端点保护软件与第 11.3.3 节提到的各端点保护软件类似，在此不再展开分析。

2. 工业安全管控平台

工业安全管控平台是一种对工业控制生产网和管理网中部署的系统及工控安全设备进行监控、配置和运维的产品，主要通过行为审计、事件追踪、日志管理和安全域管理等功能，感知和分析网络中的安全风险态势，提升网络安全事件的预判能力，以便于及时遏制可能的威胁。

其主要功能有：

（1）统一的安全设备及信息资产管理。

（2）全网网络及安全设备态势监视、整体安全感知。

（3）闭环流程的事件处理管控。

工业安全管控平台已开始出现并投入使用，其典型的工业安全管控平台示意图如图 11-4 和图 11-5 所示。

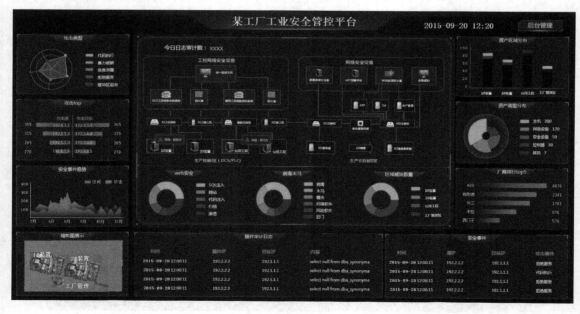

图 11-4　典型的工业安全管控平台示意图 1

图 11-5   典型的工业安全管控平台示意图 2

11.3.5　企业管理层信息安全软件与监控

在企业管理层，需要对财务管理、销售管理、人事管理、供应链管理等进行信息安全软件与监控配置，这些均需信息技术部门负责。工业安全管控平台对于一般的工业控制系统用户来说信息安全是足够的，而大型厂级、集团级企业用户的工业控制系统信息安全管理可以接入 GRC 平台。因此，在这层的信息安全软件与监控配置，一般可分为工业安全管控平台和 GRC 平台。

1. 工业安全管控平台

通常，这种工业安全管控平台软件与第 11.3.4 节提到的工业安全管控平台软件相同，在此不再展开分析。

2. GRC 平台

GRC（Governance Risk and Compliance Management）的概念在国内才刚刚兴起，但其在国外已经发展相当长时间。GRC 以美国安然、法国兴业银行等一系列反面教材为出发点，以《萨班斯法案》（Sarbanes-Oxley Act，简称 SOX 法案）为源泉，并贯穿到企业治理、风险管理和合规经营等各方面。随着企业的发展，以整体管控、战略执行为目标，实现企业管控、风险规避、战略绩效、业务流程管理及包括质量、安全、环境等在内的各种符合性管理，服务于管理层和决策层的 GRC 系统被认为是企业在日益复杂的竞争环境下赖以生存和发展的必然和有效选择。

中国经济快速增长带动中国企业不断做大、做强，并迈出国门，但在扩张并走向世界的过程中，中国企业逐渐暴露出"低效率低绩效、管控能力薄弱、不合规不透明"等诸多问题，不少企业也因此遭受了重大损失；GRC 正是很好解决这些问题的管理方法与工具。

1）GRC 的完整定义

GRC 是在企业的各经营业务上，以战略为中心，以流程管理为基础，通过绩效管理和风险内控管理措施，对各项经营过程进行管理和控制，保障战略和经营目标达成的管理方法和工具的总称，其涉及以下三个组成部分。

（1）Governance（治理/管控）：建立完整的制度安排和治理框架，公平对待各利益相关者，制定公司战略目标和政策，监督绩效，遵从法律及制度规定，透明和披露经营状况，对各项经营过程本身进一步进行管理和监督。

（2）Risk Management（风险管理）：对所有业务和法规风险进行结构化的识别、评估、缓解、监视和控制。

（3）Compliance Management（符合性管理）：通过内部控制管理机制和体系，确保各项制度和法规得以遵从，政策得以贯彻，各项经营和管理目标得以有效达成。

2）GRC 的治理模型

GRC 的主要目的是保障基于企业管控和治理的战略执行，企业治理是一个结果，更是一个手段，而以业务运营为基础，注重业务执行与监控，关注防范风险与合规，并引入绩效考核的企业管控闭环（如图 11-6 所示）保证了企业管控的有效性，也保证了企业治理的持续性。

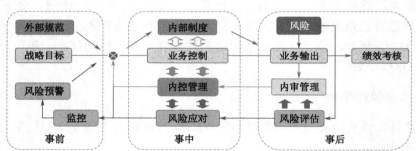

图 11-6 企业管控闭环模型图（信息来源：北京慧点科技有限公司网页）

3）GRC 与工业控制系统信息安全

对于快速崛起与发展的中国企业来说，GRC 是用于改善企业做强、做大过程中所面对突出管理问题（如经营绩效、集团管控、合规透明）的方法体系和工具集合。

GRC 软件是一个集成化的解决方案，其大致可以包含决策支持（集团管控、董事会治理、领导交办、领导驾驶舱、办公平台、决策系统等）、战略绩效管理（业务战略体系、全面预算管理、平衡计分卡、战略监控、战略报告、绩效管理、人力资源管理、报告管理等）、流程管理（业务流程管理、流程绩效、工作任务管理、协同管理等）、风险管理（审计管理、合同管理、安全管理、质量管理等）、合规管理（SOX 合规、行业合规、内控系统等）、信息安全管理（信息安全合规、信息安全风险管理、访问控制管理、信息安全服务、安全与目录管理、策略管理等）及展现（门户、与其他业务系统的集成等）等几大类。通常，GRC 的集合视图如图 11-7 所示。

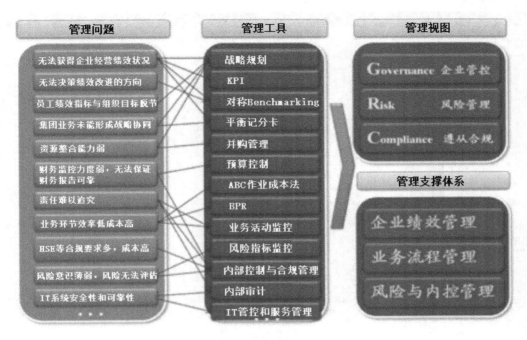

图 11-7　GRC 的集合视图（信息来源：北京慧点科技有限公司网页）

工业控制系统信息安全作为信息安全管理的重要组成部分，基于定义商业影响、理解常规和运作风险、流程化处理等方面考虑，在 GRC 平台信息安全管理模块中，提供了以下解决方案：

（1）建立信息安全策略和标准。

（2）检测和响应攻击。

（3）识别和更正信息安全缺陷。

（4）执行风险评估和监控。

通过以上解决方案，实现降低整个信息安全的风险，尽可能降低由信息安全事件和符合性带来的成本开销，以及精简识别、测量和监控信息安全流程。

一般地，GRC 平台中关于信息安全管理的主要内容包括以下几点：

（1）信息安全问题管理。

（2）信息安全与策略程序管理。

（3）信息安全常规管理。

（4）信息安全控制保障。

（5）信息安全漏洞程序。

（6）信息安全事件管理。

（7）信息安全运作与违规管理。

（8）信息安全风险管理。

（9）外设部件互连（PCI）管理。

GRC 平台中信息安全管理的监控画面有多种，取决于用户信息安全管理的需求。GRC-信息安全风险管理示意图如图 11-8 所示。

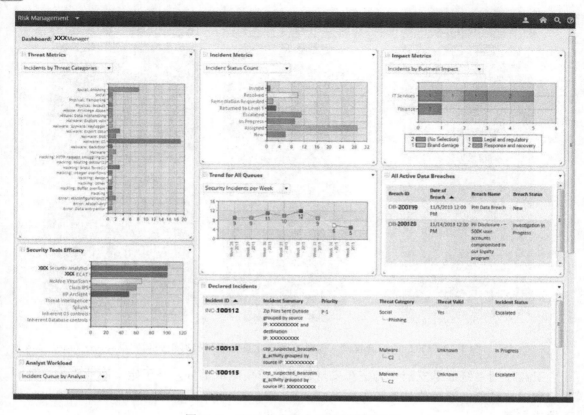

图 11-8　GRC-信息安全风险管理示意图

4）GRC 产品供应商

（1）国外 GRC 服务厂商及解决方案。

国外 GRC 市场中处于引领地位的主要有 Axentis、BWise、MetricStream、OpenPages、Thomson Reuters、Oracle 等。这些 GRC 厂商通过持续更新，提升 GRC 理念和技术产品水平，赢得了越来越广泛的市场和越来越庞大的客户群体；这些厂商不仅在其技术实力方面占有绝对领先地位，而且通过理念研究和战略指导等也正在塑造其 GRC 领导者的角色。

国外 GRC 市场中紧随其后开始向引领地位冲击的主要有 Archer、Cura、Mega、Methodware、Protiviti、Strategic Thought 等。在过去两年，这些厂商的 GRC 理念与产品取得大幅改善，他们逐渐向世界领先企业提供 GRC 各个领域的优秀解决方案和产品；虽然理念水平、技术平台及市场占有率等还没有达到领导者的地位，但他们仍然会在繁杂的 GRC 市场中继续保持强劲的竞争地位。

国外 GRC 市场中还有 SAI Global、SAP、Trintech、Aline、IDS Scheer、CA、Compliance 360、DoubleCheck、Neohapsis、List Group、Optial、Sword Achiever、Trintech、Xactium 等参与者。这些厂商对于 GRC 理念的研究大多基于自己原有解决方案，GRC 产品也限定在与其本身产品线相关的某 GRC 领域。虽然目前他们的解决方案还不够全面，市场份额还不够高，但其长期积累的客户群体和强大的技术实力将帮助他们在

GRC 市场中快速成长。

（2）国内 GRC 服务厂商及解决方案。

国内对于 GRC 理论和实践的研究相对较晚，相关厂商的管理经验和客户积累与国外也存在一定差距，所以国内 GRC 软件提供商的 GRC 解决方案大多基于原有解决方案的扩展，而很少形成涉及 GRC 领域全方位的解决方案集合。目前国内提供 GRC 领域服务的厂商主要有慧点科技、用友、博科资讯、炎黄盈动、第一会达等。

11.4　工业控制系统信息安全软件与监控趋势

工业控制系统信息安全已然引起工业控制系统用户的密切关注，工业控制系统信息安全软件与监控是工业控制系统信息安全必不可少的环节。在工业现代化快速发展的今天，工业控制系统信息安全软件与监控显得尤为重要，工业控制系统供应商、网络信息安全产品供应商、企业管控软件供应商、工业控制系统用户都必须认真对待工业控制系统信息安全软件与监控。

从工业控制系统市场发展和市场出现的来自不同工业控制系统信息安全软件与监控来看，工业控制系统信息安全软件与监控产品正逐步走向规范化、集成化和产品更完善的大趋势。

11.4.1　信息安全软件与监控规范化

工业控制系统信息安全事件的频繁发生及其导致的严重后果，必然引起各国政府和相关工业控制系统用户的高度重视，如何有效推进工业控制系统信息安全，加强管理工业控制系统信息安全，其软件与监控产品是大势所趋。因此，其软件与监控产品必将出现规范化要求。

正如前面所述，工业控制系统供应商、网络信息安全产品供应商和企业管控软件供应商都在努力开发这些工业控制系统信息安全软件与监控产品，目前市场上出现的软件与监控产品种类繁多，对于工业控制系统用户而言，正确选择配置其工业控制系统信息安全软件与监控产品，必将提出其软件与监控产品规范化的要求。因此，工业控制系统信息安全软件与监控产品规范化是必然的大趋势。

11.4.2　信息安全软件与监控集成化

由于工业控制系统中的产品和网络多种多样，工业控制系统供应商会为其工控产品开发自身设备的软件与监控，网络信息安全产品供应商会为其网络产品开发自身设备的软件与监控，所以工控产品和网络产品信息安全软件与监控只有做好集成，才可以统一集成至企业管控软件供应商的监控平台。因此，工业控制系统信息安全软件与监控必须集成设计。

　　另外，工业控制系统信息安全软件与监控是由工业控制系统供应商、网络信息安全产品供应商和企业管控软件供应商各自开发设计的，如何将这些软件与监控整合在一起，是对工业控制系统信息安全有效管理提出的要求，也是工业控制系统用户对此提出的要求。

11.4.3　信息安全软件与监控更完善

　　从前面几节的介绍可以看出，目前出现的工业控制系统信息安全软件与监控还在起步阶段，随着工业控制系统信息安全技术的深入开发，其软件与监控将走向更完善。

　　（1）信息安全技术软件更完善。

　　正如第 3 章所述，工业控制系统信息安全技术有很多种，目前市场上出现的工业控制系统信息安全技术软件还是比较有限的。因此，工业控制系统信息安全软件将有待于进一步推进和完善。

　　（2）信息安全监控更完善。

　　目前，工业控制系统信息安全监控市场纷繁复杂，需要工业控制系统供应商、网络信息安全产品供应商和企业管控软件供应商各自开发并兼容设计，努力建立一个统一的信息安全监控，为工业控制系统用户节约时间、人力和物力，实现工业控制系统信息安全的集中监控。因此，工业控制系统信息安全监控需要工业控制系统供应商、网络信息安全产品供应商和企业管控软件供应商通力合作，并不断走向完善。

第 12 章 未 来 展 望

12.1 工 业 发 展 趋 势

工业领域中全球竞争越来越激烈，自从十多年前首次推出智能电网的概念以来，以智能制造和信息化管理为主导的新工业革命正在兴起。

当我们在寻找"智能"的奥秘时，科技革命、产业革命、工业革命的呼声越来越高，杰里米·里夫金预言"第三次工业革命"，德国推出的"工业 4.0"现在被许多同行称为"第四次工业革命"，欧盟则提出"新工业革命"。

工业数字化、工业智能化和工业信息化成为工业领域的高频词，是构成未来工业体系的关键特征和发展趋势。工业自动化和数字化是工业智能化的前提，包括控制系统的数字化、工业网络的数字化、测量和执行手段的数字化，也就是工业自动化所有环节的全面数字化。在智能工厂里，人、机器和资源如同在一个社交网络里一样自然地相互沟通协作；生产出来的智能产品能够理解自己被制造的细节，以及将如何使用。在智能工厂里，智能辅助系统将从执行例行任务中解放出来，使它们能够专注于创新、增值的活动；灵活的工作组织能够帮助工人把生活和工作更好地结合，个体顾客的需求将得到满足。工业信息化是现代企业与生产管理的必然要求，是工业数字化、工业智能化的完美体现。

12.1.1 工 业 数 字 化

工厂数字化，也就是数字化工厂，如何完整而精确地描述是多年来工程技术界一直在探索的课题。按工艺流程划分，存在流程工业和离散制造业的生产工厂，不同行业的数字化工厂需要建立不同的模型，采用不同的方法，寻找和开发适当的描述工具。另外，不同专业的人从各自工作的需要出发，开发研究数字化工厂的描述方法和实施工具，大致分为以下三类：以制造为中心的数字化工厂的方法和工具；以设计为中心的数字化工厂的方法和工具；以管理为中心的数字化工厂的方法和工具。

工厂数字化，是工厂利用数字化技术，集成产品设计、制造工艺、生产管理、企业管理、销售和供应链等各方面人员的知识、智慧和经验，进行产品设计、生产、管理、销售、服务的现代化工厂模式。这种模式特别依赖于网络技术（如互联网技术、物联网技术），实时获取工厂内、外的相关数据和信息，有效优化生产组织的全部活动，从而达到生产效率、物流运转效率、资源利用效率最高，对环境影响最小，充分发挥从业人员能动性的结果。

2006 年，国际著名咨询机构 ARC 总结了以制造为中心的数字制造、以设计为中心的数字制造和以管理为中心的数字制造，并考虑了原材料、能源供应和产品的销售供应，提出用工程技术、生产制造和供应链三个维度来描述工厂的全部功能和活动，如图 12-1 所示。　通过建立描述这三个维度的信息模型，利用适当的软件就能够完整表达围绕产品设计、技术支持、生产制造，以及原材料供应、销售和与市场相关的所有环节的功能和活动。如果这些描述和表达能够得到实时数据的支持，还能够实时下达指令指导这些活动，并且为实现全面优化能在这三个维度之间进行交互，可以肯定地说，这就是我们理想的数字化工厂，在此基础上能在市场营销方面、能源优化利用等方面引入智能商务和智能能源管理。因此，工业数字化，实现了产品的数字化设计、产品的数字化制造、经营业务过程和制造过程的数字化管理，以及综合集成优化的过程。

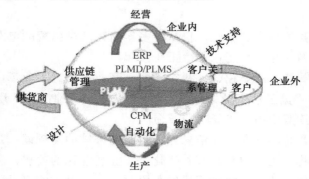

图 12-1　数字化工厂模型用三个维度表达图

12.1.2　工业智能化

工业智能化，通俗地理解，就是生产、制造人机一体化。今后的制造系统将不再是单单由人主宰设备，而是机器具有自适应能力，满足甚至超出人们的愿望。智能工厂、智能生产、数字工厂、智慧工厂、信息物理系统（Cyber Physical System，CPS）等新的名称和概念，预示着工业智能化的发展趋势。

下面将回顾工业发展，分析工业发展的瓶颈和解决办法，从而找出工业智能化的关键技术。

1．工业发展回顾

按照目前同行比较接受的观点，工业发展经历了四次工业革命。以德国对生产制造业的发展回顾为例，工业革命的划分如图 12-2 所示，下面对四次工业革命进行介绍。

第一次工业革命大约发生于 1780 年，18 世纪中期英国发明了"蒸汽机"，随之创造出制造蒸汽机的生产工具，如手动工具、刀具等。1784 年，第一台机械纺织机诞生，人类由"手工劳动"向"机械化"转变，由"家庭手工业"向"大机械工业生产方式"转变，劳动生产率大幅度提高，人类的生存率也大幅度提高，推动了世界由"农业国"向"工业国"转变。

第二次工业革命产生于 20 世纪初，当时美国的福特发明了汽车与大批量生产流水线，同时电力技术开始推广应用，随之而来创造出"自动化机床"、"自动化生产线"。人类由"机械化零星生产"向"大批量自动化生产"转变，提高了劳动生产率，加速了现代化工业的发展。

在 20 世纪 70 年代初，第一台可编程逻辑控制器（PLC）Modicon084 问世，在微电子、微型计算机与 IT 技术的推动下，产生了第三次工业革命。特别是进入 20 世纪 80 年代，发达国家经过几十年大工业生产的积累，为了适应人们日益多样化的需求，综合运用现代管理技术、制造技术、信息技术、自动化技术、系统工程技术及计算机软硬件，形成了计算机集成制造（CIM）技术，实现了企业全部生产系统和企业内部业务的综合自动化及高效化，使企业经济效益持续稳步增长。

由于数字化、智能化、信息化与网络化等新技术不断取得突破，催生了第四次工业革命的到来。在这个时代，每个工厂企业都将建立"数字企业平台"，通过开放接口将虚拟环境与基础架构融为一体，从而构成信息物理融合生产系统（CPS），生产自动化系统将升级为信息物理融合生产系统（CPPS）。工业将由集中式控制向分散式、增强型控制基本模式转变，创造新价值的过程正在发生改变，产业链分工将被重组，使人类从"自动化生产"进入"智能化生产、绿色生产、都市化（Urban）生产"。

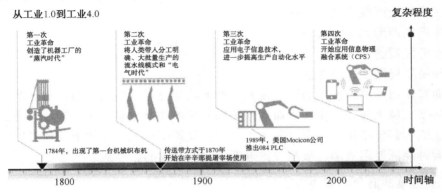

图 12-2　工业革命划分图

从四次工业革命分析可见，科技的发展必然会进入工业界，而会对工业产生最大影响的就是生产方法的变化，这些生产方法的变革又推动了产业的变化，我们可以回顾一下工业的发展史，从纺织工业、钢铁行业、汽车行业、化工行业、电子行业的兴起和发展可以证明这一点，因此，我们可以毫不夸张地说，生产制造方式的改变和创新将是产业乃至工业革命的前兆。如今，科技发展如此快速，尤其是 IT 和互联网技术已深入人类生活的方方面面，工业设计者必须考虑如何将这些技术成功应用于生产制造行业。要解决这个问题，也必须遵循两大原则：

（1）生产制造方式的改变必须与目前制造行业的发展和未来相适应。

（2）任何一次新技术的应用必须与原来的生产、制造模式有机结合，是原来模式的继承和发扬，是对原来模式的技术积累的再利用和突破。

从四次工业革命的发展中可以看到，由于新的科学技术成功运用于工业上，使得生产制造模式取得变革性进步，即从单一手工业、小作坊生产成为批量简易流水线生产，再到大批量的全自动化生产流水线，这种生产方式的改变也推动了产业的革命，不但使生产效率、生产质量发生了天翻地覆的变化，也不断地改变了生产乃至企业的管理模式，从而引起了工业革命。实际上，从 20 世纪 70 年代后期自动化技术发展以后，生产的规模越来越大，工艺越来越复杂，技术要求越来越高，在生产效率、生产质量上，人们做了不断改进和提高。一个大规模、大批量生产制造的模式已基本定型，但是当今社会正处于一个大发展、大调整的变动时期，社会发展的不确定性引来了经济发展的不确定性，为了在这不确定性的社会中始终保持企业、产业的持续发展，人们充分运用了创新创造这个武器，用技术发展的确定性来减小经济发展的不确定性。各国不断发扬创新创造的精神来推动生产机械制造业的持续发展，自 20 世纪 70 年代后期自动控制系统用于生产制造系统，人们也不断地探索如何提高生产效率、如何提高生产产品、如何提高生产质量及生产的灵活性，所以从机械制造的角度提出了机电控制一体化、管理控制一体化。在企业及生产管理上又提出了 MES 管理和 ERP 企业管理，在生产机械设计上提出了数字工厂、虚拟工厂。同时，为了提高生产的灵活性提出了 CIMS 的概念，进行了大量试验和实践，但是所有的一切都没有解决目前生产制造行业面临的巨大挑战，即随着 IT 技术、PC 技术和通信技术的飞速发展人们对生产制造行业提出新的要求，其主要体现在以下几点：

（1）生产制造产业链的全球性。

（2）生产制造形式的灵活性。

（3）企业发展的持续性。

（4）经济发展周期的缩短性。

具体而言，由于科学技术的迅猛发展，产品的生命周期越来越短，对于产品更新换代快速响应的要求越来越高，由于生命周期的缩短使得产品批量也越来越少，产品数量的减少又提高了成本和价格压力。更主要的是，经济周期变化的快速性要求投资回报率时间也在缩短，同时能源使用效率、节能减排等都是我们面临的新挑战。

2．工业发展的瓶颈和解决方法

当今，工业发展正面临着巨大的挑战，这与世界经济发展的特点有关。世界经济的发展给工业领域的发展带来了根本性变化，产生了对生产制造布局的全球性、制造方式的灵活性、产品生命周期的缩短和企业发展持续性的需求。在智能工厂，特别是生产制造领域就是要产生一种新型的生产制造模式，从单纯的生产产品的技术角度来讲，这种新型的生产制造模式要能适应产品生命周期的新变化，能够应付产品快速更新换代，产品种类多而批量少；能够面对价格的竞争和成本的压力；能够面对投资回报时间短的压力；实现资源的优化和提升能源效率。在过去十多年，机械制造行业的专家们做了不少努力来提高生产效率，加大生产的灵活性，如机电一体化、管控一体化、CIMS、数字工厂和虚拟工厂等都没有很好地解决以上问题。在实践和发展中，人们慢慢认识到这些问题的解决并不能单单通过改造生产制造方式就可以实现。这种变革需要融合产品研发、生产、市场、服务、运行及回收各阶段的动态管理，这是建设智能工厂的首要任务。因此，智能工厂应寻求解决方法。

1）灵活多样的生产制造周期

根据以上分析，实现智能工厂要分多步进行，其第一步就是要掌握产品生命周期而制订灵活多样的生产制造发展周期。实际上，产品从诞生到消失的生命周期在市场上的销售量需求有一定规律。它经历了研发期、试用期、发展期、成熟期、饱和期和退出期。在不

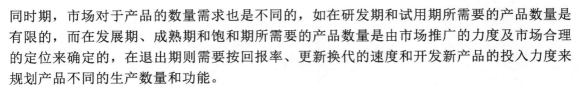

同时期，市场对于产品的数量需求也是不同的，如在研发期和试用期所需要的产品数量是有限的，而在发展期、成熟期和饱和期所需要的产品数量是由市场推广的力度及市场合理的定位来确定的，在退出期则需要按回报率、更新换代的速度和开发新产品的投入力度来规划产品不同的生产数量和功能。

2）适应性生产制造

多工作方法的生产制造模式是智能工厂满足客户和产品特殊需求的基础，将客户和市场的需求及时地与生产制造模式有机地整合在一起，及时调整生产方法来平衡成本与投资，降低成本，提高响应速度。提高产品的竞争能力是智能工厂的基本设计思想，要实现人工、半自动和全自动三位一体的生产制造模式，首先要考虑这种混合生产制造模式的实施成本问题、生产方式切换时产生的停机时间问题、调试维护安装操作难度提高的问题、运行人员的技术水平培养问题、系统规划预算的复杂性问题等。针对这些问题人们提出了解决问题的六个方向：产品数量的响应性、生产规划的长期性、生产工艺的稳定性、技术发展的连续性、制造成本的竞争性及员工创新的主导性。这六个方向构成了工厂智能化生产制造模型的特征，全面系统化地确定了工厂智能化生产制造模式的设计思路。

3．工业智能化的关键技术

早在 2000 年，针对生产制造模式新的发展，国际著名咨询机构 ARC 详细分析了自动化、制造业及信息化技术发展现状，对于科学技术的发展趋势对生产制造可能产生的影响做了全面调查，提出了多个导向性的生产自动化管理模式，指导企业制订相应的解决方案，为用户创造更高价值。其中，从生产流程管理、企业业务管理到研究开发产品生命周期的管理而形成的"协同制造模式"（Collaborative Manufacturing Model，CMM），如图 12-3 所示。它将 IT 技术、工业网络技术、生产管理技术及现代自动化控制网络技术应用于生产控制管理模式 CDAS 和 CPAS 上，解决产品生命周期的不断缩短、物流交货周期的不断加快，以及客户定制要求的多样化问题。这种协同制造模式为制造行业的变革提出了一个行之有效的方法。通过将研发流程、企业管理流程与生产产业链流程有机结合起来，形成一个协同制造流程，同时将 IT 技术和工业以太网通信网络作为协同制造系统的信息流控制管理结构，从而使得 MRP、ERP、MES 的制造管理，PLMD/PLMS 产品研发和产品服务生命周期与 CRM 客户/市场关系管理有机地融合在一个完整的企业与市场信息闭环系统，使得企业的价值链从单一的制造环节向上游的设计研发环节发展，生产与研发在同一个协同平台上，企业的管理链也从上游向下游生产制造控制产业链延伸，一个集 CRM、PLM、生产、研发、控制和企业管理达成的协同制造管理系统正在形成。其基本核心就是所谓企业管理、生产工艺价值链和产品生命周期的三轴空间的鼎立模式，它定义了制造商、供应商乃至开发商之间的协同产业链网络结构，其关键点在于协同市场和研发、协同研发和生产、协同管理和通信。一个完整的制造网络由多个制造企业或参与者组成，它们相互交换商品和信息，共同执行业务流程。企业、价值链和产品生命周期三轴贯穿于各个制造参与者之间。居于水平面上方的是管理职能，下方是制造职能。协同制造模式不仅要为各个独立的部门，也要为扩大化的整个企业和扩张后的整个供应链制订解决方案。

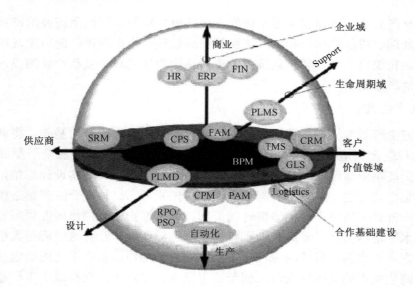

图 12-3 协同制造模式（CMM）示意图

移动互联网与物联网技术的不断发展，促进了工业智能化的发展。互联网将计算机进行互联互通，实现了人与人的联网，彻底改变了人与人的互动方式。物理世界的联网，实现信息世界与物理世界的交融，在物联网中，通过互联网实现物品的自动识别和信息的互联与共享。在很多应用中，接入网络的设备对其计算能力的要求远非射频识别装置（RFID）能比。因为物联网中的物品不具备控制和自治能力，通信也大多发生在物品与服务器之间，所以物品之间无法协同控制。为了将控制技术融入互联网，2006 年美国国家基金会（NSF）科学家 Helen Gild 提出了信息物理融合系统（CPS）的概念，将互联网技术的发展推向了一个新的高度。CPS 把计算与通信深深地嵌入实物过程，使之与实物过程密切互动。CPS 将物理设备联网，让物理设备具有计算、通信、精确控制、远程协调和自治五大功能。

利用物联网的技术和设备监控技术加强信息管理和服务，清楚掌握产销流程、提高生产过程的可控性，其核心就是通过利用互联网通信技术与网络物理系统相结合的手段，将制造业向智能化转型，从而实现研发生产制造工艺及控制全方位的信息覆盖，全面控制各种信息，确保各个环节都能处于最优状态。这种改革将指引各行各业朝着生产制造业智能方向发展。

12.1.3 工业信息化

工业信息化是指在工业生产、管理、经营过程中，通过信息基础设施，在集成平台上，实现信息的采集、传输、处理及综合利用等。在"十五"期间，国家用信息化带动工业化的工作重点有三个方面：一是以电子信息技术应用为重点，提高传统产业生产过程自动化、控制智能化和管理信息化水平；二是以先进制造技术应用为重点，推进制造业领域的优质高效生产，振兴装备制造业；三是改造提升重点产业的关键技术、共性技术及其相关配套技术水平、工艺和装备水平。国家实施高技术产业化的主要目标有两个：一是发展高技术，形成新兴产业，培育新的增长点；二是利用先进技术改造和优化传统产业，提高经济增长的质量。

工业信息化，从企业及生产管理上提出了 MES 管理和 ERP 管理，从生产机械设计上提出了数字工厂、虚拟工厂。第四次工业革命提出了协同制造模式（CMM）和信息物理融合系统（CPS）。这些系统的迅速发展应用，预示着工业信息化已经进入一个崭新的阶段。

由于工业信息化是加快传统产业改造升级、提高企业管理效率、提高企业整体素质、提高国家整体国力、调整工业结构、迅速搞活大中型企业的有效途径和手段，国家将继续通过实施一系列工业过程自动化高技术产业化专项，用信息化带动工业化，推动工业的进一步发展，加强技术创新，实现产业化，解决国民经济发展面临的深层问题，进一步提高国民经济整体素质和综合国力，实现跨越式发展。

12.2　工业控制系统发展趋势

计算机技术的发展，使得工业控制系统进入嵌入式智能发展阶段；全球化的生产和分工合作，使得工业控制系统必须具备自组织的功能；互联网技术与工业自动化技术的融合，使得工业控制系统全球互联成为可能。可以预见，未来工业控制系统的架构如图 12-4 所示，工业控制自动化技术正在向智能化、网络化和集成化方向发展。

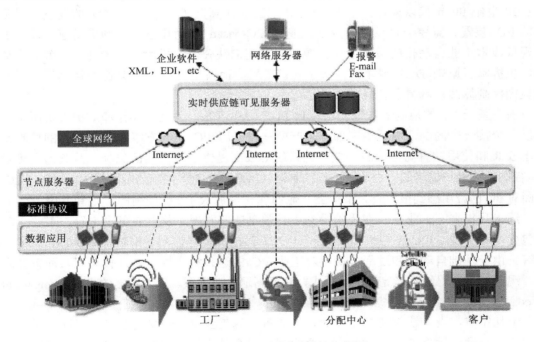

图 12-4　未来工业控制系统的架构图

12.2.1 工业控制系统走向开放

工业控制系统由传统封闭式系统演变到开放式的网络系统，采用开放的硬件体系和开放的协议体系，主要表现在以下几点。

1. 以工业 PC 为基础的低成本工业控制自动化成为主流

众所周知，从 20 世纪 60 年代开始，西方国家就依靠技术进步（新设备、新工艺及计算机应用）开始对传统工业进行改造，使工业得到飞速发展。20 世纪末世界上最大的变化就是全球市场的形成。全球市场导致竞争空前激烈，促使企业必须加快新产品投放市场时间（Time to Market）、改善质量（Quality）、降低成本（Cost），以及完善服务体系（Service），这就是企业的 T.Q.C.S.。虽然计算机集成制造系统（CIMS）结合信息集成和系统集成，追求更完善的 T.Q.C.S.，使企业实现"在正确的时间，将正确的信息以正确的方式传给正确的人，以便做出正确的决策"，即"五个正确"。然而这种自动化需要投入大量资金，是一种高投资、高效益、高风险的发展模式，很难为大多数中小型企业所采用。在我国，中小型企业及准大型企业走的还是低成本工业控制自动化的道路。

工业控制自动化主要包含三个层次，从下往上依次是基础自动化、过程自动化和管理自动化，其核心是基础自动化和过程自动化。

传统的自动化系统，基础自动化部分基本被 PLC 和 DCS 垄断，过程自动化和管理自动化部分主要由各种进口的过程计算机或小型机组成，其硬件、系统软件和应用软件的价格之高令众多企业望而却步。

20 世纪 90 年代以来，由于 PC-based 的工业计算机（简称工业 PC）的发展，以工业 PC、I/O 装置、监控装置、控制网络组成的 PC-based 自动化系统得到了迅速普及，成为实现低成本工业自动化的重要途径。像我国重庆钢铁公司这样大企业的几乎全部大型加热炉，也拆除了原来 DCS 或单回路数字式调节器，而改用工业 PC 来组成控制系统，并采用模糊控制算法，获得了良好效果。

由于基于 PC 的控制器被证明可以像 PLC 一样可靠，并且被操作和维护人员所接受，所以一个接一个的制造商至少在部分生产中正在采用 PC 控制方案。基于 PC 的控制系统易于安装和使用，有高级诊断功能，为系统集成商提供了更灵活的选择，从长远角度看，PC 控制系统维护成本低。由于可编程控制器（PLC）受 PC 控制的威胁最大，所以 PLC 供应商对 PC 的应用感到很不安。事实上，他们现在也加入了 PC 控制的"浪潮"中。

近十几年来，工业 PC 在我国得到了异常迅速的发展。从世界范围来看，工业 PC 主要包含两种类型：IPC 工控机和 Compact PCI 工控机及它们的变形机，如 AT96 总线工控机等。由于基础自动化和过程自动化对工业 PC 的运行稳定性、热插拔和冗余配置要求很高，现有的 IPC 已经不能完全满足要求，将逐渐退出该领域，取而代之的将是 Compact PCI-based 工控机，而 IPC 将占据管理自动化层。

十几年前，当"软 PLC"出现时，业界曾认为工业 PC 会取代 PLC。然而，时至今日工业 PC 并没有代替 PLC，主要有两个原因：一个是系统集成原因；另一个是软件操作系统 Windows NT 的原因。一个成功的 PC-based 控制系统要具备两点：一是所有工作要由一个平台上的软件完成；二是向客户提供所需要的所有东西。可以预见，工业 PC 与 PLC 的竞争将主要在高端应用上，其数据复杂且设备集成度高。工业 PC 不可能与低价的微型 PLC 竞争，这也是 PLC 市场增长最快的一个原因。从发展趋势看，控制系统已经存在于工业 PC 和 PLC 之间，这些融合的迹象已经出现。

2. PLC 在向微型化、网络化、PC 化和开放性方向发展

长期以来，PLC 始终处于工业控制自动化领域的主战场，为各种各样的自动化控制设备提供非常可靠的控制方案，与 DCS 和工业 PC 形成了三足鼎立之势。同时，PLC 也承受着来自其他技术产品的冲击，尤其是工业 PC 所带来的冲击。

目前，全世界 PLC 生产厂家约 200 家，生产 300 多种产品。国内 PLC 市场仍以国外产品为主，如 Siemens、Modicon、A-B、OMRON、三菱、GE 的产品。经过多年的发展，国内 PLC 生产厂家约有 30 家，但都没有形成颇具规模的生产能力和名牌产品，可以说，PLC 在我国尚未形成制造产业化。在 PLC 应用方面，我国是很活跃的，应用的行业也很广。

PLC 市场也反映了全世界制造业的状况，2000 年后大幅度下滑。按照 ARC 的预测，尽管全球经济下滑，但 PLC 市场会复苏。全球 PLC 市场在 2006 年的市场总值超过 83 亿美元，2011 年达到 120 亿美元左右。生产的快速发展带来了 PLC 产品和服务的健康增长。

微型化、网络化、PC 化和开放性是 PLC 未来发展的主要方向。在基于 PLC 自动化的早期，PLC 体积大且价格昂贵。但最近几年，微型 PLC（小于 32 I/O）已经出现，价格只有几百欧元。随着软 PLC（Soft PLC）控制组态软件的进一步完善和发展，安装有软 PLC 组态软件和 PC-based 控制的产品的市场份额将逐步得到增长。

当前，过程控制领域最大的发展趋势之一就是 Ethernet 技术的扩展，PLC 也不例外。现在越来越多的 PLC 供应商开始提供 Ethernet 接口。可以相信，PLC 将继续向开放式控制系统方向发展，尤其是基于工业 PC 的控制系统。

3. 面向测控管一体化设计的 DCS

1975 年，分散型控制系统（Distributed Control System，DCS）问世，其生产厂家主要集中在美、日、德等国。我国从 20 世纪 70 年代中后期起，首先在大型进口设备成套中引入国外的 DCS，首批有化纤、乙烯、化肥等进口项目。当时，我国主要行业（如电力、石化、建材和冶金等）的 DCS 基本全部进口。20 世纪 80 年代初期在引进、消化和吸收的同时，开始了研制国产化 DCS 的技术攻关。

近 20 年，特别是"九五"以来，我国 DCS 的研发和生产发展很快，崛起了一批优秀企业，如北京和利时公司、上海新华公司、浙大中控公司、浙江威盛公司、航天测控公司、电科院，以及北京康拓集团等。这批企业研制生产的 DCS，不仅品种数量大幅度增加，而且产品技术水平已经达到或接近国际先进水平。据统计，2012 年中国 DCS 市场规模为 116 亿元，国产 DCS 所占比重近 20%。这些专业化公司不仅占据了一定的市场份额，积累了发展的资本和技术，同时使得国外引进 DCS 的价格也大幅度下降，为我国

自动化推广事业做出了贡献。与此同时，国产 DCS 的出口也在逐年增长。

虽然国产 DCS 的发展取得了长足进步，但国外 DCS 产品在国内市场中占有率还较高，其中主要是霍尼韦尔公司（Honeywell）、横河公司（Yokogawa）、ABB 公司和艾默生公司（EMERSON）的产品。据统计，2012 年中国 DCS 市场中，霍尼韦尔公司、ABB 公司和艾默生公司所占的市场份额分别为 11.8%、15.3%、13.6%。在整个 DCS 市场中，电力、石油、化工所占的市场份额依次为 31.5%、28.5%、14.5%。由于 DCS 在各行业大型自控装置中没有可替代产品，所以其市场增长率不会下降。还有，不少企业已使用 DCS 产品 15～20 年，需要更新和改造，因此今后 15 年内 DCS 作为自动化仪表行业主要产品的地位不会动摇。

4．控制系统正向现场总线（FCS）方向发展

由于 3C（Computer，Control，Communication）技术的发展，过程控制系统将由 DCS 发展到现场总线控制系统（Fieldbus Control System，FCS）。FCS 可以将 PID 控制彻底分散到现场设备（Field Device）中。基于现场总线的 FCS 又是全分散、全数字化、全开放和可互操作的新一代生产过程自动化系统，它将取代现场一对一的 4～20mA 模拟信号线，给传统的工业自动化控制系统体系结构带来革命性的变化。

根据 IEC 61158 的定义，现场总线是安装在制造或过程区域的现场装置与控制室内的自动控制装置之间的数字式、双向传输、多分支结构的通信网络。现场总线使测控设备具备了数字计算和数字通信能力，提高了信号的测量、传输和控制精度，提高了系统与设备的功能和性能。IEC/TC65 的 SC65C/WG6 工作组于 1984 年开始致力于推出世界上单一的现场总线标准工作，于 1993 年推出了 IEC 61158-2，之后的标准制定得更多。2000 年初公布的 IEC61158 现场总线国际标准子集有以下 8 种。

（1）类型 1 IEC 技术报告（FFH1）。

（2）类型 2 Control-NET（美国 Rockwell 公司支持）。

（3）类型 3 Profibus（德国 Siemens 公司支持）。

（4）类型 4 P-NET（丹麦 Process Data 公司支持）。

（5）类型 5 FFHSE（原 FFH2）高速以太网（美国 Fisher Rosemount 公司支持）。

（6）类型 6 Swift-Net（美国波音公司支持）。

（7）类型 7 WorldFIP（法国 Alstom 公司支持）。

（8）类型 8 Interbus（美国 Phoenix Contact 公司支持）。

除了 IEC 61158 的 8 种现场总线标准外，IEC TC17B 通过了 3 种总线标准：SDS（Smart Distributed System）、ASI（Actuator Sensor Interface）、Device NET。另外，ISO 公布了 ISO 11898 CAN 标准。其中，Device NET 于 2002 年 10 月 8 日被中国批准为国家标准，并于 2003 年 4 月 1 日开始实施。

目前在各种现场总线的竞争中，以 Ethernet 为代表的 COTS（Commercial-Off-The-Shelf）通信技术正成为现场总线发展中新的亮点。其关注的焦点主要集中在以下两个方面：

（1）能否出现全世界统一的现场总线标准。

（2）现场总线系统能否全面取代现时风靡世界的 DCS。

采用现场总线技术构造低成本的现场总线控制系统，促进现场仪表的智能化、控制功能分散化、控制系统开放化，符合工业控制系统的技术发展趋势。国家在"九五"期间为了加快现场总线技术在我国的发展，将重点放在智能化仪表和现场总线技术的开发和工程化上，补充和完善工艺设备、开发装置和测试装置，建立智能化仪表和开发自动化系统的生产基地，形成适度规模经济。2000 年，"九五"国家科技攻关计划"新一代全分布式控制系统研究与开发"和"现场总线智能仪表研究开发"两个项目相继完成。这两个项目及先期完成的"现场总线控制系统的开发"项目，针对国际上已经出现的多种现场总线协议并存的局面，重点选择了 HART 协议和 FF 协议现场总线技术攻关。

总之，工业控制系统的发展在经历了基地式气动仪表控制系统、电动单元组合式模拟仪表控制系统、集中式数字控制系统及集散控制系统（DCS）后，将朝着现场总线控制系统（FCS）的方向发展。虽然以现场总线为基础的 FCS 发展很快，但 FCS 发展还有很多工作要做，如统一标准、仪表智能化等。另外，传统控制系统的维护和改造还需要DCS，因此，FCS 完全取代传统 DCS 还需要一个较长的过程，同时 DCS 本身也在不断发展与完善。可以肯定的是，结合 DCS、工业以太网、先进控制等新技术的 FCS 将具有强大的生命力。工业以太网，以及现场总线技术作为一种灵活、方便、可靠的数据传输方式，在工业现场得到了越来越多的应用，并将在控制领域中占有更加重要的地位。

5．工业控制软件正向开放性发展

自 20 世纪 80 年代初期诞生至今，工业控制软件已有 30 多年的发展历史。工业控制软件作为一种应用软件，是随着 PC 的兴起而不断发展的。工业控制软件主要包括人机界面软件（HMI）、基于 PC 的控制软件及生产管理软件等。目前，我国已开发出一批具有自主知识产权的实时监控软件平台、先进控制软件、过程优化控制软件等成套的应用软件，工程化、产品化有了一定突破，打破了国外同类应用软件的垄断格局。通过在化工、石化、造纸等行业数百个企业（装置）中的应用，促进了企业的技术改造，提高了生产过程控制水平和产品质量，为企业创造了明显的经济效益。

作为工控软件的一个重要组成部分，国内人机界面组态软件研制方面在近几年取得了较大进展，软件和硬件相结合，为企业测、控、管一体化提供了比较完整的解决方案。在此基础上，工业控制软件将从人机界面和基本策略组态向先进控制方向发展。

正如第 2 章提到的，先进控制技术是具有比常规单回路 PID 控制更好控制效果的控制策略统称，专门用来处理那些采用常规控制效果不好，甚至无法控制的复杂工业过程控制问题。先进控制技术可分经典的先进控制技术、现今流行的先进控制技术和发展中的先进控制技术三大类。

由于先进控制和优化软件可以创造巨大的经济效益，因此，这些软件也身价倍增。国际上已经有几十家公司，推出了上百种先进控制和优化软件产品，在世界范围内形成了一个强大的流程工业应用软件产业。因此，开发具有我国自主知识产权的先进控制和优化软件，打破外国产品的垄断，代替进口，具有十分重要的意义。

在未来，工业控制软件将继续向标准化、网络化、智能化和开放性的方向发展。

6. 仪器仪表技术在向数字化、智能化、网络化、微型化方向发展

经过 60 多年的发展，我国仪器仪表工业已有相当基础，形成了门类比较齐全的生产、科研、营销体系。目前我国仪器仪表行业产品大多属于中低档水平，随着国际上数字化、智能化、网络化、微型化的产品逐渐成为主流，这一差距还将进一步加大。目前，我国高档、大型仪器设备大多依赖进口。中档产品及许多关键零部件中，国外产品占有我国市场 60%以上的份额，而国产分析仪器只占全球市场不到千分之二的份额。

7. 数控技术向智能化、开放性、网络化、信息化方向发展

自 1952 年美国麻省理工学院研制出第一台试验性数控系统以来，到现在已走过了 60 多年的历程。近 20 年来，随着计算机技术的飞速发展，各种不同层次的开放式数控系统应运而生，发展很快，目前正朝着标准化开放体系结构的方向前进。就结构形式而言，当今世界上的数控系统大致可分为 4 种类型：

（1）传统数控系统。

（2）"PC 嵌入 NC"结构的开放式数控系统。

（3）"NC 嵌入 PC"结构的开放式数控系统。

（4）SOFT 型开放式数控系统。

我国数控系统的开发与生产，通过"七五"引进、消化、吸收，"八五"攻关和"九五"产业化，取得了很大的进展，基本上掌握了关键技术，建立了数控开发、生产基地，培养了一批数控人才，初步形成了自己的数控产业，也带动了机电控制与传动控制技术的发展。同时，具有中国特色的经济型数控系统经过这些年来的发展，其产品的性能和可靠性有了较大提高，逐渐被用户认可。

国外数控系统技术的总体发展趋势：

（1）新一代数控系统向 PC 化和开放式体系结构方向发展。

（2）驱动装置向交流、数字化方向发展。

（3）增强通信功能，向网络化发展。

（4）数控系统在控制性能上向智能化发展。

进入 21 世纪，人类社会将逐步进入知识经济时代，知识将成为科技和生产发展的资本与动力，而机床工业，作为机器制造业、工业以及整个国民经济发展的装备部门，毫无疑问，其战略重要地位、受重视程度，也将更加鲜明突出。

2014 年，我国机床工具行业产值已跃居世界第一，并且连续 10 年呈现高速增长的局面。但与发达国家相比，我国机床数控化率还不高，2014 年生产产值数控化率还不到 55%，而发达国家大多在 70%左右。由于国产数控机床不能满足市场的需求，中高档的数控机床及配套部件只能靠进口，使我国机床的进口额呈逐年上升态势。

智能化、开放性、网络化、信息化成为未来数控系统和数控机床发展的主要趋势，具体包括以下几点：

（1）向高速、高效、高精度、高可靠性方向发展。

（2）向 PC-based 化和开放性方向发展。

（3）向模块化、智能化、柔性化、网络化和集成化方向发展。

（4）出现新一代数控加工工艺与装备，机械加工向虚拟制造的方向发展。

（5）信息技术（IT）与机床的结合，机电一体化先进机床将得到发展。

（6）纳米技术将形成新发展潮流，并将有新的突破。

（7）节能环保机床将加速发展，占领广大市场。

12.2.2 工业控制系统走向互联

正是由于互联网技术与工业自动化技术的融合，使得工业控制系统全球互联。过程控制和企业信息系统的集成，使得供给链集成和企业间协同成为可能。

采用互联网及 IT 技术将生产制造、生产工艺、生产控制和生产管理结合在一起，创造新价值的过程正在发生改变，产业链分工将被重组，充分利用物联网技术和设备监控技术加强信息管理和服务；清楚掌握产销流程、提高生产过程的可控性、减少生产线上人工的干预、即时正确地采集生产线数据，以及合理的生产计划编排与生产进度。集绿色、智能等新兴技术于一体，构建一个高效节能、绿色环保、环境舒适的生产制造管理控制系统，其核心是将生产系统及过程用网络化分布式生产设施来实现；同时企业管理，包括生产物流管理、人机互动管理，以及新技术在产品开发过程中的应用，形成新产品研发生产制造管理一体化。

12.2.3 无线技术广泛应用

工业控制网络正向有线和无线相结合的方向发展，无线技术的应用也越来越广泛。

自从 1977 年第一个民用网系统 ARCnet 投入运行以来，有线局域网以其广泛的适用性和技术价格方面的优势，获得了成功并得到了迅速发展。然而，在工业现场，一些工业环境禁止、限制使用电缆或很难使用电缆，有线局域网很难发挥作用，因此，无线局域网技术得到了发展和应用。随着微电子技术的不断发展，无线局域网技术将在工业控制网络中发挥越来越重要的作用。

无线局域网（Wireless LAN）技术可以非常便捷地以无线方式连接网络设备，人们可随时、随地、随意地访问网络资源，是现代数据通信系统发展的重要方向。无线局域网可以在不采用网络电缆线的情况下，提供以太网互联功能。在推动网络技术发展的同时，无线局域网也在改变着人们的生活方式。无线网通信协议通常采用 IEEE 802.3 和 802.11。802.3 用于点对点方式，802.11 用于一点对多点方式。无线局域网可以在普通局域网基础上通过无线 Hub、无线接入站（AP）、无线网桥、无线 Modem 及无线网卡等来实现，其中无线网卡使用最为普遍。无线局域网未来的研究方向主要集中在安全性、移动漫游、网络管理及与 3G 等其他移动通信系统之间的关系等问题上。

在工业自动化领域，有成千上万的感应器、检测器、计算机、PLC、读卡器等设备，需要互相连接形成一个控制网络，通常这些设备提供的通信接口是 RS-232 或 RS-485。无线局域网设备使用隔离型信号转换器，将工业设备的 RS-232 串口信号与无线局域网及以太网络信号相互转换，符合无线局域网 IEEE 802.11b 和以太网络 IEEE 802.3 标准，支持标准的 TCP/IP 网络通信协议，有效地扩展了工业设备的联网通信能力。

　　计算机网络技术、无线技术及智能传感器技术的结合，产生了"基于无线技术的网络化智能传感器"的全新概念。这种基于无线技术的网络化智能传感器使得工业现场的数据能够通过无线链路直接在网络上传输、发布和共享。无线局域网技术能够在工厂环境下为各种智能现场设备、移动机器人及自动化设备之间的通信提供高带宽的无线数据链路和灵活的网络拓扑结构，在一些特殊环境下有效地弥补了有线网络的不足，进一步完善了工业控制网络的通信性能。

12.3　工业控制系统信息安全展望

　　在第 1 章 1.1.3 节曾提到，工业控制系统信息安全有全行业覆盖、日益增多和国家经济越发达工业控制系统信息安全事件就越多的趋势。

　　工业数字化、智能化、信息化的发展，互联网自动化技术的应用，必将给工业控制系统信息安全提出新的挑战。工业控制系统信息安全形势将更加严峻，更需要全球联手制定和完善工业控制系统信息安全的标准体系，推动工业控制系统信息安全技术发展，建立工业控制系统信息安全产品的准入机制，完善工业控制系统信息安全软件与监控，实现工业控制系统信息安全，从而推动工业的持续发展。

12.3.1　信息安全形势更严峻

　　从工业发展趋势和工业控制系统发展趋势可以看出，工业控制系统信息安全将面临更加严峻的挑战。工业信息化的普及，将使得各行各业的控制系统走向开放，工业控制系统信息安全问题将随之而来。工业智能化的发展，互联网自动化技术进入控制系统，工业控制系统信息安全需要进一步加强。

　　信息化新阶段导致网络安全的内涵不断扩展，大数据、智能化、移动互联网和云计算等的应用，必将对工业控制系统信息安全带来更大的冲击和挑战。

12.3.2　信息安全标准体系更完善

　　从国际方面看，一个工业控制系统信息安全通用标准 IEC 62443 已经建立。目前 IEC 62443 系列标准已发布 8 个标准，6 个标准在陆续发布中。此系列标准的发布，对工业控制系统信息安全有一个全面和完整的指导。

　　从国内方面看，GB/T 30976.1、GB/T 30976.2 等标准已经发布。其他工业控制系统信息安全标准体系正在建立过程中。

12.3.3 信息安全技术快速推进

为解决工业控制系统信息安全面对的严峻挑战，国际和国内的工业控制系统信息安全产品供应商已研制出许多产品，如工业防火墙、网闸、控制系统产品等。

面对工业控制系统信息安全面对的严峻挑战，各国也在加紧组织工业控制系统信息安全技术的研究开发。因此，工业控制系统信息安全技术将快速推进。

12.3.4 信息安全产品准入机制

工业控制系统信息安全技术的发展，将随着工业自动化系统的发展而不断演化。目前自动化系统发展的趋势就是数字化、智能化、网络化和人机交互人性化。同时将更多的 IT 技术应用到传统的逻辑控制和数字控制中。工业控制系统信息安全技术未来也将进一步借助传统 IT 技术，使其更加智能化、网络化，成为控制系统不可缺少的一部分。与传统互联网的信息安全产品研发路线类似，工业控制系统信息安全产品将在信息安全与工业生产控制之间找到契合点，形成工业控制系统特色鲜明的安全输入、安全控制、安全输出类产品体系。值得指出的是，随着工业控制系统信息安全认识和相关技术的不断深化，必将产生一系列与工业控制系统功能安全、现场应用环境紧密联系，特色鲜明的工业控制系统安全防护工具、设备及系统。

工业控制系统信息安全系统能力的等级制定和评估，必将引入工业控制系统产品的选型要求。以美国为首的一些国家已经在新的采购中明确提出工业控制系统信息安全产品的要求。随着工业控制系统信息安全产品认证的快速推进，工业控制系统信息安全产品的准入机制将逐步建立。

12.3.5 信息安全软件与监控日趋完善

工业控制系统信息安全软件与监控市场纷繁复杂，需要工业控制系统供应商、网络信息安全产品供应商和企业管控软件供应商合作开发并兼容设计，努力建立一个规范化、集成化和完善化的信息安全软件与监控平台，实现工业控制系统信息安全的集中监控和有效管理。

工业控制系统信息安全软件与监控需要工业控制系统供应商、网络信息安全产品供应商和企业管控软件供应商通力合作，并不断完善，才能为工业控制系统用户提供更好的工业控制系统信息安全解决方案。

附录 A 术 语

1. 工业控制系统（Industrial Control System/ Industrial Automation and Control System）

对工业生产过程安全（safety）、信息安全（security）和可靠运行产生作用和影响的人员、硬件和软件的集合。

2. 工业控制系统信息安全（Industrial Control System Cyber Security）

以保护工业控制系统的可用性、完整性、保密性为目标，也包括实时性、可靠性与稳定性。

3. 验收（acceptance）

风险评估活动中用于结束项目实施的一种方法，主要由被评估方组织机构，对评估活动进行逐项检验，以是否达到评估目标为接受标准。

4. 访问控制（access control）

保护防止未经授权的访问系统资源，根据安全政策并允许唯一的授权实体（用户、程序、过程或其他系统）管理、使用系统资源。

5. 可用性（availability）

数据或资源的特性，被授权实体按要求能访问和使用数据或资源。

6. 鉴别（authentication）

用于验证用户所声称的身份。验证用户身份的过程或装置通常是允许进行信息系统资源访问的先决条件。

7. 授权用户（authorized user）

依据安全策略可以执行某项操作的用户。

8. 审计（audit）

独立审查和记录检查，以确保遵守既定的政策和操作程序，并建议必要的控制变更。

9. 边界（border）

一个物理或逻辑的安全区的边缘或边界。

10．机密性（confidentiality）

数据所具有的特性，即表示数据所达到的未提供或未泄露给非授权的个人、过程或其他实体的程度。

11．拒绝服务攻击（Denial of Service）

预防或中断到系统的授权访问或拖延系统的业务和功能。

12．完整性（integrity）

保证信息及信息系统不会被非授权更改或破坏的特性，包括数据的完整性和系统的完整性。

13．组织机构（organization）

由作用不同的个体为实施共同的业务目标而建立的结构。一个单位是一个组织，某个业务部门也可以是一个组织。

14．远程终端装置（Remote Terminal Unit，RTU）

集远方数据采集、传输、存储功能于一体的终端设备。

15．安全区域（security zone）

逻辑或物理资产的分组，有着共同的安全要求。

16．威胁（threat）

可能导致对系统或组织产生危害的不希望事故的潜在起因。

17．脆弱性（vulnerability）

系统设计、实现或操作和管理中存在的缺陷或弱点，可被利用来危害系统的完整性或安保策略。

附录B 缩 略 语

AH   认证头（Authentication Header）
APC   先进控制系统（Advanced Process Control）
APT   高级持续性威胁（Advanced Persistence Threat）
CA   认证机构（Certificate Authority）
CL   能力等级（Capability Level）
CMM   协同制造模式（Collaborative Manufacturing Model）
CNVD   国家信息安全漏洞共享平台（China National Vulnerability Database）
COTS   商业现有产品（Commercial off the Shelf）
CPS   信息物理系统（Cyber Physical System）
CRT   通信健壮性测试（Communication Robustness Testing）
DCOM   分布式组件对象模型（Distributed Component Object Model）
DCS   分散型控制系统（Distributed Control System）
DES   数据加密标准（Data Encryption Standard）
DMZ   隔离区（DeMilitarized Zone）
DoS   拒绝服务攻击（Denial of Service）
EDSA   嵌入式设备安全保障认证（Embedded Device Security Assurance）
EML   可扩充标记语言（Extensible Markup Language）
EMS   能量管理系统（Energy Management System）
ERP   企业资源计划（Enterprise Resource Planning）
ESP   封装安全荷载（Encapsulation Security Payload）
FCS   现场总线控制系统（Fieldbus Control System）
FR   基本要求（Foundation Requirement）
FSA   功能安全性评估（Functional Security Assessment）
FTP   文件传输协议（File Transfer Protocol）
GRC   管控、风险与符合性管理（Governance, Risk and Compliance Management）
HSE   健康、安全和环境（Health，Safety and Environment）
HTTP   超文本传输协议（Hypertext Transfer Protocol）
ICS/IACS   工 业 控 制 系 统 （Industrial Control System/Industrial Automation and Control System）
ICS-SMS   工业控制系统信息安全管理体系（ICS Security Management System）
IDS   入侵检测系统（Intrusion Detection System）
IED   智能电子设备（Intelligent Electronic Device）

IEEE	电气与电子工程师协会（Institute of Electrical and Electronics Engineers）
IKE	互联网密钥交换（Internet Key Exchange）
IPS	入侵防御系统（Intrusion Prevention System）
IPSec	因特网协议安全（Internet Protocol Security）
ISA	国际自动化协会（International Society of Automation）
ISCI	ISA 安全符合性研究院（ISA Security Compliance Institute）
IT	信息技术（Information Technology）
LAN	局域网（Local Area Network）
L2TP	第二层隧道协议（Layer2 Tunneling Protocol）
MES	制作执行系统（Manufacturing Execution System）
ML	管理等级（Management Level）
MPLS	多协议标记交换（Multi-Protocol Label Switching）
NIST	美国国家标准与技术研究院（National Institute of Standards and Technology）
OPC	用于过程控制的对象连接与嵌入（OLE for Process Control）
OS	操作系统（Operating System）
OSI	开放系统互连（Open Systems Interconnection）
PCS	过程控制系统（Process Control System）
PIMS	工厂信息管理系统（Plant Information Management System）
PLC	可编程逻辑控制器（Programmable Logic Controller）
PPTP	点对点隧道协议（Point to Point Tunneling Protocol）
RAS	远程访问系统（Remote Access System）
RE	增强要求（Requirement Enhancement）
RISI	工业安全事件信息库（Repository of Industrial Security Incidents）
RMS	远程维修系统（Remote Maintenance System）
RPC	远程过程调用协议（Remote Procedure Call）
RTU	远程终端装置（Remote Terminal Unit）
SCADA	数据采集与监视控制系统（Supervisory Control and Data Acquisition）
SCP	安全文件复制（Secure Copy）
SDSA	软件开发安全性评估（Software Development Security Assessment）
SFTP	安全文件传输协议（Secure FTP）
SIS	安全仪表系统（Safety Instrumented System）
SL	信息安全等级（Security Level）
SMTP	简单邮件传送协议（Simple Mail Transfer Protocol）
SNMP	简单网络管理协议（Simple Network Management Protocol）
SR	系统要求（System Requirement）
SSL	安全套接字层（Secure Sockets Layer）
TFTP	一般的文件传输协议（Trivial File Transfer Protocol）
TLS	传输层安全协议（Transmission Layer Safety）

TCP	传输控制协议（Transmission Control Protocol）
TCP/IP	传输控制协议/互联网互联协议（Transmission Control Protocol/Internet Protocol）
USB	通用串行总线（Universal Serial Bus）
VLAN	虚拟本地网（Virtual Local Area Network）
VPN	虚拟专用网（Virtual Private Network）
WAN	广域网（Wide Area Network）

参 考 文 献

[1] Keith Stouffer，Suzanne Lightman，etc. Guide to Industrial Control System（ICS）Security Revision 2 Initial Public Draft[M]，NIST SP800-82，2014.

[2] GB/T 30976.1-2014 工业控制系统信息安全 第 1 部分：评估规范[S]. 北京：中国标准出版社，2014.

[3] GB/T 30976.2-2014 工业控制系统信息安全 第 2 部分：验收规范[S]. 北京：中国标准出版社，2014.

[4] GB/T 50770-2013 石油化工安全仪表系统设计规范[S]. 北京：中国计划出版社，2013.

[5] IEC 62443-1-1 Security for Industrial Automation and Control Systems. Part 1-1 Terminology，Concepts，and Models[S]，IEC，2013.

[6] IEC 62443-2-1 Security for Industrial Automation and Control Systems. Part 2-1 Industrial Automation and Control System Security Management System[S]，IEC，2012.

[7] IEC 62443-2-3 Security for Industrial Automation and Control Systems. Part 2-3 Patch Management in the IACS Environment[S]，IEC，2013.

[8] IEC 62443-3-3 Security for Industrial Automation and Control Systems. Part 3-3 System Security Requirements and Security Levels[S]，IEC，2013.

[9] 欧阳劲松，丁露. IEC 62443 工控网络与系统信息安全标准综述[J]. 信息技术与标准化，2012 年第 3 期.

[10] 王玉敏. IEC 62443 系列标准概述和 SAL 介绍[J]. 仪器仪表标准化与计量，2012 年第 2 期.

[11] 张红旗，王鲁，等. 信息安全技术[M]. 北京：高等教育出版社，2008.

[12] 张玉清. 网络攻击与防御技术[M]. 北京：清华大学出版社，2011.

[13] 徐国爱，张淼，等. 网络安全（第 2 版）[M]. 北京：北京邮电大学出版社，2007.

[14] 陈克非，黄征，等. 信息安全技术导论[M]. 北京：电子工业出版社，2007.

[15] 缪学勤. Industry 4.0 新工业革命与工业自动化转型升级[J]. 石油化工自动化，2014 年第 2 期.

[16] 杜品圣. 智能工厂——德国推进工业 4.0 战略的第一步（上）[J]. 自动化博览，2014 年第 1 期.

[17] 杜品圣. 智能工厂——德国推进工业 4.0 战略的第一步（下）[J]. 自动化博览，2014 年第 2 期.

[18] 刘鑫. 我国工业控制自动化技术的现状与发展趋势[J]. 电气时代，2003 年第 12 期.

[19] 万明. 工业控制系统信息安全测试与防护技术趋势[J]. 自动化博览，2014 年第 9 期.

[20] 华镕. IDS 与 IPS 的比较[J]. 自动化博览，2014 年第 5 期.

[21] 梅恪. 中国工控信息安全技术标准体系[J]. 自动化博览，2014 年第 11 期.

[22] 沈清泓. 工业控制系统三层网络的信息安全检测与认证[J]. 自动化博览，2014 年第 7 期.

[23] 彭瑜. 智能工厂、数字化工厂及中国制造[J]. 自动化博览，2015 年第 1 期.

[24] Andre Ristaino.ISA Security Compliance Institute ISASecure® IACS Certification Programs 2013.

[25] http://www.xfocus.net/[EB/OL].

[26] http://www.paper.edu.cn/[EB/OL].

[27] http://www.icsisia.com/[EB/OL].

[28] http://www.tofinosecurity.com.cn/html/product/Tofino.htm[EB/OL].

[29] http://www.gongkong.com/[EB/OL].

[30] http://www.isccc.gov.cn/[EB/OL].

[31] 安葳鹏，刘沛骞. 网络信息安全[M]. 北京：清华大学出版社，2010.

[32] http://isa99.isa.org/[EB/OL].

[33] http://www.isasecure.org/[EB/OL].

[34] http://www.smartdot.com/[EB/OL].

[35] https://new.abb.com/control-systems/system-800xa/cyber-security [EB/OL].